数字经济系列教材

总 主 编　　　胡国义
副总主编　　　邵根富　李国冰

网络安全前沿技术

徐　明　许莉丽
　　　　　　　　　　编著
陈　平　包欢欢

西安电子科技大学出版社

内 容 简 介

　　本书围绕云计算、物联网、人工智能、大数据和工业互联网这些新领域及新技术所带来的网络安全风险和防范技术，全面系统地介绍了云安全技术、IoT 安全技术、人工智能安全技术、大数据安全技术、工业互联网安全技术等内容。

　　本书可作为高等学校网络空间安全、计算机和通信工程等专业本科生、研究生教材，也可供相关领域专业人员参考。

图书在版编目(CIP)数据

网络安全前沿技术 / 徐明等编著. —西安：西安电子科技大学出版社，2022.4
ISBN 978-7-5606-6333-3

Ⅰ. ①网…　Ⅱ. ①徐…　Ⅲ. ①计算机网络—网络安全—高等学校—教材
Ⅳ. ①TP393.08

中国版本图书馆 CIP 数据核字(2021)第 276502 号

策划编辑　陈 婷
责任编辑　师 彬　陈 婷
出版发行　西安电子科技大学出版社(西安市太白南路 2 号)
电　　话　(029)88202421　88201467　　　　邮　　编　710071
网　　址　www.xduph.com　　　　　　　　电子邮箱　xdupfxb001@163.com
经　　销　新华书店
印刷单位　陕西博文印务有限责任公司
版　　次　2022 年 4 月第 1 版　　2022 年 4 月第 1 次印刷
开　　本　787 毫米×1092 毫米　1/16　印 张　13.5
字　　数　309 千字
印　　数　1～3000 册
定　　价　35.00 元
ISBN 978－7－5606－6333－3 / TP
XDUP 6635001-1
如有印装问题可调换

总　序

当前，新一轮科技革命和产业变革加速演变，大数据、云计算、物联网、人工智能、区块链等数字技术日新月异，催生了以数据资源为重要生产要素、以现代信息网络为主要载体、以信息通信技术融合应用和全要素数字化转型为重要推动力的数字经济的蓬勃发展。随着 G20 杭州峰会《二十国集团数字经济发展与合作倡议》的提出，发展数字经济已成为世界各国经济增长的新空间和新动力。

2017 年，"数字经济"被写入党的十九大报告。2019 年，我国数字经济增加值达到 35.8 万亿元，占 GDP 比重达到 36.2%，在国民经济中的地位进一步凸显，数字经济已成为我国经济发展的新引擎。浙江省委、省政府把数字经济作为推进高质量发展的"一号工程"，加快构建以数字经济为核心、新经济为引领的现代化经济体系。

目前各地都在加快产业数字化与数字产业化，培育数字产业集群，推动实体经济数字化转型，形成数字经济竞争优势，其核心是数字经济人才的竞争优势。为了满足数字经济快速发展对高素质人才的需求，应大力发展数字领域新兴专业，扩大互联网、物联网、大数据、云计算、人工智能、区块链等数字技术与管理人才培养规模，加大数字领域相关专业人才的培养。杭州电子科技大学继续教育学院根据数字经济人才培养培训需求，结合学校电子信息特色，推动学院的特色品牌建设，组织专家、教授编写了这套数字经济系列教材。

这套数字经济系列教材共 6 本，分别是《人工智能概论》《区块链技术教程》《大数据：基础、技术和应用》《物联网技术导论》《云计算技术》《网络安全前沿技术》。《人工智能概论》既覆盖了人工智能的网状知识体系，又侧重于人工智能的前沿技术和应用；既涉及深度学习等复杂算法讲解，又以浅显易懂的方式贴近读者；既适当弱化了深奥原理的抽象描述，又强调算法应用对于学习成效的重要性。《区块链技术教程》介绍了区块链技术自起源到应用案例的整个生态发展过程，对区块链技术原理、相关核心算法、区块链安全、基本应用与若干典型案例等进行了较系统的阐述。《大数据：基础、技术和应用》系统介绍了大数据的基本概念，大数据的采集、存储、计算、分析、挖掘、可视化技术，大数据技术与当下流行的云计算和人工智能技术之间的关系等，以及大数据在不同领域的应用方法和案例。《物联网技术导论》对物联网体系的各层次（感知控制层、网络互联层、支撑服务层和综合应用层）进行了全面论述，全景式地为读者展现了物联网技术的各个方面，并顺应当前研究实践中的趋势，详细论述了与物联网紧密相关的大数据、人工智能等重要技术，同时对近年来涌现的 NB-IoT、边缘计算、区块链技术等相关新技术概念也进行了介绍。《云计算技术》涵盖了云计算的技术架构、主流云计算平台介绍、大数据基础理论等一系列基础理论，还加入了大量的云计算平台建设实践、云计算运营服务以及云计算安全问题的实践讲解和探讨。《网络安全前沿技术》结合新一代信息网络技术及其应用和发展带来的新的安全风险和隐患，对云计算、大数据和人工智能等技术带来的安全风险展开分析，并对当前形势下的技术和管理层面上的对策展开研究，确保我们国家在新技术浪潮中保持政治、经济和社会的平稳发展。

本套教材是一套多层次、多类型数字人才培养的应用型、普及型教材，适合高校计算机、信息工程、人工智能、数据科学、网络安全等专业本专科学生、研究生使用，也适合其他数字人才培养及各级领导干部培训使用。

这套教材紧密结合数字经济发展需求，注重理论与实践的结合，内容深入浅出，既有生动的案例，又有一定的理论高度，能够激发学习者的创造性和积极性，具有鲜明的特点，凝聚了杭州电子科技大学教师教学和科研工作的成果和汗水。相信它的出版，将为我国数字经济人才的培养添砖加瓦。

杭州电子科技大学继续教育学院院长、教授
邵根富
2021 年 10 月

前　言

随着云计算、物联网、人工智能、大数据和工业互联网等科学技术的蓬勃发展，发展与安全之间的矛盾日益突出。新技术、新应用持续发展并进一步同各产业深度融合，对网络安全产生重大而深远的影响。因此，为这些新领域、新技术的用户提供可以保障安全和隐私感知环境的高质量服务成为一项非常紧迫的任务。随着网络安全研究的前沿扩展到未开发的领域，这些新兴技术的特征使其难以套用传统的安全案例。因此，学习这些新领域、新技术的新特性是至关重要的。本书尝试系统性地介绍当前网络安全中的新领域和新技术。

网络安全技术是一种特殊的伴生技术，它为其所服务的底层应用而开发。随着这些底层应用变得越来越互联、普及和智能化，安全技术在当今社会也变得越来越重要。近几年来，我们见证了云计算、边缘计算、物联网(IoT)、人工智能(AI)、工业 4.0、大数据以及区块链技术等新兴领域的尖端计算和信息技术的不断普及。虽然这些技术具有巨大的影响潜力，但它们也带来了巨大且不可避免的安全挑战。观察表明，安全事件在数量和规模上都迅速增长，大多数尖端技术固有地伴随着一系列的安全和隐私漏洞。

本书分为 5 章。主要内容安排如下：第 1 章云安全技术，第 2 章 IoT 安全技术，第 3 章人工智能安全技术，第 4 章大数据安全技术，第 5 章工业互联网安全技术。

在本书编写过程中，编者参考了国内外大量相关文献资料和互联网上的众多资料，在此对参考文献的作者表示衷心的感谢。

本书第 1 章由陈平编写，第 2 章由包欢欢编写，第 3 章由许莉丽编写，第 4 章由陈平和包欢欢编写，第 5 章由许莉丽编写。全书的策划、构思和统稿由徐明完成。

由于新技术带来的网络安全技术层出不穷，发展速度快，涉及面广，加上编者学识水平有限，书中难免存在不足之处，敬请广大读者批评指正。

编　者
2021 年 10 月

目　　录

第1章　云安全技术

1.1　云技术概述

谷歌公司前 CEO 埃里克·施密特于 2006 年提出了"云计算"概念。近些年来，云计算强大的计算功能、海量的存储能力以及低廉的使用成本，使关注"云计算技术"的组织不再局限于诸如谷歌、亚马逊、微软、IBM 等大型 IT 公司，越来越多的行业领域投入到云计算的应用中来，使得云计算市场规模不断扩大。中国信息通信研究院发布的《云计算发展白皮书(2020 年)》的数据显示，2019 年全球云计算市场规模已达 1883 亿美元，增速达到 20.86%，预计未来几年市场平均增长率维持在 18%左右，到 2023 年市场规模预计将超过 3500 亿美元。在我国，2019 年云计算市场规模已达 1334 亿元，增速为 38.6%，预计到 2023 年市场规模将超过 2300 亿元。由此可见，云计算技术将会持续推动未来信息技术产业的不断增长。

1.1.1　云计算的定义

现阶段对云计算的定义有多种说法，广为接受的说法是美国国家标准与技术研究院(NIST)的定义：云计算是一种模型，可以实现随时随地便捷地、按需从可配置计算资源共享池中获取所需的资源，如网络、服务器、存储、应用程序及服务等；同时资源可以快速供给和释放，使管理的工作量和服务提供者的介入降至最少。

通俗来讲，"云"就是网络的一种比喻说法，即网络与建立网络所需的底层基础设施的抽象体；"计算"是指计算机提供的计算服务，包括功能、资源和存储等。"云计算"可以理解为通过网络使用高性能的计算机为用户提供的服务。

1.1.2　云计算的特性

不同于传统的应用环境，云计算具有以下几个重要的特性。

1. 按需自助服务

按需自助服务是指用户可以根据自身需求即时获得的服务。也就是说，用户根据自己的需求，在不需要跟云服务提供商进行联络或者仅进行少量交互的情况下，就能完成对云服务的使用和操作。这种模式类似于我们公共服务中的水、电一样，集中供应并按需服务和计费。在这种模式下，用户不再需要对基础设施进行建设和维护，并且用户还可自己决定如何部署和管理云服务及云资源。

2. 广泛的网络接入

广泛的网络接入是指一个云服务能被广泛访问的能力。用户可以使用 PC、智能手机和平板电脑等不同的设备，通过网络去访问云服务。云服务提供商通过网络提供云服务，用户的所有业务和应用都在云中进行处理。在这种模式下，用户只需利用终端设备通过网络去访问云服务，而且对用户终端设备的性能要求也不高，这使得云计算的使用门槛大为降低。例如，用户可以利用智能手机、平板电脑在公交车上、地铁上随时办公和追剧。

3. 快速弹性伸缩

快速弹性伸缩是指用户可以便捷地获取和释放计算资源，即在需要时能快速获取扩展的计算资源，不需要时能迅速释放资源，以节省使用成本。这种模式首先能够有效提高资源的利用效率；其次，这种模式对用户使用计算资源几乎没有限制，可避免因业务需求激增导致短时间内资源供应不足而使业务系统出现异常的情况，同时也可避免出现高峰期过后资源闲置带来的浪费。另外，快速弹性伸缩还能自动地对资源进行动态调整，无需人工干预，可以免去人工部署的负担，省去复杂烦琐的手动操作。例如，电商在平时可使用较少的计算资源来满足用户的访问需求，而在一些特殊的场景下(如限时秒杀)，电商可快速获取更多的计算资源来应对大规模用户的访问。

4. 资源池化

资源池化是指云端的计算资源被池化，以便通过多租户形式共享给多个用户。通过资源池化，实现了资源的动态分配或再分配。资源池化特性能根据用户的需求快速地进行资源的动态分配，为用户提供高弹性的计算资源、存储资源以及计算能力。这种特性也使得云计算具备资源共享、资源按需分配和弹性扩展的特点，有效地提高了资源利用率，降低了运营成本，同时也提高了管理效率。例如访问阿里云上的虚拟机服务，每个用户的使用并不会影响其他用户的使用。

5. 多租户

多租户是指一个计算资源的实例可以透明地同时为多个组织或用户提供服务的能力，即大量的用户能够共享同一个资源池中的软、硬件资源，在逻辑上访问同一个实例。这种特性通常用于云计算的应用层，它带来的资源高度共享模式能够有效地提高资源利用率，降低单位资源的成本。对云服务提供商来说，此举可降低对基础设施的投入，节约成本；对云服务用户来说，他和其他用户可以一起分摊资源的使用费用，节约服务的使用成本。

6. 服务可计量

服务可计量是指通过利用在某种抽象层次上适用于服务类型的计量能力，云计算系统可以实现资源使用的自动控制和优化。这里的计量是指利用技术和其他手段实现单位统一和量值准确可靠的测量，即云计算中的服务是可测量的，如可根据时间、资源配额、流量等因素进行测量。

服务可计量最初用于效用计算，即将存储、计算能力、基础设施等封装成服务，用户根据自己对资源的实际使用情况付费；现在，服务可计量通常用于对用户进行云计算资源分配和监控，并记录每个云用户对于计算资源的使用情况。正是由于服务可计量，用户可以按需动态申请云资源，并只对实际使用的云资源进行付费，节省了很多资金，也有效提高了计算资源的利用率。例如在阿里云上，用户可根据使用的 CPU 性能和个数以及使用时间进行付费。

1.1.3　云计算的关键技术

云计算推动了 IT 领域自 20 世纪 50 年代以来的第三次变革，对各行各业数据中心基础设施的架构演进及上层应用与中间件层软件的运营管理模式产生了深远的影响，并通过基础设施、数据和应用的融合逐渐形成新的云计算架构，如图 1-1 所示。

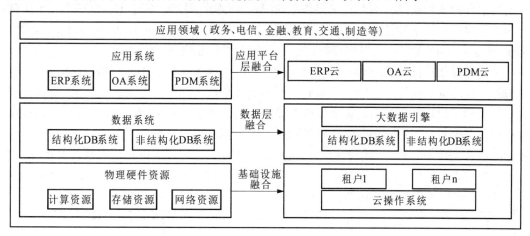

图 1-1　云计算架构

基础设施融合一般面向政府机关、企事业单位等组织的资源层，如计算、存储、网络资源等。通过引入云计算技术，资源层不再体现为彼此独立和割裂的服务器、网络、存储等设备，而是被统一整合为大规模逻辑资源池，甚至于地理上分散但相互间存在连接的多个数据中心以及多个异构云中的基础设施资源，也可以被整合为统一的逻辑资源池，并对外抽象为标准化、面向外部租户和内部租户的基础设施服务。租户仅需制定其所需资源的数量，即可从底层基础设施服务中以全自动模式弹性、按需、敏捷地获取上层应用所需的资源配置。

数据层融合一般面向政府机关、企事业单位等组织的数据信息资产层(如多个数据孤岛、非结构化的文档以及日志数据信息片段等)。通过引入云计算技术，数据信息资产层不再散落在各个业务应用中，而是被统一汇总、汇聚存储和处理。

应用平台层融合一般面向政府机关、企事业单位等组织的 IT 业务开发者和供应者的应用平台层。在传统 IT 架构下，应用平台层根据业务应用领域的不同，呈现出条块化分割、各自为战的情况，各业务应用领域之间由于具体技术实现平台选择的不同，也无法做到通畅的信息交互与集成。于是，人们开始积极探索基于云应用开发平台来实现跨应用领域基础公共开发平台与中间件能力去重整合，节省重复投入。

因此，云计算实质上是一种以数据和处理能力为中心的密集型计算模式，它融合了多项技术，其中以虚拟化技术和云计算系统管理技术最为关键。

1. 虚拟化技术

虚拟化技术是云计算最重要的核心技术之一，它为云计算服务提供基础架构层面的支撑。虚拟化是一个广义的术语，是指计算机元件在虚拟的基础上而不是真实的基础上运行，是一个为了简化管理、优化资源的解决方案。而在计算机世界中，虚拟化技术是将计算机的各种计算资源进行抽象、转换和池化后的呈现，可满足用户动态应用这些资源的需求。因此，通过虚拟化技术，可以实现物理硬件资源利用率的最大化。

为了更好地理解虚拟化技术，我们先了解一下在虚拟化中常用的几个术语。首先，运行虚拟机的物理主机称为宿主机(Host Machine)，宿主机上安装运行的操作系统称为宿主机操作系统(Host OS)；其次，运行在宿主机上的虚拟机称为客户机(Guest Machine)，虚拟机上安装运行的操作系统称为客户机操作系统(Guest OS)；最后，位于 Host OS 和 Guest OS 之间的是虚拟化技术的核心 Hypervisor，也可以称为 VMM(Virtual Machine Monitor)。根据 Hypervisor 的不同类型，可以将虚拟化技术分为Ⅰ型和Ⅱ型。

Ⅰ型虚拟化是指 Hypervisor 直接调用硬件资源，而无需底层 Host OS，也称为裸金属虚拟化。在这种虚拟化中，Hypervisor 主要实现两个基本功能：一是识别、捕获和响应虚拟机发出的 CPU 指令；二是负责处理虚拟机队列和调度，并将物理硬件的处理结果返回给相应的虚拟机，即 Hypervisor 负责管理所有的资源及虚拟环境。Ⅰ型虚拟化具有不依赖操作系统并支持多种操作系统和应用的优点，但同时它也具有虚拟化层内核开发难度大的缺点。常见的采用此类虚拟化技术的产品有 VMWare ESX Server、KVM、Citrix Xen Server等。图 1-2 展示了Ⅰ型虚拟化的系统架构。

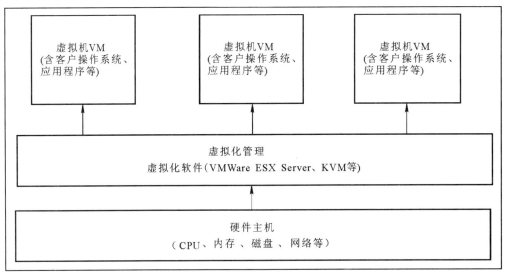

图 1-2　Ⅰ型虚拟化系统架构

Ⅱ型虚拟化是指物理资源由 Host OS(如 Windows、Linux 等)管理，实际的虚拟化功能由 VMM 提供，VMM 只是 Host OS 上的一个普通应用程序，通过它创建相应的虚拟机来共享底层服务器资源，也称为宿主型虚拟化。VMM 通过调用 Host OS 的服务来获得资源，实现 CPU、内存和 I/O 设备的虚拟化。VMM 创建虚拟机 VM 后，通常将 VM 作为 Host OS 的一个进程参与调度。Ⅱ型虚拟化具有简单、易于实现等优点，但同时也具有依赖操作系统、管理开销大、性能损耗大等缺点。常见的采用此类虚拟化技术的产品有 VMWare Workstation、VirtualBox 等。图 1-3 展示了这种虚拟化技术的系统架构。

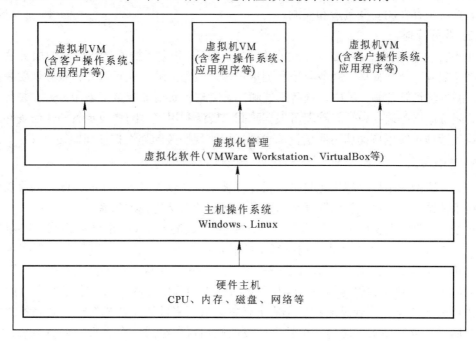

图 1-3　Ⅱ型虚拟化系统架构

无论是Ⅰ型还是Ⅱ型虚拟化技术，都具有分区、隔离、封装和独立的特点。

(1) 分区：虚拟化技术为多个虚拟机划分了服务器上的硬件资源；每个虚拟机可以同时运行一个单独的系统和应用。

(2) 隔离：通过分区所建立的多个虚拟机之间采用逻辑隔离方式，防止相互影响。

(3) 封装：每个虚拟机的数据都存储于物理硬件上的文件中，只需复制这些文件即可实现复制、保存和移动虚拟机的功能。

(4) 独立：虚拟机一旦封装为独立文件后，当它迁移时，只需复制文件即可，而不必关心底层的硬件类型是否兼容。

2. 云计算系统管理技术

在建立起规模庞大的云计算系统后，所面临的一个关键问题是如何有效地管理和支撑这个系统。由于云计算系统涉及的内容较多，管理技术必须涵盖所有项，因此在云计算系统应用时都会搭建一套完整的管理系统。一般来说，云计算管理系统可分为基础设施资源管理和业务管理两个部分。

(1) 基础设施资源管理。

云计算管理系统必须能够对底层所有的基础设施资源进行动态管理、配置和监控，如配置部署管理、监控和计量管理、故障检测和恢复管理、身份认证管理以及安全管理等。其中，配置部署管理提供操作系统网络部署功能，并可根据上层指令安装定制化的操作系统；监控和计量管理负责对云计算系统各种资源的运行状态进行周期性的自动监控，将性能信息定期更新至数据库，以便管理员实时了解系统的运行状况并生成各种统计报表；故障检测和恢复管理可以自动检查各种资源的当前运行状态，并在检测到故障后自动执行恢复操作；身份认证管理负责对系统中的用户身份和访问权限进行认证和管理；安全管理主要检测系统中存在的安全风险和漏洞。

(2) 业务管理。

业务管理是指通过服务的概念对具体的云计算业务进行抽象化管理，如服务注册管理、服务配置和部署管理、服务监控和测量管理、服务故障和恢复管理、服务调度和扩展管理、服务注销管理等。其中，服务配置和部署管理负责诸如配置部署命令、安装包、启动、关闭等；服务调度和扩展管理可根据时间、资源利用率等因素设定条件，当条件满足时，业务管理系统可自动调用底层资源管理接口实现服务的弹性扩展和伸缩。

3. 其他技术

随着互联网应用程序越来越复杂，云计算技术已从以 VMM 和 Openstack 为代表的虚拟机技术体系，逐步过渡到以容器和微服务为代表的云原生技术体系。

传统 IT 架构主要以单体架构为主，它提供了 Client/Server 的访问模式。随着应用的发展，这种早期采用的单体架构已经不能满足用户业务的需求。基于此，现在主流方式是将单体架构的应用程序拆分成若干个服务的分布式架构，称为微服务架构。微服务是指应用程序由独立的服务组成，这些服务可通过明确定义的 API 进行通信。微服务的主要作用是将功能分解到离散的各个服务当中，从而降低系统的耦合性。微服务的主要目的是通过部署微服务，使得各个独立开发的应用可以组成一个完整的业务系统，从而实现部署、管理和服务的简单化、弱耦合。微服务具有颗粒度小、专用、运行隔离和自动化管理等特点。常见的微服务技术框架有 Spring Cloud、Dubbo 和 Conduit 等。

在微服务架构下，每个服务都需要分配独立的资源，并且不同服务的运行必须互不影响。如果采用原来的虚拟化技术实现，性能和成本都将成为制约的因素。为了解决上述问题，产生了容器技术。容器技术实质上也是一种虚拟化技术。两者的不同之处在于，容器是操作系统的虚拟化，而虚拟机是硬件的虚拟化。虚拟机本身是不带操作系统的，意味着在虚拟机上部署应用时，还需要安装操作系统以及其他需要的运行环境；而容器把应用以及应用的运行环境打包在一起，在应用时直接部署容器即可。

容器技术(Container)是指一种有效地将单个操作系统的资源划分到孤立的组中，以便更好地在孤立的组之间平衡有冲突的资源使用需求的技术。通俗来说，容器就是一个装有应用软件的箱子，箱子里面有软件运行所需的依赖库和配置等信息，使用者可以把这个箱子搬到任何机器上，并且确保箱子里面软件的正常运行。容器技术主要实现了两个主要目标：一是将应用封装在其中，并与外界隔离；二是可以便捷地安装于其他宿主机器。容器技术具有轻量、快速部署、易于移植和弹性管理等特点。图 1-4 描述了容器技术的一般架构。常见的容器技术有 Docker、ClusterHQ 和 CoreOS 等，其中 Docker 技术由 Docker 公司于 2013 年发布。Docker 属于 Linux 容器的一种封装，提供简单易用的容器使用接口，它也是目前最流行的 Linux 容器解决方案。Docker 将应用程序及其依赖库打包在一个文件中，只要运行该文件，即可生成一个虚拟容器。程序在这个虚拟容器中运行就像在真实的物理机上运行一样。目前 Docker 具有三种主要的用途：一是可提供一次性的环境；二是可提供弹性的云服务；三是可组建微服务架构。

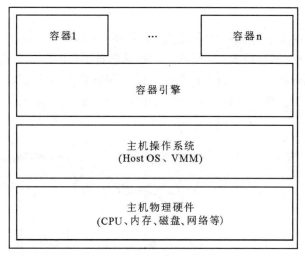

图 1-4　容器技术架构

1.1.4　云计算的服务模型

根据云计算提供的云服务的不同，云计算的服务模型可以分为三种：一是软件即服务 (Software as a Service，SaaS)，其作用是将应用主要以基于 Web 的方式提供给客户；二是平台即服务(Platform as a Service，PaaS)，其作用是将一个应用的开发和部署平台作为服务提供给用户；三是基础设施即服务(Infrastructure as a Service，IaaS)，其作用是将各种底层的计算(比如虚拟机)和存储等资源作为服务提供给用户。图 1-5 展示了云计算服务模型的架构。

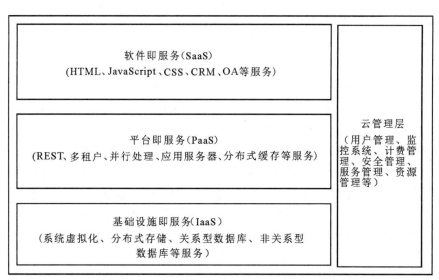

图 1-5　云计算服务模型的架构

1. 软件即服务(SaaS)

软件即服务(SaaS)是指以服务的方式为用户提供使用某种应用程序的能力。SaaS 服务提供商将应用软件统一部署在云上，用户可以根据自身工作的实际需要，通过网络向 SaaS 服务提供商订购所需的应用软件服务，并按订购的服务多少和时间长短支付相应的费用。图 1-6 展示了 SaaS 服务使用场景。用户通过租用 SaaS 服务商提供的 CRM 服务实现对自己客户的管理。

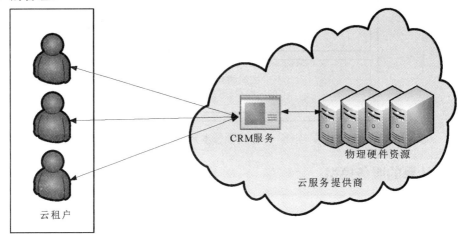

图 1-6　SaaS 服务使用场景

SaaS 具有以下优点：

(1) 用户不必进行任何软件的开发、安装、配置和维护，即可使用云服务提供商提供的应用服务，降低了用户在信息化建设中的成本。

(2) 用户只对自己实际使用的那部分服务进行付费，可有效降低使用成本。

(3) SaaS 服务具有较好的执行效率和响应时间。

(4) SaaS 服务支持在线软件升级和补丁管理控制，同时使得云服务提供商更方便地对软件进行控制。

2. 平台即服务(PaaS)

平台即服务(PaaS)是指在云计算基础设施之上为用户提供部署和使用开发环境的能力。PaaS 服务一般是预先定义好的使用环境，如编程语言、程序库、数据库、中间件等，用户可以控制自己的上层应用程序实现与 PaaS 服务的对接。这样用户可以减少用于购置和部署的成本，也大大降低了工作的复杂度。在实际应用中，PaaS 服务需要向用户提供一个支撑其应用的平台，因此 PaaS 服务需要提供定义应用需求的接口、提供基于应用需求进行快速构建服务的能力以及提供实时动态满足应用需求的能力。图 1-7 展示了 PaaS 服务使用场景。用户通过租用不同的 PaaS 服务来完成自身的计算需求。

PaaS 具有以下优点：

(1) 可为应用开发提供全程支持，如支持完整的 Web 应用软件开发生命周期，即为用户提供了一个低成本的应用设计和发布途径。

(2) PaaS 提供的软件部署平台将硬件和操作系统进行了抽象，用户只需要利用服务的 API 和库，专注于应用程序开发中的业务逻辑即可。

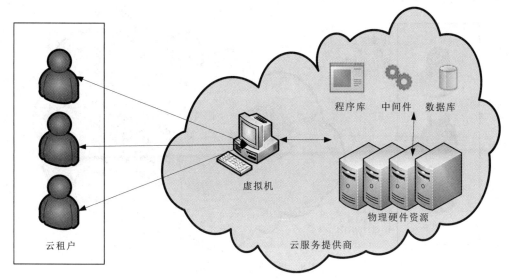

图 1-7 PaaS 服务使用场景

3. 基础设施即服务(IaaS)

基础设施即服务(IaaS)是指以服务的方式为用户提供使用处理器、存储、网络以及其他基础性 IT 资源的能力。目前,常见的 IaaS 服务提供商有阿里云、腾讯云、华为云、亚马逊等,它们都具有使用门槛低、扩展性良好、管理方便以及使用灵活等特点。

物理硬件设施如计算机、存储、网络等构成 IaaS 的物理基础。当使用 IaaS 时,用户并不实际控制底层物理硬件,而是通过资源分配之后,可以在此基础上进行操作系统的安装、应用程序的部署等操作。通过 IaaS 模式,用户只需为其所租用的资源进行付费,即可从服务提供商那里获取所需的计算、存储等资源来实现其相关的应用。而管理这些复杂的基础设置的任务则由管理平台来完成。

IaaS 管理平台可对资源进行有效的整合,并且生成一个可统一管理、灵活调度、计费管理的资源池,从而向用户提供自动化的服务。一般而言,IaaS 管理平台包括资源管理平台和业务服务管理平台。资源管理平台主要负责对物理资源和虚拟化资源池进行统一的管理和调度。一旦形成统一的资源池之后,即可完成对 IaaS 服务的管控。业务服务管理平台主要负责将各种资源封装成不同的服务,并且可以向用户提供便捷、易用的服务实现 IaaS 服务的运营,如提供业务服务管理、业务流程管理、计费管理和用户管理等。最简单的 IaaS 服务就是虚拟服务器,用户可以使用虚拟服务器完成自己的任务。图 1-8 展示了虚拟服务器使用场景。用户租用虚拟机之后,可以在虚拟机上安装自己的操作系统和应用程序。

IaaS 具有以下优点:

(1) 节省用户在基础设施上的投入成本。

(2) 利用虚拟化技术,将一台物理设备划分为多台虚拟设备提供给用户,充分复用了物理设备的计算资源,从而提高资源的利用率。

(3) 具有良好的扩展性,能根据用户需求弹性地扩容,因此用户可以利用 IaaS 方便地构建动态可扩展的系统。

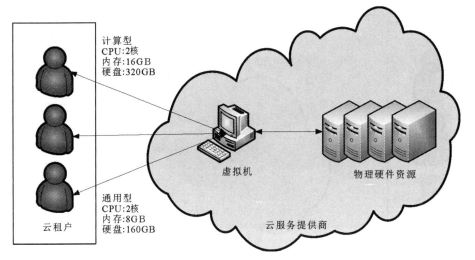

图 1-8　虚拟服务器使用场景

1.1.5　云计算的部署模型

云计算的部署模型是指某种特定的云环境类型,主要以所有权、大小以及访问方式来区分。常见的部署模型有四种,分别是公有云、私有云、社区云和混合云。

1. 公有云

公有云是现在最主流、最受欢迎的云计算模式。它是一种对公众开放的云服务,能支持数目庞大的请求,且使用成本较低。公有云通常是指第三方云服务提供商拥有的、可供用户使用的云。云服务提供商主要负责应用服务、软件运行环境和物理基础设施等资源的部署、维护、管理和安全。同时,公有云中的 IT 资源一般都是由按照事先准备好的云交付服务模型提供的,如虚拟机服务、电子邮件服务、CRM 服务等。用户可以通过互联网使用云资源,并且只为其使用的资源付费。公有云具有规模大、成本低、灵活性高和应用丰富等特点。

目前,许多大公司都纷纷推出了自己的公有云服务,如 Amazon 的 AWS、微软的 Windows Azure Platform、Google 的 Google Apps 与 Google App Engine、阿里云、腾讯云、华为云等。

2. 私有云

对于一些中型组织而言,虽然在短时间内很难大规模使用公有云技术,但也期盼云计算技术所带来的便利,于是引出了私有云这一部署模式。私有云是指某一个组织独自拥有的云。该组织拥有所有的基础设施,并可以控制在此基础设施上部署的操作系统和应用系统。私有云一般位于企业防火墙的内部,组织内部人员可对数据、安全性和服务质量进行有效控制。同时,私有云支持动态灵活的基础设施,可降低 IT 架构的复杂度,使各种 IT 资源得以整合和标准化。私有云具有安全性高、服务质量高、软硬件资源利用率高、部署灵活等特点。与公有云相比,私有云具有较高的安全性和私密性,同时能保证服务质量。私有云存在着边界的概念,以边界为限,将用户分为外部和内部用户。对于未被授权的外部用户将无法使用私有云上的服务，只有授权的外部用户和组织内部用户可以正常访问私有云服务。

3. 社区云

社区云类似于公有云，只是它的访问被限定在某个特定的社区。社区云被一个特定社区独占使用，该社区由具有共同关切的多个组织组成；社区云的核心属性是，云端资源只在这个特定社区中共享，除此之外的其他用户都无权使用。例如，由卫生部牵头，联合各家医院组建的区域医疗社区云就是一个典型的应用，各家医院通过社区云可以共享病例和各种检测化验数据。

4. 混合云

混合云是指由两个或两个以上不同的云部署模型组成的云，既满足了私有云的私密性，又结合了公有云的高灵活性和低成本等特性。用户可以将非关键的应用部署在公有云上以降低成本，而将安全性要求很高、非常关键的数据应用部署到完全私密的私有云上。

1.1.6 云计算的行业应用

近几年来，云计算的概念被越来越多的人所熟悉，云计算的应用领域也不断得到扩展。

1. 政府单位

伴随着云计算整体产业和市场的快速发展，我国各级政府部门开始积极探索采用云计算平台来满足电子政务和公共服务的需求，即"电子政务云"。

电子政务云是指采用云计算技术而构建的电子政务运营平台，主要用于承载各级政务部门开展公共服务、社会管理的业务信息系统和数据，并满足跨部门业务协同、数据共享与交换等的需要。云服务提供商可根据用户不同业务和需求提供 IaaS、PaaS 和 SaaS 服务。电子政务云将各种软硬件资源整合在一起，构建出云计算物理基础架构，然后通过多层虚拟技术，使得政府部门各相关单位能够共同使用这些资源。

2. 教育行业

我国中长期教育发展规划纲要中明确规定，要求必须建立起"云"教育的服务模式。国家"十二五"规划在《素质教育云平台》中，明确提出要实现教育资源的共享与高度合作。"云"教育作为一种全新的教育模式，主要是以教育云作为基础，并在教育领域中进行实际应用的一种全新的教育形式。

此外，云计算将在我国高校与科研领域得到广泛的应用普及，各个高校将根据自身研究领域建立云计算平台，并对原有资源进行整合，提供高效可复用的云计算平台，为科研与教学提供强大的计算资源，进而极大提高研发工作效率。

3. 工业行业

以云计算技术为基础建设的工业云正如火如荼地开展起来。2013 年，工业和信息化部确定北京、天津、河北、内蒙古、黑龙江、上海、江苏、 浙江、山东、河南、湖北、广东、重庆、贵州、青海、宁夏等 16 个省(自治区、直辖市)开展首批工业云创新服务试点。自 2014 年起，各地政府主导的工业云平台也相继建立。例如，北京工业云服务平台涵盖云设计、云制造、云协同、云资源等服务模块，提供企业设计、制造、营销等多种工具和服务，帮助企业解决研发效率低、产品设计周期长等多方面问题。

　　工业云在未来的发展中，将进一步与工业物联网、工业大数据、人工智能等技术融合，并在工业研发设计、生产制造、市场营销、售后服务等产品全生命周期、产业链全流程各环节进行深化应用，迎来工业领域的全面升级。

1.2　云技术面临的网络安全问题

　　随着云计算技术优势的体现，越来越多的用户选择将其业务上云。但由于云计算技术本身共享的特质，内部组件多而复杂，并且关联性较高，云计算中的服务、接口和数据暴露越多，其风险也就越高，影响的用户也就越多，破坏性也越大。因此，云计算的安全问题就成为制约其进一步发展的关键要素之一。

　　一般认为，云计算自身的特性是带来安全问题的主要因素。一方面，云计算技术脱胎于传统 IT 技术，所有针对传统 IT 技术的安全风险都会直接转移至云计算中，如网络攻击、恶意软件、安全漏洞等；另一方面，云计算作为一种新型的计算模式，其新特性势必会带来新的安全问题，如虚拟技术的安全问题等。另外，在云计算中，用户数据存储于云中，也会带来数据的安全问题，如数据丢失和损坏、数据滥用、数据非法访问和篡改、数据泄露等。此外，由于云的使用成本低、灵活性高、扩展性高等特点，黑客们还可利用云资源发起网络攻击，带来一些新的安全问题。

　　基于此，本节将从传统的安全问题和新引入的安全问题两个方面对云计算中存在的安全风险进行分析。

1.2.1　传统的安全问题

　　虽然云计算给用户提供了一种新型的计算、网络、存储环境，但是传统的信息安全风险仍然存在，并且随着系统规模的增加而放大。在云计算系统架构中，无论是底层的物理主机，还是提供给用户使用的虚拟机，都是传统意义上的主机，必然会面临着传统安全问题，如漏洞问题、恶意软件、网络攻击等。

1. 系统安全漏洞

　　利用系统的安全漏洞进行攻击是攻击者最喜欢使用，也是出现频次最高的一项攻击手段。安全漏洞是指计算机信息系统在需求、设计、实现、配置、运行等过程中有意或无意产生的缺陷。这些缺陷以不同形式存在于计算机信息系统的各个层次和环节之中，一旦被恶意主体所利用，就会对计算机信息系统的安全造成损害，从而影响计算机信息系统的正常运行。通常，安全漏洞可根据其访问路径、利用复杂度和影响程度的不同而分为不同的威胁级别。根据我国《信息安全技术安全漏洞等级划分指南》，安全漏洞的危害程度从低至高依次为低危、中危、高危和超危。现实网络中，攻击者一旦发现、利用系统的安全漏洞，只需很短的时间即可获得服务器较高的权限，甚至是完全的控制权，从而实现对系统的攻击。例如：2019 年 5 月发现的 Windows 远程桌面服务代码执行安全漏洞，具有蠕虫的传播性质，攻击者利用该漏洞无需用户交互即可实现对远程主机的控制，从而导致批量主机受到影响；2019 年 6 月发现的 Linux 内核中 TCP SACK 机制漏洞，攻击者可利用该漏洞进行拒绝服务攻击，影响程度严重。

一般来说，系统的安全漏洞往往都会造成较为严重的后果。尤其是云服务提供商提供的基础资源属于共享设施，所以其共有的系统安全漏洞可能会存在所有使用者的云资源当中。这给攻击者提供了便利的攻击途径，并节省了大量的研究成本，一个业务被攻陷后，同一个云中的其他业务很可能会被同一种攻击类型攻击成功。当下，网络攻击的针对性愈发明显，漏洞带来的威胁甚至可致上亿用户数据的泄露或丢失。目前，常见的安全漏洞有弱口令漏洞、非法访问漏洞、操作系统陷门、远程漏洞和缓冲区溢出。

2. 应用系统安全漏洞

对于用户而言，应用系统是用户利用云上资源提供的服务，如 Web 应用系统、数据库系统、邮件系统、FTP 系统等。应用系统的复杂度越来越高，使得漏洞数量不断增长。据 US-CERT(United States Computer Emergency Readiness Team，美国计算机应急预备小组)的最新报告，2020 年 NVD 漏洞数据库记录了 17 447 个漏洞，这也是安全漏洞数量连续第四年创下新高。在这些安全漏洞中，Web 应用系统依然是主要的攻击对象。这主要是因为针对 Web 的安全漏洞由来已久，具有攻击手段丰富、攻击门槛较低的特点，所以必须持续关注此类风险。表 1-1 统计了 OWASP(Open Web Application Security Project，开放式 Web 应用程序安全项目)发布的 2020 年关于 Web 的十大漏洞。另外，SMB(Server Message Block)协议、远程登录、数据库等应用也容易受到攻击。其中由于 SMB 漏洞具有横向传播的特点，可实现一次病毒感染就能自动传播的效果，因此也成为攻击者的重要攻击对象。如 2020 年 3 月发现的 SMB 远程代码执行安全漏洞，攻击者可利用该漏洞获取最高权限，同时还可通过构造特定的文件来触发该漏洞以攻击 SMB 的客户端。

表 1-1　2020 年 OWASP 十大漏洞

序号	OWASP TOP 10
1	注入
2	失效的身份认证
3	敏感数据泄露
4	XML 外部实体漏洞
5	失效的访问控制
6	安全配置错误
7	跨站脚本-XSS
8	不安全的反序列化
9	使用含有已知漏洞的组件
10	不充分的日志和监控

对于云服务提供商而言，除了常规的应用系统之外，还必须提供应用程序编程接口(API)和用户接口(UI)以满足用户管理自身云上资源的需求。由于这些应用程序编程接口和用户接口通常位于受信任边界之外，因此也面临着巨大的安全风险。目前，云服务和应用程序均提供 API 接口。IT 人员可利用 API 接口对云服务进行配置、管理、协调和监控，

也可在这些接口的基础上进行开发并提供附加服务。因此，不安全的 API 如果没有合适的安全措施，就会成为攻击的一扇门。可能存在的 API 攻击类型包括越权访问、注入攻击和跨站请求伪造攻击。如在 2020 年，Facebook(脸书)再次被曝出由于其应用程序接口可能存在安全漏洞，导致一个存有 2 亿余条记录的数据库被公开。

3. 恶意软件

恶意软件是指在未明确提示用户或未经用户许可的情况下，在用户计算机或其他终端上安装运行，侵害用户合法权益的软件。恶意软件具有强制安装、难以卸载、浏览器劫持、广告弹出、恶意收集用户信息、恶意捆绑等特点。利用恶意软件攻击者可实现破坏或控制 IT 系统、窃取数据、勒索金钱等目的。

云计算系统具有资源共享、互相关联等特性，攻击者可以利用暴露的任意一个脆弱点作为攻击入口点，通过纵向深入或者横向穿透的方式，便可危及更多云服务使用者的系统。在 2016 年 RSA 大会上，云访问安全代理公司 Netskope 就曾表示，"当恶意文件或代码感染单个用户的客户端设备时能够快速通过云服务进行扩展"。具体来说，Netskope 发现云应用中检测到的小部分云恶意软件在最初感染用户设备后，还能够通过文件共享和云同步服务感染更多用户。

目前，勒索软件是近几年数量和攻击频次最多、危害最为严重的恶意软件。比如 2017 年爆发的 WannaCry 勒索病毒，它利用 Windows 操作系统的漏洞发起攻击，从而导致该计算机中的文件被加密；而且云平台下的虚拟主机即使重新恢复后，也会再次被该云平台上的其他 WannaCry 样本所感染。另外，恶意软件还有恶意脚本 Webshell 和恶意二进制文件。其中，Webshell 作为完全控制服务器的"跳板"，是黑客攻击服务器的最主要手段；恶意二进制文件是攻击者获取利益的直接手段。由于服务器平台分为 Linux 和 Windows，因此恶意二进制文件也分为两部分，即在 Linux 平台上运行的二进制文件使用 ELF 格式，在 Windows 平台上运行的二进制文件使用 PE 格式。不论是哪种格式，恶意二进制文件都会对用户核心数据进行破坏。

4. 网络攻击

网络攻击是指通过计算机、路由器等网络设备，利用网络中存在的漏洞和安全缺陷实施的一种行为，其目的在于窃取、修改、破坏网络中存储和传输的信息，或延缓、中断网络服务，或破坏、摧毁、控制网络基础设施。一般，网络攻击可分为病毒攻击、蠕虫攻击、缓冲区溢出、物理攻击、拒绝服务(DoS)等。其中，拒绝服务攻击还有一种特殊的形式，即分布式拒绝服务(DDoS)攻击，它是一种分布的、协同的大规模攻击方式。这种攻击将多个计算机联合起来作为攻击平台，对一个或多个目标发动 DDoS 攻击，从而成倍提高拒绝服务攻击的威力。

分布式拒绝服务(DDoS)一直都是互联网环境下的一大威胁。在云计算时代，许多用户会需要一项或多项服务保持 7×24 小时的可用性，在这种情况下 DDoS 威胁显得尤为严重。随着云计算应用的快速增长，云上客户遭受 DDoS 攻击呈现出次数多、强度高、手法新、来源广等特点，并且由于物联网终端数量规模不断扩大，越来越多的可利用的设备暴露在公共网络中，同时云资源的获取也比较方便，因此这将导致攻击者对 DDoS 资源的获取变得越来越容易。据统计，网络上发生的 DDoS 攻击事件约三分之二是以云平台作为攻击目标的。新的 DDoS 攻击类型，以及攻击者对于云服务提供商提供的防御措施进行长期探查和了解，都将导致云服务提供商在网络级别上的风险更高。一旦云服务提供商组织内部的网络出现中断或抖动，整个云平台上的用户都会受到影响，且影响范围非常广泛。目前，主要的 DDoS 攻击方式包括 HTTPS 类、TCP 反射类以及伪造类等。

1.2.2　新引入的安全问题

与传统的计算模式相比，云计算系统具有开放性、分布式计算与存储、无边界、虚拟性、多用户、数据的所有权和管理权分离等特点。同时，云计算系统中还存放着海量的用户数据，一旦攻击者成功攻击云计算系统，将会给云服务提供商和用户带来极大的损失。因此，云计算系统还必须面临着其自身特性带来的安全问题。云计算新引入的安全问题主要包括虚拟化技术、数据、身份的安全问题等。

1. 虚拟化技术的安全问题

虚拟化技术是云计算的核心技术之一，它可以实现资源共享，但共享技术的漏洞也对云计算构成了重大威胁。因为云服务提供商共享基础设施、平台和应用程序，如果出现一个安全漏洞往往会影响到多个云服务用户的正常使用，甚至导致整个云计算系统的崩溃。另外，如果一个服务组件被破坏泄露，如某个系统管理程序、一个共享的功能组件或应用程序被攻击，也有可能使整个云计算系统被攻击和破坏。虚拟化技术的安全问题有以下几种情况：

(1) 在云计算系统中，虚拟化的计算资源会放置于同一个资源池中，并分配给不同的用户使用。同时，为了实现计算资源的弹性，用户还可自动申请和释放资源。这种特性直接产生了虚拟机的动态漂移现象，从而导致虚拟机的真实位置也会随之改变，并且造成网络边界的变化。如果边界隔离、安全防护措施与策略不能随着虚拟机动态漂移而变化，那么基于边界的防护措施和防护策略将难以起效。所以，在这样一种场景下，传统的安全防护技术由于无法深入虚拟化平台的内部，因此很难满足诸如恶意代码的防护、流量监控、数据审计等安全需求，从而加大了虚拟机的安全风险。

(2) 云计算下的多用户共享计算资源的方式极大地提升了资源利用率，但是由于云计算平台的开放性，导致平台上用户繁杂，不能排除一些心怀不轨的恶意用户，同时用户之间也可能存在一定的利益竞争关系，这使得云计算资源滥用、用户间的攻击等成为可能，传统安全防护措施在应付这些来自云环境内部的安全挑战时往往显得无能为力。例如，云服务提供商利用周期性采样与低精度的时钟调度策略实现对用户的计费管理，在这种模式下，攻击者可利用虚拟层调度机制的漏洞实现窃取服务攻击。此外，资源释放型攻击也能够将合法用户的虚拟机资源非法转移到攻击者的虚拟机，从而达到与窃取服务攻击类似的攻击效果；在这种攻击中，攻击者通过耗尽某些关键资源，迫使目标虚拟机终止正在进行的服务并释放已占用的资源，而攻击者恰好利用新释放的资源来提升自身的性能。

(3) 虚拟化平台自身也存在着系统漏洞。攻击者可以利用这些漏洞攻击虚拟化平台的相关接口，从而导致业务系统不可用或数据泄露。目前，云计算中所使用的虚拟化技术相对较为固定，多数云服务提供商可能采用了相同的虚拟化平台软件，如 Xen、KVM 和 VMWare 等。如果这些平台软件出现了系统漏洞，那么将会影响较大范围内的用户群体。

例如：腾讯 Blade Team 团队发现了主流虚拟化平台 QEMU-KVM 的严重漏洞，攻击者可利用该漏洞在一定条件下透过虚拟机使物理主机崩溃，从而导致拒绝服务，甚至完全控制物理主机和主机上其他虚拟机；VMWare 官方发布编号为 VMSA-2020-0005 的安全公告，修复了存在于 VMWare Fusion、VMRC for Mac 和 Horizon Client for Mac 中的权限提升漏洞，由于错误地使用了 setuid，攻击者可利用此漏洞将目标系统中的普通用户权限提升至管理员权限。

(4) 在虚拟化的环境中，单台物理服务器上可以虚拟出多个完全独立的虚拟机，并能运行不同的操作系统和应用程序；各虚拟机之间可能存在直接的数据交换，而这种交换并不会经过外置的设备，因此，管理员对于这部分流量既不可见也不可控，从而引入了新的安全风险。

2. 数据的安全问题

随着越来越多的业务迁移至云上，云中将聚集大量的数据，尤其是业务数据和用户数据等敏感数据，一旦发生安全事件，导致数据泄露，往往造成范围广、危害严重的影响。目前，云计算用户最为担心的安全风险是数据泄露和数据丢失。据安全公司 Risk Based Security 的统计显示，2019 年上半年，世界范围内已经发生了 3813 起数据泄露事件，被公开的数据达 41 亿条。另据国家互联网应急中心在持续开展的 MongoDB、Elasticsearch 等数据库泄露风险应急处置过程中，发现存在隐患的数据库搭建在云服务提供商上的数量占比已经超过 40%。常见的数据安全风险有以下几种情况：

(1) 由于云服务提供商的服务器、用户虚拟机的安全漏洞导致黑客入侵或者系统崩溃，从而造成数据的泄露或丢失。

(2) 由于虚拟化技术的安全漏洞导致黑客的入侵或者系统崩溃，从而造成数据的泄露或丢失。

(3) 用户数据在传输过程中未被加密导致的数据泄露。

(4) 用户数据在存储过程中未被加密、未进行备份导致的数据泄露。

另外，云计算系统上多用户之间的数据资源如何安全隔离也成为云计算安全的突出问题。云服务提供商在对外提供服务的过程中，需要同时应对多用户的运行环境，保证不同用户只能访问自身的数据、应用程序和存储资源。常见的多用户特性带来的安全风险包括：

(1) 跳跃攻击：借助共享同一个物理主机攻击目标虚拟机，从而导致其他用户的数据泄露或丢失。

(2) 逃逸攻击：通过运行相关代码，使攻击者进入物理主机系统或者其他虚拟机系统，从而导致其他用户的数据泄露或丢失。

(3) 迁移攻击：攻击者利用迁移过程中的安全漏洞进行攻击。

(4) 旁道攻击：多用户共享同一个物理主机时，由于安全隔离技术的漏洞，使得攻击者可采用旁道攻击手段攻击其他用户。

3. 身份的安全问题

云计算是将计算作为基础设施而产生的一种基于交付和使用的模式，它可以将大量的资源和服务部署在由计算机所构成的共享资源池上，并通过网络使用户能够以按需付费来获取计算、存储和网络等资源。随着云计算的日益盛行，用户可以利用客户端接入网络来便捷地使用云服务。因此作为云服务的第一道关卡，客户端接入网络时所要的身份认证技术就成为了云计算安全领域中的关键问题。如果攻击者获取到用户的身份验证信息，即可假冒合法用户，进而进行一些非法行为，如窃取数据、篡改数据、恶意消费等。

目前，关于身份认证安全中最重要的威胁来自于账号攻击，而账号攻击最主要的方式就是账号劫持。账号劫持是指个人或组织的账号被攻击者通过一些途径获取(这些途径包括网络钓鱼、软件漏洞利用、撞库、密码猜解、密码泄露等)，进行一些恶意的操作或者未授权的活动。随着云计算逐渐盛行，组织的网络、资源、服务部署变得越来越集中，账号劫持所带来的攻击影响也逐渐放大。比如，攻击者可以通过获取的某个云账号访问凭据，浏览整个组织的资产详情和部署情况，窃取组织的数据信息，甚至还可以直接获取组织服务的域名解析情况并进行更改，重定向到恶意网站，对组织的业务和声誉造成非常严重的危害。如在 2019 年，全球第二大市值的游戏公司 EA Games 被曝出发现账号攻击的漏洞，此漏洞操纵 EA Games 的域名注册方式，劫持了微软 Azure 云中的子域名，继而可以完全接管玩家账号。

另外，云计算模式的本质特征是数据所有权和管理权的分离，即用户将数据迁移到云上，失去了对数据的直接控制权，需要借助云计算平台实现对数据的管理。这样带来了许多新的安全问题，如恶意的云管理员、可利用的安全漏洞和不当的访问接口等。尤其是当云管理员客观上具备偷窥和泄露用户数据和计算资源的能力时，如何保障用户数据的权益，成为一个极具挑战的安全问题。因此，内部威胁的研究和应对在云计算模式下显得尤为重要。内部威胁是指对组织的网络、系统或数据具有访问权限的前任雇员/现任雇员，承包商或其他业务伙伴，恶意使用或滥用访问权限，对组织信息或信息系统的机密性、完整性或可用性造成负面影响。通常，人们往往会忽略来自内部人员的恶意危害，这些人可能是云服务提供商及客户在职或离职人员。对于云服务提供商来说，其员工因与客户没有直接关系，更有可能在某些情况下对客户存储在云环境当中的数据不怀好意，所以这类威胁破坏面广、力度大，可辐射整个云环境。

1.3　云安全问题对策

在云计算技术不断发展的过程中，频繁出现的安全问题已经成为制约云计算产业正常发展的"绊脚石"。为了消除安全隐患，云计算产业相关组织提出了"云安全"概念，并纷纷出台了针对云计算的安全解决方案、产品和服务。

"云安全"这一概念始于 2008 年，它融合了并行处理、网格计算、未知病毒行为判断等新兴技术和概念，被认为是网络信息安全的最新体现。"云安全"主要可以分为两个研究方向：一个是云安全的应用场景，即通过云计算技术来提升安全解决方案的服务性能，如基于云的防病毒技术、木马检测技术等；另一个是云计算系统自身的安全，即利用安全技术，解决云环境下的安全问题，提升云平台自身的安全性，保障云计算业务的可用性、数据的机密性和完整性、数据隐私的保护等，这也是云计算系统健康、可持续发展的基础。本节以云计算系统自身安全为出发点，开展主机、应用、网络、虚拟化、数据及身份等方面的安全对策研究。

1.3.1　主机安全对策

1．功能目标

主机的安全一直都是应用系统能否正常使用的关键要素之一。为了保证云主机的安全性，我们首先要确定云主机安全所涉及的功能目标：

(1) 防范恶意代码：对云主机的关键位置进行主动防护和监测，解决病毒木马感染云主机的问题。

(2) 做好安全访问控制：对云主机进行主机间的防火墙策略部署，解决主机间的相互攻击和感染问题，避免未授权的访问连接。

(3) 具备抵御外部攻击的能力：能够拦截外部对云主机的漏洞、账号的攻击及破解行为，保证云主机系统、应用和服务的安全稳定。

(4) 具备安全状态感知和修复的能力：能够对云主机的统一安全状态进行扫描和修复，保证用户内云主机的安全基线统一。

2．防护措施

针对以上功能目标，我们可以采取主机加固、病毒查杀、部署防火墙、安全管理等措施进行防护。

(1) 主机加固是解决在安全评估中发现的技术性安全问题，所有的被评估主机应不再存在高风险漏洞和中风险漏洞。主机加固首先需要在宿主主机及云主机内设定一些检查项，对发现的不合规项进行统一上报；系统则需要根据上报内容给出相应的操作建议，保障云环境的安全合规。主机加固一般有五个主要过程：一是设置主机安全基线，管理人员在控制台对主机安全基线进行扫描；二是安装于主机上的客户端执行扫描任务，并向控制台上传扫描结果及日志；三是管理人员查看扫描结果，并根据扫描结果在控制台下发基线修复任务；四是终端执行控制台下发的修复任务，并将结果上传至控制台；五是管理人员可以在控制台上查看修复结果。

(2) 病毒查杀可降低云主机被感染的风险。目前，云计算系统下的病毒查杀由云端统一提供病毒特征库和查杀引擎，同时还可以利用云端提供的超强计算能力对病毒特征进行快速分析和提取，这种模式往往具备更强的病毒防护能力。主机病毒查杀技术主要采用基于特征的扫描技术，云端还可以采用人工智能与机器学习的方法。基于人工智能与机器学习的检测方法具有强大的检测能力的优点，如可通过云计算、大数据等技术，提取出某一族群的病毒或恶意代码的共性特征，从而提高对该族群内的新生病毒的检测能力，并能在最大程度上保护虚拟化环境的安全可控。

(3) 云主机的安全防护可以通过虚拟防火墙来实现。虚拟防火墙通常是由根虚拟系统、子虚拟系统以及虚拟系统接口组成的。根虚拟系统是系统默认的虚拟系统，它拥有防火墙的所有功能；子虚拟系统是由系统管理员创建的，它在逻辑上也是一台独立的防火墙，可以进行独立的管理、独立的配置等；虚拟系统接口是各个虚拟系统直接进行内部通信时使用的虚拟接口，它模拟了一台内部的虚拟三层交换机，虚拟系统之间通信，可以不需要进行外部物理接口连接。通过虚拟防火墙可阻挡部分攻击，实现对虚拟机的防护。

(4) 还可通过对云主机的管理实现安全防护，如 Webshell 防护。Webshell 是通过服务器开放的端口获取服务器的某种权限的工具，一旦攻击者通过 Webshell 进入云主机系统，则可利用提权、伪装等技术手段获取对整个主机的控制权。常用的 Webshell 防护方法有以下几种：一是提供沙箱等检测手段，对多种类型的木马进行查杀；二是对变形的一句话后门等木马，可以通过代码还原、跟踪关键函数、检测变量的调用等进行检测，同时对存在攻击的行为进行拦截，保证不对宿主主机造成破坏；三是可以尝试利用机器学习模式，对未知特征后门进行自主学习、自动判断、处理隔离等；四是对已发现的 Webshell 可以提示用户采取自动清理、提示清理、忽略告警等处理措施，并且要将所有的 Webshell 后门样本向管理端上报，让管理端对这些样本进行统一的汇总及分类分析。

1.3.2 应用软件安全对策

1. 安全对策

在云计算系统中，用户可以通过云服务提供商提供的相关服务搭建自己的应用系统，如 Web 系统、CRM 系统等。用户在使用这些应用系统时，无需与用户的文件系统相连或借助任何设备驱动程序即可运行，因此必然存在着诸如管理平台、网络安全、多用户等安全问题。针对此种模式，通常的安全对策有以下几种方式：

(1) 在云计算系统中使用微服务架构，将不同的服务隔离到不同的服务器中。

(2) 数据传输安全可采用 VPN、SSL 等加密技术；数据存储安全可采用对后台数据进行完整性检查，并提供定时备份和容灾恢复等功能。

(3) 针对恶意攻击，可以采用实行监控技术进行安全防护，如会话映射技术、智能审计技术、日志记录以及生产安全报告等。

(4) 直接在云平台上采用"无服务器"体系结构，而无需对底层服务和操作系统进行管理，从而有效降低攻击面。

2. 安全防护

大多数云服务供应商都是以 Web 方式提供云服务的，即用户需要通过 Web 浏览器来访问云服务，从而使用云端所提供的各种应用服务，因此保障 Web 应用安全是保障云计算应用安全的重中之重。Web 应用安全与网络和系统服务安全密切相关，但其关键还在于 Web 应用和代码自身的安全性。下面将以常见的 Web 应用攻击说明如何对 Web 应用进行安全防护。

(1) 跨站脚本攻击(XSS)：通常攻击者用 HTML 注入技术向网页插入恶意脚本，篡改网页，当用户浏览已经插入恶意脚本的网页时，页面中嵌入的恶意代码就会被执行。对此种攻击，可以通过加强输入过滤和输出编码等方法进行防护。如对用户提交的数据进行有效性验证，仅接收符合预期格式的内容提交，阻止或忽略其他任何形式的数据；对于要输出到 Web 网页上的字符串，为确保输出内容的完整性和正确性可以使用编码进行处理。

(2) 注入式攻击：通常攻击者发送的恶意数据可以欺骗解释器，不可信数据会被视为查询语句或命令的一部分并发送给处理程序，从而成功执行计划外的命令或访问未被授权的数据，如 SQL、OS 以及 LDAP 注入等攻击。常用的防御措施有：使用安全的 API；若无法对 API 进行应用，则需要手动检测及过滤特殊字符，如单引号等；对输入数据进行验证时，可以选择使用白名单来对数据进行过滤。

(3) 无效的身份认证和会话管理：Web 应用功能与身份认证、会话管理是密切相关的，攻击者可能破坏密码、密钥、会话令牌或通过其他漏洞来冒充合法的用户身份。常用的防范措施包括：限制密码的复杂度和长度，以提升密码的强度；确保密码修改控制的完善性；通过加密或以散列函数的形式对密码进行存储；限制通过密码错误登录的信息与次数。

虽然上述手段可以解决部分 Web 应用的安全问题，但是还需要一套完整的解决方案来应对更多的攻击。如可以以时间作为参考依据，将 Web 应用访问事件分为事前、事中和事后。事前，可以提供 Web 应用漏洞扫描功能，检测应用系统中是否存在常见的安全漏洞，如 SQL 注入、XSS 跨站脚本等；事中，可对 Web 应用的访问行为、访问数据、SQL 注入攻击等各类访问请求进行检测，并在检测到异常后进行有效阻断；事后，针对当前的安全热点问题，如网页篡改以及网页挂马等，要能提供诊断功能，从而降低安全风险，维护网站的正常使用。其中，Web 应用漏洞扫描是第一道防线，它可以拒绝大部分已知的安全威胁。常用的漏洞扫描方法有以下两种：一种是通过模拟黑客的攻击手法，对目标应用进行攻击性的安全漏洞扫描，如测试弱口令等；另一种是先对 Web 应用进行端口扫描，获取该应用所涉及的相关端口以及端口上的网络服务，然后将这些信息与漏洞扫描系统所提供的漏洞库相匹配，查看是否有满足匹配条件的漏洞存在。

3. 防篡改技术

可以采用网页防篡改技术，防止网页内容被修改，避免危害网站的公信力和影响力。常用的网页防篡改技术有以下四种：

(1) 人工对比检测。这种方式是通过人工的方式来对比网页的不同，它存在着很大的滞后性和不确定性，即使发现了篡改事件，也很难做到快速恢复。

(2) 时间轮询技术。这种方式具有自动检测和还原的功能，避免了人工方式的主观性和不稳定性，但是其缺点在于扫描的时间间隔设置存有问题。

(3) 事件触发技术。这种方式可以有效地监控网页是否被篡改，并且能较好地解决时间间隔问题，但需要与比较判断技术相结合才能保证不出现误判或漏判。

(4) 文件夹驱动级保护技术。这种方式采用的是操作系统底层文件夹驱动级保护技术，与操作系统结合紧密。从发现网页被篡改到复制恢复网页整个过程的持续时间往往很短，用户基本上看不到被篡改的网页。

1.3.3　网络安全对策

网络安全是指通过采取必要措施，防范对网络的攻击、侵入、干扰、破坏和非法使用以及意外事故，使网络处于稳定、可靠、运行的状态，以及保障网络数据的完整性、保密性、可用性的能力。

针对云计算系统，我们可以利用基于边界安全的技术实现云计算环境内部与外部区域的安全访问控制。网络边界安全通常由拒绝攻击防护、访问控制、入侵检测、入侵防御、WAF、防病毒、VPN 和边界隔离等构成。其中，拒绝攻击防护是指对 DoS、DDoS、DRDoS(Distributed Reflection Denial of Service，分布式反射拒绝服务)等拒绝服务型攻击进行防护；访问控制是指利用相关的访问策略和技术手段，控制对网络边界的正常访问；入侵检测是指通过对网络或通信基础设施的监控，实现对各类型攻击行为的有效检测；入侵防御是指通过对网络或通信基础设施的监控，阻止恶意流量访问它的攻击目标。

1.3.4　虚拟化安全对策

云计算技术作为一种越来越成熟的商用计算模型，它将各种服务任务分布在由大量计算机构成的网络资源池上，使用户能够根据需要获取存储空间、计算能力、带宽以及其他信息服务。虚拟化技术是云计算技术中的关键核心技术，且目前已建设的云计算应用大多是基于虚拟化技术来实现的。

1. 虚拟化安全

虚拟化安全需要考虑宿主主机物理安全、宿主主机操作系统安全、虚拟机隔离安全、安全内存管理、安全 I/O 管理、安全代理机制等方面。

(1) 在宿主主机物理安全方面：首先应考虑人员的物理访问安全，如需要提供门禁卡才能被允许进入机房等；其次应限制其只能从主硬盘启动，除此之外禁止从任何设备启动，并且还要对 BIOS 进行密码设置，防止启动选项被非法篡改；再次，要做好对宿主主机、客户机操作系统以及第三方应用的所有外部端口的控制工作，防止攻击者的非授权访问；最后，服务器机房中的机器和机箱要用安全锁固定，防止硬盘被盗。

(2) 在宿主主机操作系统安全方面：首先应在宿主主机上部署独立的防火墙和入侵检测系统，并给每个可以访问操作系统的用户分配一个账号；其次应采取严格细致的认证策略和访问控制，对非法认证的次数进行严格限制，甚至严格限制用户登录访问的时间和范围；再次，密码尽量使用字母、数字以及符号充分混合的、尽可能长的、让人很难猜测的高强度密码，并且密码要定期更换；然后，要及时地对宿主操作系统进行系统升级和补丁更新；最后，系统中不常使用或者不必要的服务和程序应尽量关闭，尤其是网络服务。

(3) 在虚拟机隔离安全方面：由于虚拟机之间的隔离程度在很大程度上影响着该虚拟化平台的安全性，因此必须确保虚拟机的独立运行且不相互干扰。虚拟机隔离机制主要包括基于访问控制的逻辑隔离机制、进程地址空间的保护机制、内存保护机制等。目前，虚拟机安全隔离一般是以 Xen 虚拟机监视器为基础，如通过依赖于硬件的安全内存管理(Secure Memory Management，SMM)、安全 I/O 管理(Secure I/O Management，SIOM)等。

(4) 在安全内存管理(SMM)方面：SMM 是通过提供加解密服务来实现对客户虚拟机内存进行相互隔离的。在 SMM 架构中，所有虚拟机分配内存的请求都将由 SMM 进行处理，并且利用 TPM 系统产生和发布的加解密密钥来对虚拟机分配到的内存中的数据进行加解密。如果 VM0 暂停了一台虚拟机，那么转存到 VM0 存储区的数据都是加密的，这样就可以实现对客户虚拟机内存和 VM0 内存的隔离。

(5) 在安全 I/O 管理(SIOM)方面：在该架构中，每个虚拟机的 I/O 访问请求都会经由自己的虚拟 I/O 设备发送到 I/O 总线上，再由虚拟 I/O 控制器根据相关协议以及虚拟机内存中的数据来决定当前的 I/O 操作，确定好后就可以通过虚拟 I/O 总线来访问真实的物理 I/O 设备。另外，在 SIOM 架构中，每个客户虚拟机都分配了一个专用的虚拟 I/O 设备，这样虚拟机的 I/O 访问就不用再经过 VM0，从而实现将虚拟机之间的 I/O 操作相互隔离。与此同时，VM0 中如果发生故障也不会对这个 I/O 系统造成影响。

(6) 在安全代理机制方面：代理机制一般分为无代理和轻代理机制两种。无代理机制是相对于传统有代理机制提出的，基于宿主主机整体考虑，在宿主主机的虚拟化层对虚拟机进行安全检测；无代理机制只需集中部署在一台虚拟安全服务器中即可完成对各应用服务器虚拟机的扫描，且无需在每个虚拟机中部署安装安全防护代理程序。与之相对应的是，轻代理机制是指在每台虚拟机上安装一个小型的软件代理，通过该代理实现安全检测。虚拟机在安装软件代理后，能自动注册虚拟化管理控制中心，并被虚拟化管理控制中心所管理，从而实现大量安全功能，如应用控制、设备控制、入侵防御系统以及防护墙等，进而保障虚拟网络的安全。

2. Hypervisor

Hypervisor 是虚拟化技术的安全管理核心与重点内容，由于 Hypervisor 自身存在一定的缺陷，这也容易导致出现一些安全问题。Hypervisor 是所有虚拟化的核心，是一种运行在基础物理服务器和操作系统之间的中间软件层，允许多个操作系统和应用共享硬件。Hypervisor 主要提供平台虚拟化。其中，平台虚拟化是通过某种方式隐藏底层物理硬件的过程，能让多个操作系统可以透明地使用和共享它。Hypervisor 需要一些设施用于启动客户操作系统，如内核镜像、配置、磁盘以及网络设备等，还需要一组用于启动和管理客户操作系统的工具。其中，磁盘和网络设备通常映射到机器的物理磁盘和网络设备。根据运行位置的不同，可以将 Hypervisor 分成两类：一类是 Hypervisor 直接运行在物理硬件之上，如基于内核的虚拟机(Kernel-based Virtual Machine，KVM)；另一类是 Hypervisor 运行在另一个操作系统中，如 QEMU 和 WINE。Hypervisor 一般可通过建立轻量级 Hypervisor 和保护 Hypervisor 的完整性来实现其安全保障。对于轻量级 Hypervisor 的设计实质是降低实现的复杂度，保证其只实现底层硬件抽象接口的功能，这样才能更容易保证 Hypervisor 自身的安全性和可信性。而保护 Hypervisor 的完整性则包括完整性度量和完整性验证两部分。其中，完整性度量是指由前一个程序来度量该级程序的完整性，并将度量的结果通过 TPM(可信平台模块)记录到 TPM 的平台配置寄存器中，最终构建一条可信启动的信任链；完整性验证是指对完整性度量报告进行数字签名后发送给远程验证方，由远程验证方来判断该 Hypervisor 是否安全可行。

一旦保证了 Hypervisor 的安全性，那么 Hypervisor 也就具有相当的防护能力。首先，它可以合理分配主机上的物理资源，如采取限制、预约等机制，让高优先级的虚拟机能够优先访问主机资源，还可对主机资源进行划分并隔离成不同的资源池；其次，它可以将 Hypervisor 的安全性扩大至远程控制台，如规定在同一时刻只能允许一个用户访问虚拟机控制台，还可禁止连接到虚拟机的远程管理控制台的粘贴和复制功能；再次，它可以安装虚拟防火墙，使通过虚拟机的虚拟网卡层可获取并查看网络流量，从而能够对虚拟机之间的流量进行监控和过滤；最后，它还可以限制特权，如可对用户进行细粒度的权限分配，一旦确定了用户的角色，即可增加相应的访问权限，从而实现用户的权限控制。

另外，还可通过设置一些安全策略来监控虚拟机的运行，一旦发现问题可以快速恢复。目前，可以采取虚拟机安全监控架构实现此功能。虚拟机安全监控架构是指安全工具为适应虚拟计算环境而采取的架构模式，现在较为流行的架构有虚拟机自省监控架构和基于虚拟化的安全主动监控架构两种。虚拟机自省监控架构是指将安全工具放在单独的虚拟机中，并利用该安全工具对其他虚拟机进行安全检测；而基于虚拟化的安全主动监控架构是指将安全工具部署到一个处在安全域的虚拟机中，并利用该安全工具对运行在目标虚拟机上的操作系统进行安全检测。

基于虚拟化的安全监控又可以分为内部监控和外部监控两种模式。内部监控是指在虚拟机中加载内核模块来对虚拟机中的内部事件进行拦截。事件拦截是指拦截虚拟机中发生的某个事件，从而触发安全工具对其进行安全检测；而虚拟机中内核模块的安全则需要由 Hypervisor 来保护，其典型代表系统是 Lares 和 SIM。图 1-9 为内部监控模型示意图，主要实现以下几个功能：

(1) 安全工具部署在一个被隔离的且处于安全域的虚拟机中。

(2) 被监控的客户操作系统运行在目标虚拟机中，部署一个用于拦截文件读写、进程创建等事件的重要工具——钩子函数。

(3) 内存保护模块可根据钩子函数告知的内存页面进行保护。

(4) 跳转模块作用是为目标虚拟机和安全域虚拟机之间通信搭建桥梁。

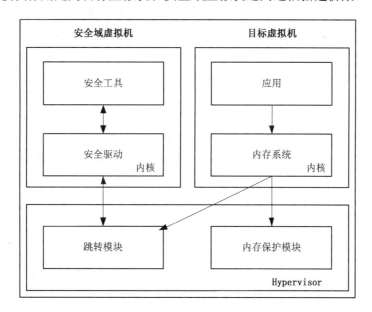

图 1-9　内部监控模型示意图

外部监控则是在虚拟机外部进行安全检测，它是指在 Hypervisor 中对目标虚拟机中的事件进行拦截，其典型代表系统是 Livewire。图 1-10 为外部监控模型示意图。Hypervisor 中部署了监控点，为目标虚拟机与安全域虚拟机中的安全工具之间建立了通信桥梁，还可以用于拦截目标虚拟机中发生的安全事件，并能重构出高级语义传递给安全工具。

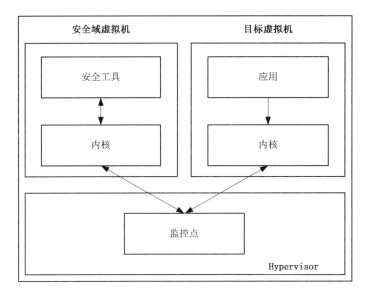

图 1-10 外部监控模型示意图

此外，虚拟机之间传输的流量也需进行防护。在虚拟化环境下，同一个服务器上不同虚拟机之间是通过服务器内部的虚拟交换网络来进行流量交换的。根据流量的转发路径可以将用户的流量分为纵向流量和横向流量两个维度。纵向流量包括从客户端到服务器的访问请求流量以及不同虚拟机间三层转发的流量。安全防护可将具备内置阻断安全攻击能力的防火墙和入侵检测系统旁挂在汇聚层或串接在核心层和汇聚层之间，利用其对虚拟化环境下的纵向流量进行检测。横向流量是指同一台服务器上不同虚拟机之间进行交换的流量。目前，针对横向流量的安全检测技术主要是基于虚拟机的安全防护技术和流量重定向的安全防护技术。基于虚拟机的安全防护技术是直接在服务器的内部部署虚拟机安全软件，并在所有虚拟机之间的流量交换未进入虚拟机中的交换机前，利用 Hypervisor 开放的 API 将流量引入虚拟机安全软件中进行安全检测。流量重定向的安全防护技术是利用边缘虚拟桥和虚拟以太网端口汇聚器(VEPA)等技术将虚拟机的内部流量引入外部交换机，再通过镜像或重定向等技术将流量引入安全设备中进行安全检测以及各种安全策略或访问策略的配置。

1.3.5 数据安全对策

由于云计算系统具有很强的共享机制，因此必须确保用户数据的完整性和保密性。为了保证数据的完整性和保密性，首先要实现用户重要业务系统之间、网络策略控制器和网络设备之间数据通信与传输的保密性和完整性。此类需求可由业务系统或网络设备内部通过数据加解密和校验码等技术开发实现，亦可通过部署第三方密钥管理解决方案，由用户自行实现数据通信的加解密和完整性校验，且必须具备与主流虚拟化和云平台的适配及集成能力。其次，还应确保虚拟机迁移过程中重要数据的完整性和保密性，防止在迁移过程中重要数据泄露，并在检测到完整性受到破坏时采取必要的恢复措施。此类需求可由云平台的资源管理和监控机制实现。

另外，云计算其中一个特点是多用户，多个用户的数据可能会存放于同一个物理介质上。数据隔离是指多个用户在访问云计算系统时，其数据是隔离存储的，数据的调用和处理不会相互干扰。通常，云服务提供商会采用诸如数据标签等一些数据隔离技术来防止对混合数据的非授权访问；还可部署相应的数据安全隔离策略，如为每个用户配置各自的存储空间、访问控制策略、存储策略等；也可为每个用户的访问设置权限，限制用户对数据进行调取和查阅。

此外，还需考虑云端数据可能面临着数据删除后被重新恢复、云端的原数据和备份数据没有被云服务供应商真正删除等安全风险。目前，云环境下实现数据安全删除的技术主要有安全覆盖技术和密码学保护技术两种。安全覆盖技术在删除数据时首先对数据本身进行破坏，然后再使用新的数据对旧的数据进行覆盖；而密码学保护技术是通过对上传到云中的数据进行多次加密，并由一个或多个密钥管理人员来管理密钥，当数据需要被删除时，密钥管理者就会删除该数据对应的解密密钥，它具有更强的安全性。

最后，还需对云平台中产生的数据进行审计，数据审计能够实时记录云计算环境中的数据操作、数据状态以及用户访问行为等，并对用户的访问行为进行记录、分析。云计算环境下的数据审计需要考虑几种与审计有关的风险，如固有风险、检查风险和控制风险。固有风险是指在不考虑内部控制的情况下，应用程序和虚拟机在运行过程中发生重大错误的可能性；检查风险是指审计方法不能发现实质性错误的可能性；控制风险是指现有的控制方法不能及时阻止或检测到错误的可能性。

1.3.6　身份安全对策

身份安全可分为身份认证和访问控制两个方面。

身份认证是指在计算机及计算机网络中确认用户身份的过程，即通过用户提供的访问凭证，确定该用户是否具有对某种资源的访问和使用权限。常用的身份认证手段包括密码认证、证物认证、生物认证等。密码认证是指采用用户名、密码的方式对用户身份进行识别，该方法易实现、效率高，但是安全性能不高，属于弱认证方式；证物认证是指使用智能卡或者 USB Key 来判断用户的身份，即采用软硬件相结合、一次一密的强双因子认证模式，属于强认证方法；生物认证是指使用人自身的一些具有唯一性的生物特征来进行身份验证，目前使用最多的生物认证是指纹识别技术，该方法实施较为复杂，成本较高，但是安全性强，属于强认证方法。在云计算系统中，除了上述身份认证的方式验证之外，还可以采用强认证、多因子认证、认证级别动态调整和认证委托等措施。使用强认证方式可有效避免弱认证方式易被攻破而导致用户数据泄露的风险；多因子认证是指需要将两种或两种以上的认证方法结合起来进行身份验证；采用认证级别动态调整方式，使得不同安全级别的服务设置不同力度的认证方式，如通过低级别认证的用户无法访问高级别的服务，而通过高级别认证的用户可以访问低级别的服务；认证委托是指在用户为了保护隐私不将基本身份信息传送给云服务商的情况下，用户身份认证过程需要委托给用户自身或者用户所信任的第三方认证机构。

另外，为了更好地满足云计算系统下的身份认证问题，一些组织或大型 IT 公司设计了云身份认证标准，如安全鉴别标记语言(Security Assertion Markup Language，SAML)、开放授权(Open Authorization，OAuth)和 OpenID 等。其中，SAML 使用 XML 在身份提供者和依赖方之间作出鉴别，依赖方为依赖于身份提供者进行身份鉴别的系统；OAuth 是一个开放性协议，制定该协议旨在通过使用安全 API 实现认证；OpenID 是联邦认证广泛支持的 Web 服务标准，它基于 URLs 的 HTTP 对身份提供商和用户身份进行识别。

除了对用户身份进行认证之外，还需针对不同用户角色提供不同的访问权限，因此必须对用户进行访问控制。访问控制是按用户身份及其所归属的某项定义组来限制用户对某些信息项的访问，或限制对某些控制功能使用的一种技术。其主要作用包括防止非法用户访问受保护的系统信息资源、允许合法用户访问受保护的系统信息资源和防止合法用户对受保护的系统信息资源进行非授权的访问。一般访问控制要素包括主体、客体和控制策略，而针对云计算中的访问控制还应考虑其位置、规模和设计等隐私。其中，位置方面不仅要考虑用户进入云平台时的访问控制策略，还要考虑云平台内部数据和资源对于需求者的访问控制以及虚拟机之间的访问控制。规模方面不仅要考虑粗粒度的访问控制，还要从云平台的大环境中考虑对物理资源和虚拟资源进行访问控制，保护底层资源不被破坏；同时还应考虑细粒度的访问控制，保证云中的数据、信息流、记录等不被恶意人员所窃取。设计方面是指新的访问控制机制必须灵活，如需要支持多用户环境、可伸缩控制网络独立等。另外，还可以设置一些访问控制手段，防止未授权用户的访问，如采用访问控制规则、设置访问控制模型、使用加密机制等。可在网络设备接口处设置访问控制列表来控制流量的转发和阻塞；可对不同用户设置不同的访问模型，如自主访问控制、强制访问控制、基于角色的访问控制等；还可以加密用户的访问数据，如基于用户属性设置不同的加密机制等。

针对访问控制还可以设计专用于云计算环境下的访问控制体系框架，从整体上进行访问控制。图 1-11 展示了云环境访问控制体系架构。在这个框架中，首先将云环境分为用户、

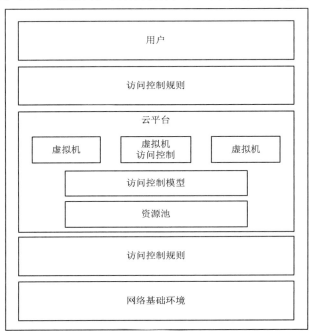

图 1-11　云环境访问控制体系架构

云平台和网络基础环境三个部分，然后在这三个部分之间进行访问控制。例如：用户和云

平台之间要通过访问控制规则和访问控制模型进行访问控制；云平台和网络基础环境大部分采用访问控制规则；云平台中，虚拟机之间要进行虚拟设备的访问控制等。

综上所述，身份认证与访问控制需要考虑用户操作系统及其承载的重要业务系统、云平台自身管理及云平台中网络设备的身份认证与授权等几个层面。

(1) 需要对用户进行身份认证和权限控制。在用户及其应用系统层面，需要采用两种或两种以上组合的鉴别技术对用户进行身份鉴别，确保使用者的安全性。另外，在网络策略控制器和网络设备之间应建立双向的身份验证机制，确保接入设备的安全性。例如，采用堡垒机系统来保护 VMWare、KVM、Hyper-V 等主流虚拟化平台。

(2) 在云平台自身管理层面，其管理用户权限须采取分离机制，即必须为网络管理员、系统管理员和系统审计员建立不同账号并分配相应的权限，并且远程管理终端与云计算平台边界设备之间应建立双向身份验证机制，确保只有合法的终端才能接入云平台之中。例如，云平台管理员可以采取三权分立的账号系统。

(3) 必须采取审计系统，对整个云平台系统的操作、管理、维护等方面进行安全审计。通常，安全审计包括云平台自身系统、网络设备的运维操作审计和系统运行审计，以及用户操作系统、重要业务系统、数据库系统等资产的运维审计和系统运行事件审计两大层面。安全审计可通过云服务提供商开放的安全审计数据汇集接口集中采集和审计云平台自身的日志与事件信息。

1.4　信息系统安全上云

云计算发展至今，越来越多的用户将信息系统和数据迁移到云端，从而减少了基础设施的采购、运营和运维成本。云计算技术在带来便利的同时也面临了许多问题，而安全问题不容忽视，因此云服务用户在构建云上信息系统时，必须保障云上信息系统的安全。本节着力于阐述信息系统如何安全上云，首先介绍目前业界的云安全标准，然后描述云服务商与云服务客户的安全责任共担职责，最后从云安全能力建设整体框架出发具体分析信息上云安全设计的重点。

1.4.1　云安全标准

目前，众多标准组织和产业联盟都在制定相应的云计算信息安全标准，以增强云计算系统的安全性。本节将对国内外标准组织当前的云安全标准情况进行介绍。

1. 中国全国信息安全标准化技术委员会

全国信息安全标准化技术委员会于 2002 年 4 月 15 日在北京正式成立。委员会是在信息安全技术专业领域内，从事信息安全标准化工作的技术工作组织。委员会负责组织开展国内信息安全有关的标准化技术工作，技术委员会主要工作范围包括安全技术、安全机制、安全服务、安全管理、安全评估等领域的标准化技术工作。委员会已经制定的云安全相关的标准如下：

(1) 云计算安全参考架构；

(2) 云计算服务安全能力评估方法；

(3) 云计算身份管理标准研究；

(4) 信息安全技术云计算服务安全指南；

(5) 信息安全技术云计算安全审计通用数据接口规范；

(6) 信息安全技术云计算数据中心、安全建设指南；

(7) 信息安全技术可信云计算体系架构及软件规范研究；

(8) 信息安全技术用于云计算的授权与鉴别机制；

(9) 信息安全技术云计算服务安全能力要求；

(10) 基于云计算的互联网数据中心安全建设指南；

(11) 政府部门云计算安全要求。

2. 美国 NIST 云计算安全标准

美国国家标准与技术研究院(National Institute of Standards and Technology，NIST)直属美国商务部，从事物理、生物和工程方面的基础与应用研究以及测量技术和测试方法方面的研究，提供标准、标准参考数据及有关服务。NIST 制定的云计算定义主要聚焦于云架构、安全、部署策略等。下面以 NIST SP800-144 为例，描述了云计算中主要的信息安全与隐私问题。

(1) 信息安全治理：包括策略、流程等。

(2) 符合性：包括法律、法规符合性和敏感数据的存储位置符合性。

(3) 信任：包括内部人员管理的信任、数据所有权的信任以及管理的可见度。

(4) 安全风险管理：定义了可实施的安全风险评估及管理策略和流程。

(5) 安全架构：包括攻击面防护策略、虚拟网络保护策略、虚拟机镜像保护策略、客户端保护策略等。

(6) 身份和访问管理：包括对访问云服务的用户进行严格的基于角色的身份控制，以及严格控制用户对云上数据特别是敏感数据的访问。

(7) 软件隔离 Hypervisor 管理：管理系统间的独立性，以避免一个系统被攻击后影响其他系统。

(8) 数据安全防护：包括数据的隔离、数据的删除等。

(9) 服务可用性：包括临时故障管理、灾难故障管理以及拒绝服务攻击等。

(10) 信息安全事件管理：包括数据的可用性、事件分析和解决等。

3. CSA 云计算安全标准

早在 2008 年，围绕云计算的问题和机遇就吸引了信息安全界的广泛关注。同年，在 ISSA CISO 论坛上，云安全联盟 CSA 的概念诞生了。该联盟是一个非营利性组织，旨在提供在云计算环境下最佳的安全方案，推广云计算应用安全的最佳实践，并为用户提供云计算方面的安全指引。

CSA 在最新发布的《云计算关键领域安全指南》v4.0 版本中，着重总结了云计算的技术架构模型、安全控制模型以及相关的合规模型之间的映射关系，并从云计算用户角度阐述了可能存在的商业隐患、安全威胁以及推荐采取的安全措施。除此之外，还分别从治理域和运行域两个角度提出了 13 个部署云计算系统时需面对的安全痛点。

1) 治理域

(1) 治理和企业风险管理：组织治理和度量云计算带来的企业风险的能力。

(2) 法律问题之合同和电子举证：使用云计算时潜在的法律问题，如信息和计算机系统的保护要求，安全漏洞信息披露的法律、监管要求，隐私要求和国际法。

(3) 合规性和审计管理：保持和证明使用云计算的合规性，如评估云计算如何影响内部安全策略的合规性以及不同的合规性要求(如规章、法规等)。

(4) 信息治理：治理云中的数据，如云中数据的识别和控制，谁负责数据机密性、完整性和可用性等。

2) 运行域

(1) 管理平面和业务连续性：保护访问云时使用的管理平台和管理结构，包括 Web 控制台和 API，确保云部署的业务连续性。

(2) 基础设施安全：核心云基础架构安全性，包括网络、负载安全以及混合云和私有云的安全考虑。

(3) 虚拟化及容器(Container)技术：包括虚拟化管理系统、容器和软件定义的网络的安全性。

(4) 事件响应、通告和补救：对适当的和充分的事件进行检测、响应、通告和补救，即尝试说明为了启动适当的事件处理和取证，在用户和提供商两边都需要满足的一些条目。

(5) 应用安全：保护在云上运行或在云中开发的应用软件，如将某个应用迁移到或设计在云中运行是否可行，如果可行，什么类型的云平台是最合适的。

(6) 数据安全和加密：实施数据的安全和加密控制，并保证可扩展的密钥管理。

(7) 身份、授权和访问管理：管理身份和利用目录服务来提供访问控制。关注点是组织将身份管理扩展到云中遇到的问题。

(8) 安全即服务：提供第三方促进安全保障、事件管理、合规认证以及身份和访问监督。

(9) 相关技术：与云计算有着密切关系的、已建立的新兴技术，包括大数据、物联网和移动计算。

1.4.2　安全责任共担职责

为了构建有效的云平台安全体系，需要理清云计算服务各方的安全责任。对于 IaaS 模式，云服务提供商可提供基本的计算、存储和网络等资源，并为用户分配虚拟机、存储空间、网络地址等资源，因此虚拟机本身及运行在其上的应用、数据以及虚拟网络的安全均由用户承担。对于 PaaS 模式，由于用户使用云服务商部署的基础软件，无需部署和管理虚拟机等，因此，用户只需对基础软件之上的应用、数据的安全负责，其他的安全责任由云服务提供商承担。对于 SaaS 模式，由于用户使用云服务商的应用，无需部署应用系统，因此，用户只需对数据及客户端的安全负责，云服务提供商承担从底层到应用自身的安全责任；然而在 SaaS 模式下，由于用户的数据保存在云端，因此数据传输和存储的完整性、保密性以及数据的可用性也依赖于云服务提供商。

根据云计算资源的实际归属情况，可以明确对云计算中各个相关方的安全责任作出如下划分：基础设施层安全完全由云服务提供商承担技术实现与运维职责；网络层安全由云服务提供商承担技术实现手段，用户与云服务提供商各自承担其控制范围内的运维职责；主机层安全由云服务提供商承担技术实现手段，用户与云服务提供商各自承担其控制范围内的运维职责，用户为主，云服务提供商为辅；应用与数据层安全由用户与云服务提供商共同承担技术实现手段，由用户主要承担运维职责，运营商为辅。

1.4.3　云安全架构体系

参考云安全标准，结合信息系统的业务安全需求，构建以安全技术体系为支撑的云安全架构，为用户信息系统上云提供安全保障。本节首先描述云安全防护框架，然后详细介绍其中所使用的安全技术体系。

1. 云安全防护框架

云安全架构框架如图 1-12 所示，该图指出接入边界、计算环境、通信网络在云计算平台中的位置。其中箭头表示通信。

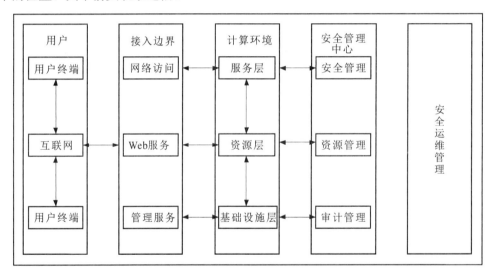

图 1-12　云安全架构框架

云计算平台中典型的安全区域边界划分为云计算平台的接入边界、计算环境以及安全管理中心；区域间或区域内的数据交互均由通信网络负责完成；而计算环境则由基础设施层、资源层和服务层三部分组成。

外部用户通过终端设备采用互联网访问云计算平台的接入边界区域，实现对云计算平台中提供服务的相关业务系统进行浏览访问或远程管理，访问或管理的内容及层次由用户所具备的权限决定。内部用户则通过安全管理中心对基础设施层、资源层和服务层进行日常管控。

2. 安全技术体系

安全技术体系包括计算环境安全、接入边界安全、通信网络安全和安全管理中心四部分。

1) 计算环境安全

计算环境安全分为虚拟化安全、身份认证与授权、恶意代码防范、安全审计、漏洞扫描检测、保护数据完整性与保密性、接口安全等。

(1) 虚拟化安全：需要从基础设施层、资源层和服务层三个层级考虑。

① 在基础设施层中，需要实现云平台管理网络与用户业务网络，以及不同用户之间存储数据的逻辑隔离。

② 在资源层中，第一，需要实现相同物理资源池内的不同虚拟化实例间不会出现资源争用；第二，需要实现对不同用户虚拟化实例所使用的 CPU、内存、I/O 等资源进行隔离；第三，需要实现虚拟资源拓扑结构管理，包括虚拟资源的部署、虚拟资源和实体资源的对应关系，并对主要虚拟资源拓扑进行监控和更新；第四，需要实现检测虚拟机对宿主机的异常访问、虚拟化实例之间隔离失效、非授权新建虚拟机或启用虚拟机等情况，并进行警告；第五，需要实现虚拟机镜像、快照完整性的校验管理，防止虚拟机镜像被恶意篡改；第六，需要能够实现虚拟机所使用的内存和存储空间回收时得到完全清除；第七，对于重要的业务系统，应提供经过安全加固后的操作系统镜像；第八，还需要根据承载业务系统的安全保护等级划分资源池，不同等级的资源池之间应逻辑隔离。

③ 在服务层中，首先需要实现不同用户的云服务虚拟化实例的安全隔离与防护；其次，还需要依照协议和云用户业务系统的重要次序来指定虚拟资源分配优先级别。

(2) 身份认证与授权：需要考虑用户操作系统及其承载的重要业务系统、云平台自身管理及云平台中网络设备的身份认证与授权两个层面。首先，在用户操作系统及其承载的重要业务系统层面，需要采用两种或两种以上组合的鉴别技术对用户进行身份鉴别；在网络策略控制器和网络设备之间则应建立双向身份验证机制。其次，在云平台自身管理层面，其管理用户权限须采取分离机制，为网络管理员、系统管理员建立不同账户并分配相应的权限，且远程管理终端与云计算平台边界设备之间应建立双向身份验证机制。

(3) 恶意代码防范：应能够实现云平台中用户重要业务系统、操作系统运行过程中重要程序或文件的完整性检测，并在检测到破坏后进行恢复。

(4) 安全审计：包括云平台自身系统、网络设备的运维操作审计和系统运行审计，以及用户操作系统、重要业务系统、数据库系统等资产的运维审计和系统运行事件审计。

(5) 漏洞扫描检测：除了要考虑用户操作系统及其重要业务系统、中间件、数据库系统的系统脆弱性扫描检测层面，还应重点考虑虚拟化平台、云计算平台及网络设备的安全漏洞检测。

(6) 保护数据完整性与保密性：首先要实现用户重要业务系统之间、网络策略控制器和网络设备之间数据通信及传输的保密性与完整性。其次，还要确保虚拟机迁移过程中重要数据的完整性和保密性，防止在迁移过程中的重要数据泄露，并在检测到完整性受到破坏时采取必要的恢复措施。

(7) 接口安全：应重点保证云平台服务对外接口的安全性。该需求可以通过服务接口安全编程，以及第三方代码审计、系统漏洞扫描检测和渗透测试等专业安全服务实现。

2) 接入边界安全

接入边界安全包括：计算环境内部与外部接入边界、云计算平台上不同用户之间的接入边界、同一用户不同等级业务系统之间的接入边界、用户内部与外部接入边界等类型。接入边界安全的防护手段是部署访问控制机制。访问控制是一种安全手段，它控制用户和系统如何与其他系统和资源进行通信、交互。访问控制能够保护系统和资源免受未经授权的访问，并在身份验证过程成功结束后确定授权访问等级。各接入网络边界安全按照不同的需求，通常可由边界拒绝攻击防护、访问控制、入侵检测、入侵防御、WAF、防病毒、VPN 和边界隔离等要素构成。

接入边界拒绝攻击防护可采用旁路部署方式、串行部署方式、单臂模式、检测与清洗混合模式，通过统计学方法、DFI、DPI 等技术，对 DDoS 拒绝服务型攻击进行防护。

接入边界访问控制可采用规则访问控制、限制性用户接口、访问控制矩阵、内容相关访问控制、上下文相关访问控制等控制策略和技术方法实现对接入边界网络的访问控制。当安全区域基于虚拟网络划分时，应根据安全风险基于适当的虚拟网络设备或技术实施区域边界访问控制并适应云计算环境。

接入边界入侵检测设备在不影响网络性能的情况下，监测网络或通信基础设施，通过 DFI、DPI 等技术对信息深度分析，实现对各类型攻击行为的有效检测与防护。入侵检测设备应提供合适的形态或技术适配物理边界、虚拟边界需求。

接入边界入侵防御设备采用串行部署的方式，监测网络或通信基础设施，通过 DFI、DPI 等技术对信息深度分析，禁止恶意流量访问它的攻击目标；应提供合适的形态或技术适配物理边界、虚拟边界需求。

在适当的 Web 应用服务接入边界建立恶意代码防范机制，部署恶意代码防范设备或启用设备的恶意代码防范功能。恶意代码防范机制应具备 Web 应用防护能力，如挂马、SQL 注入、应用层 DDoS 防御等功能；应提供合适的形态或技术适配物理边界、虚拟边界需求。IPS、WAF、AV、APT 等是具备以上功能的边界防护设备、边界检测设备。

在接入边界进行设备防护可采用限定管理员地址、通信协议加密、用户身份认证、设置相应强度的认证口令等方式对各接入边界内的网络资源、计算资源、系统资源等实施防护，同时提供合适的形态或技术适配物理边界、虚拟边界需求。

接入边界部署安全防护设备，应具备安全事件记录功能，对确认的安全违规行为及时报警，支持对事件记录进行独立审计或集中审计功能，并对审计结果进行关联分析。

3) 通信网络安全

云计算平台的通信网络安全包括通信网络的物理安全和虚拟网络安全。物理安全是指对计算环境内部与外部区域边界网络通信进行保护；虚拟网络安全则对云用户之间、不同安全区域之间、虚拟机之间的通信进行保护。通信网络安全从防护层面分为数据传输完整性、数据保密性、网络可用性、安全隔离、可信接入、设备防护、安全审计等七个方面。

(1) 数据传输完整性。通信网络数据传输完整性校验机制的核心是密码技术。云计算平台各组成部分与云边界外网络等安全不可控网络进行通信时，需使用 VPN 等技术实现数据传输的完整性保护。在云接入边界部署 VPN 综合网关，支持 IPSec VPN 和 SSL VPN，并通过内置的身份认证网关功能(包含简单 CA 认证(可生成密钥、签发证书)，支持第三方认证、多因素认证、在线证书认证等功能)时，对各种类型云接入用户或终端提供类型丰富的数据传输完整性保护和接入身份认证能力。在跨不同云计算平台的虚拟机之间进行通信时，可根据需要使用密码技术，从而实现数据传输的完整性保护。云计算平台内部通信网络互相通信时，可通过校验码技术，对数据完整性进行校验。对于物理网络或虚拟网络中的路由控制和云管理平台中的资源管理等控制信息需进行完整性校验，如发现完整性被破坏时使用重传等机制进行恢复或数据修复。

(2) 数据保密性。采用由密码等技术支持的保密性保护机制，以实现云计算平台通信网络数据传输的保密性保护；当云计算平台各组成部分通过不可控网络进行通信时，应使用 VPN 等技术实现数据传输的保密性保护；当跨不同云计算平台的虚拟机之间进行通信时，可根据需要使用密码技术实现数据传输的保密性保护；通过外部通信网络管理云资源时，要采取安全的技术手段(如 VPN、HTTPS)管理云资源；应采用密码技术实现物理或虚拟网络中的路由控制和虚拟化系统资源管理等控制信息保密性。

(3) 网络可用性。云计算平台应采用软硬件冗余、扩容等必要的技术手段，保护云计算平台通信网络的正常工作，保护数据的可用性。具体可以采取以下措施：第一，应采用冗余技术手段保证主要物理网络设备、虚拟网络设备的业务处理能力以满足业务高峰期的需求。第二，在网络出口连接多个运营商的接入网络，在网络实际消耗带宽达到或超过预设上限时，及时选择通畅的线路。部署具备带宽管理功能的 IPS 设备，可针对核心服务器设置单独的带宽通道，提供带宽保障。第三，部署具备异常流量检测和流量清洗的 IPS 设备，并配合云计算平台自身的流量调度，为用户提供实时安全流量清洗。清洗范围包括网络层、传输层、应用层的拒绝服务攻击(DDoS)。第四，按照业务需求合理配置通信网络中核心、汇聚等各层交换设备的处理能力。在虚拟化环境中根据虚拟机的处理能力和数量，合理分配虚拟交换设备的处理能力，保证物理交换设备处理能力大于所连接虚拟交换设备的处理能力。第五，应针对用户、主机和应用业务的重要程度，划分对应的网络带宽使用优先级，以便当网络拥塞时优先保证重要业务可用。

(4) 安全隔离。虚拟网络的安全隔离保护应通过必要的技术手段保护云计算平台中多租户通信网络的安全隔离。具体可以采取以下措施：第一，内部通信网络可采用 Vxlan 协议对用户数据包进行隧道封装，保证内部通信网络实现二层隔离，虚拟机接收不到目的地址不是自己的非广播报文；第二，虚拟机接入虚拟网络时，可通过在数据链路层的安全隔离机制，隔离由虚拟机向外发起的异常协议访问，保证其发出的数据包源地址为真实地址；第三，可通过安全沙箱机制，限制由虚拟机非法访问内部通信网络(基础网络)；第四，应能够检测云用户通过虚拟机访问宿主机资源，并进行告警。

(5) 可信接入。通信网络可信接入保护应保证虚拟机和物理机接入网络的信息真实可信，重要网络应防止地址欺骗。具体可以采取以下措施：第一，在虚拟网络设备上建立安全规则，保证虚拟机接入虚拟网络时，其发出的数据包源地址为真实地址；第二，内部通信网络(虚拟网络)与外部网络通信时，可通过密码技术实现远程接入授权；第三，内部通信网络(基础网络)可通过 IP\MAC\端口绑定技术，限制未授权人员接入物理网络设备；第四，可通过访问控制技术，限制外部通信网络直接访问内部通信网络；第五，内部通信网络(虚拟网络)需提供开放接口，允许接入可信的第三方安全产品；第六，需要认证的各类设备、资源需预先配置可接收的管理机构或人员的公钥等必要信息。

(6) 设备防护。网络设备防护应对所有网络设备的访问(用户、访问协议、认证方式等因素)进行限制和防护。针对基础架构层，用户是指云平台系统管理员及安全管理员；针对资源层及服务层,用户是指云租户管理员及虚拟网络安全管理员。具体可以采取以下措施:第一,应对登录网络设备、安全设备、虚拟化设备等接入边界设备的管理员地址进行限制,并使用云运维安全网关加强管理员权限分配和操作审计;第二,应采用 SSH 等安全协议登录接入边界设备;第三,应对登录接入边界设备的用户身份进行认证;第四,应对登录接入边界设备的用户身份进行双因素认证,并实现认证方式的统一;第五,接入边界安全设备应实现特权用户的分离;第六,应建立安全可信的接入认证方式,保证用户对虚拟资源访问的安全性。

(7) 安全审计。安全通信网络还需设立审计机制,由云安全管理中心集中管理,对确认的违规行为进行报警。针对基础架构层,要针对云平台系统管理员及安全管理员进行审计;针对资源层及服务层,要针对云用户管理员及虚拟网络安全管理员进行审计;针对应用层,要针对最终云用户进行审计。具体可以采取以下措施:第一,通信网络的网络设备、安全设备以及虚拟化形态的设备应通过 syslog 等协议将运行情况、网络流量、用户行为等日志信息集中到云安全管理中心;第二,通信网络的网络设备、安全设备以及虚拟化形态的设备应在云安全管理中心将违规行为进行集中,及时报警;第三,安全通信网络的审计对象应包括与云计算平台有通信的外部通信链路(互联网、广域网、局域网),内部通信网络(基础网络)中的网络设备、安全设备以及内部通信网络(虚拟网络)的网络控制器;第四,审计记录应包括事件的日期和时间、事件类型、事件是否成功及其他与审计相关的信息;第五,安全通信网络审计内容至少需要记录运行状况、网络流量、用户行为、管理行为等信息。

4) 安全管理中心

安全管理中心定位于云安全体系中的上层管理平台系统,可以整合云中各类安全监控资源、采集环境中全量的安全监测信息,形成面向云计算集中安全监测、综合安全分析和统一运维支撑的安全运维管理,承担云上态势感知的功能。

安全管理中心提供面向云资源池综合监测的云环境安全,通过安全管理、资源监控及审计管理实现云安全的集中监测和运维管理;同时,安全管理中心也面向用户提供用户资源的安全及监控能力。这里主要介绍在云计算系统中的安全管理、资源管理和审计管理三个方面。

(1) 安全管理。

安全管理分为安全事件管理、身份认证及权限管理两部分。其中,安全事件管理又可分为攻击威胁事件管理、云资源脆弱性管理和威胁情报管理。

攻击威胁事件管理通过收集云安全池中的入侵检测、主机防病毒等安全设备的日志数据,可对云环境内的病毒、木马、蠕虫、僵尸网络、缓冲区溢出攻击、DDoS、扫描探测、欺骗劫持、SQL 注入、XSS、网站挂马、虚拟机间异常流量、网络异常流量、隐蔽信道、AET 逃逸攻击等恶性攻击行为进行检测,并将检测结果报送安全管理中心进行综合威胁分析,实现对威胁事件线索的挖掘,为云环境运营提供安全支撑,从而对威胁进行有效处理。同时,安全管理中心提供基于大数据分析的海量安全事件的关联分析能力,可以通过可视化的关联规则配置界面灵活配置攻击分析场景;并且,安全管理中心可以通过对历史数据进行关联分析和溯源,帮助安全分析人员从海量的历史数据中发现问题,并进行攻击回溯。

此外，安全管理中心在收集主机防病毒系统上报的病毒告警日志，及时发现云上资源的恶意代码感染、爆发及清除情况的同时，还可以根据收集的日志分析恶意代码感染及在虚拟机间蔓延的情况进行告警。

为了减少各项云资源的被攻击薄弱点，可在安全管理中心加入脆弱性管理模块针对云资源的配置失误及系统漏洞两方面进行探测、核查。安全配置核查功能组件可使安全检查过程达到自动化、标准化、持续化、可视化的目的。它可以大大提高检查结果的准确性和合规性，用于在云环境中的远程安全检查、第三方入云安全检查、合规安全检查(上级检查)、日常安全检查和安全服务任务，协助查找设备在安全配置中存在的差距，并与安全整改和安全建设相结合，从而提升云环境中各类业务系统的安全防护能力以使整体合规要求。系统漏洞扫描功能组件综合运用多种探测引擎及方法(主机存活探测、智能端口检测、操作系统指纹识别等)，全面、快速、准确地对被扫描网络中的存活主机进行漏洞扫描。系统漏洞扫描作为脆弱性风险评估的基础部分可周期性地对云环境内的资产进行扫描，扫描结果上报数据分析中心与其他采集信息整合。脆弱性管理功能可以实现对扫描引擎的自动与人工调度、脆弱性问题预警、漏洞处理进程跟踪、配置基线问题整改报告及建议等能力，它是实现对云平台中脆弱性相关问题全生命周期管理及预警的管理模块。

平台将综合发现的威胁信息、外部安全社区发布的威胁信息、人工分析的威胁信息以及组织内部的用户身份信息同操作行为规则等形成相关的预警进行匹配、关联，实现对智能威胁信息的充分利用。这些信息可以为应对威胁的不同设备和系统的安全知识，如针对该威胁的 IDS/IPS 特征码、SIEM 的关联分析规则、防火墙/UTM 的访问控制策略、流量牵引策略、应急响应处置规则和组织的安全管理条例等。威胁情报信息包括黑白名单库、攻击特征库、安全配置基线库、病毒特征库、关联规则库、安全漏洞库、恶意 URL/IP 地址库、恶意 DNS 库和用户身份信息等。

可以在安全管理中心中加入 4A 等相关类型的统一权限管理模块，或结合云堡垒机实现对云环境中的安全资源、网络资源、主机资源等的账号进行集中管理、统一身份认证、集中授权和综合审计。系统使用多因素认证的方式，实现管理终端和云平台边界之间的双向身份认证；同时提供权限分离，实现云服务商、云租户权限及网络管理员、系统管理员的权限分离及认证。最终以严格的账号生命周期管理来减少账号漏洞带来的风险；减少业务系统核心信息资产的破坏和泄露；发现问题后追踪溯源，便于事后追查原因与界定责任；实现独立审计与三权分立，有效控制业务运行风险，直观掌握业务系统安全状况。

(2) 资源管理。

资源管理能力分为资源监控能力及资源分配能力，主要功能数据从云管平台获取。资源管理一般可对资源的性能和日志进行监控。

资源的性能是指由云管系统自身功能即可实现实时收集云资源性能数据，集中监测传统主机、虚拟机、宿主机、网络设备及虚拟网络设备、安全设备、网络链路等的运行状态(包括 CPU、内存、流量等)，以及监控数据库、应用系统、中间件等重要业务组件的服务状态。

资源的日志通过使用 syslog、snmp 或其他协议采集各资源层安全资源、网络资源、主机资源的日志及告警信息，能够对各项资源的运行状态进行被动监控，同时也可与安全事件进行结合分析，并以报表的形式输出、展示。资源的日志支持对日志及告警信息进行分析和统计，并支持根据预设的告警规则使用多种方式通知系统管理员。

(3) 审计管理。

审计管理是指对云平台的运维及资源访问提供全方位的审计数据收集并提供给云服务提供商及云用户的多种审计层次。通常，云上环境由大量的实体设备和各种虚拟化对象组成，这些对象从主机、网络、存储等层面形成了承载云中业务系统和用户所需资源服务的云架构。可以说，云安全管理的目标是保证云中各类资产、业务对象的运行运营安全，因此需要对云边界防护、攻击威胁监测、数据安全以及人员用户访问、业务安全等信息日志进行审计。这里简要介绍行为审计和流量审计。

① 行为审计是指为了应对云上的复杂访问环境及公有云的多用户管理机制，安全管理中心可以针对接入边界部署的访问控制设备、接入边界部署的安全防护设备以及云环境脆弱性数据等进行收集和存储，并配合分析功能达到针对违规访问进行审计且告警加强云环境防范网络入侵和恶意代码等网络攻击破坏行为的检测及关联分析的目的，同时防止非正常的审计数据丢失。

② 流量审计是指通过物理镜像、虚拟导流等方式获取云环境中的流量，对云环境内核心且关键流量中存在的异常进行检测。采集检测可以获取的威胁数据包括：信息收集行为、权限获取、远程控制、数据盗取、系统破坏、木马/病毒/僵尸网络；入侵攻击与病毒泛滥造成的网络流量异常；黑客或黑客组织攻击行为、针对特定目标的入侵行为。

习　　题

一、选择题

1. 以下(　　)不是云计算技术的特征。

A. 服务不可计量　　　　　　　　　　B. 按需自助服务

C. 多租户　　　　　　　　　　　　　D. 快速弹性伸缩

2. 以下(　　)技术不属于 Spark 系统架构。

A. Spark Core　　　　　　　　　　　B. Spark SQL

C. GraphX　　　　　　　　　　　　　D. MapReduce

3. 以下(　　)服务不是云计算技术的服务模型。

A. SaaS　　　　　B. PaaS　　　　　C. IaaS　　　　　D. KaaS

4. 以下(　　)部署方式不是云计算技术的部署模型。

A. 公有云　　　　B. 社区云　　　　C. 集成云　　　　D. 混合云

5. 以下(　　)技术不属于网页防篡改技术。

A. 时间轮询技术　　　　　　　　　　B. 事件触发技术

C. 文件夹驱动级保护技术　　　　　　D. 机器自动对比检测技术

二、填空题

1. 常见的安全漏洞有弱口令漏洞、(　　　　)、(　　　　)、(　　　　)和缓冲区溢出。

2. 常见的多用户特性带来的安全风险有跳跃攻击、(　　　　)、(　　　　)和(　　　　)。

3. 在云计算系统中，身份安全可分为(　　　　)和(　　　　)两方面。

4. 根据运行位置的不同，可以将 Hypervisor 分成两类，分别是(　　　　)和(　　　　)。

5. 安全技术体系包括计算环境安全、(　　　　)、(　　　　)和安全管理中心四部分。

三、问答题

1. 简述实现云计算系统的关键技术。

2. 简述虚拟化安全中涉及的关键技术。

3. 简述云计算技术中的安全责任共担职责。

参 考 文 献

[1] 杨巍，李刚. 云计算安全风险及对策. 中国科技资源导刊，2013，45(2)：93-99，104.

[2] 张玉清，王晓菲，刘雪峰，等. 云计算环境安全综述. 软件学报，2016，27(6)：1328-1348.

[3] 徐保民，倪旭光. 云计算发展态势与关键技术进展. 中国科学院院刊，2015(02)：48-58.

[4] 中国信息通信研究院. 云计算发展白皮书(2020.www.caict.ac.cn/kxyj/qwfb/bps/202007/P020200803601700002710.pdf.

[5] 云安全联盟. 云计算关键领域安全指南(4.0 版). https://www.c-csa.cn/u_file/photo/20200825/499b6cd959.pdf.

[6] 郭晶，杜平. 面向云计算虚拟化的信息安全防护方案研究. 信息安全与技术，2020，011(001)：31-33.

[7] 阿里云安全白皮书(4.0 版). https://developer.aliyun.com/article/719700.

[8] 莫建华. 基于虚拟化技术的云计算平台安全风险研究. 信息技术与信息化，2019，235(10)：220-222.

[9] 埃尔，等. 云计算：概念、技术与架构. 龚奕利，等译. 北京：机械工业出版社，2014.

[10] 王国峰，刘川意，潘鹤中，等. 云计算模式内部威胁综述. 计算机学报，2017，40(002)：296-316.

[11] 张志宏. 云计算平台管理系统的研究与实现. 电信工程技术与标准化，2012，25(004)：21-25.

[12] 陈妍，戈建勇，赖静，等. 云上信息系统安全体系研究. 信息网络安全，2018，208(04)：79-86.

[13] 吴朱华. 云计算核心技术剖析. 北京：人民邮电出版社，2011.

[14] 启明星辰网络安全等级保护(安全通用要求)建设设计方案. https://wenku.baidu.com/view/f1a609ba02d8ce2f0066f5335a8102d276a261b6.html.

[15] 杨东晓，张锋，陈世优，等. 云计算及云安全. 北京：清华大学出版社，2020.

第 2 章　IoT 安全技术

信息世界的不断发展以及现实世界的联网需求，在互联网的基础上催生了物联网(IoT)。物联网是利用 RFID(射频识别)、传感器、无线传感器网络等技术，构建一个覆盖世界上所有人与物的网络，从而使人类的各类活动都运行在智慧的物联网基础设施之上。近年来，物联网技术不断发展与创新，深刻改变着传统行业形态和人们生活方式，然而随着大规模数量的设备接入，针对物联网的攻击行为也随之增加，物联网安全问题层出不穷。为了保障物联网安全，应对新技术应用的安全风险及隐私保护建立起安全的物联网生态，从而促进物联网产业的快速、健康发展。本章讨论物联网的架构、发展以及应用，并对物联网面临的安全问题及其常用对策进行阐述。通过对本章的学习，希望能够让读者对物联网及其安全有初步了解。

2.1　IoT 技术概述

2.1.1　IoT 概念

IoT 全称是 Internet of Things，即物联网，是新一代信息技术的重要组成部分，融合了计算机、通信以及控制等相关技术，是未来计算与通信技术发展的方向。随着网络技术、通信技术、智能嵌入技术的迅速发展，物联网越来越受到各界的广泛关注，在刺激世界经济发展方面起到了重要作用，带来了新的技术革命，并推动了云计算、大数据以及人工智能的发展。虽然物联网已经发展了很多年，但是对于物联网定义，人们尚未达到统一的共识，目前还没有一个统一的定义。一个普遍被大家接受的定义是：物联网是指通过使用射频识别读写器、传感器、红外感应器、全球定位系统、激光扫描器等信息采集设备或系统，按约定的协议把任何物品与互联网连接起来，进行通信和信息交换，以实现智能化识别、定位、跟踪和管理的一种网络或系统。从物联网的定义也可以看出，物联网是对互联网的延伸和扩展，将用户端延伸到了世界上的任何物品。除了以上定义外，物联网在国际上还有几个具有代表性的定义：

国际电信联盟(ITU)的定义：物联网是指任何时刻、任何地点实现任意物体之间的互联，无所不在的网络和无所不在计算的发展愿景，除 RFID 技术外，传感器技术、纳米技术、智能终端等技术将得到更加广泛的应用。

欧盟委员会的定义：物联网是计算机网络的扩展，是一个实现物物互联的网络；这些物体可以有网际互联地址，它们被嵌入到复杂系统中，通过传感器从周围环境中获取信息，并对获取的信息进行响应和处理。

总之，物联网是指一个将所有物体连接起来而形成物物相连的互联网络，物与物间能够实现互相通信，并能够进行物体的智能化识别和管理，如图 2-1 所示。随着物联网技术的发展，世界上的任何物品都能够进入网络成为网络的终端，物与物之间的信息交互不需要进行人工干预，可以实现自主的、智能的交互。例如，窗帘能够根据光照强度自动进行开关，空调能够根据季节温度变化情况自动进行温度调整，房屋在有人入侵时能够自动发出报警信息，汽车能够自动根据交通拥堵情况进行路线调整等。因此，物联网在互联网的基础上，不仅解决了人与人、人与物之间的互联互通问题，还解决了物与物之间的通信问题。物联网时代将会给人们的日常生活带来巨大的变化。

图 2-1　IoT 的物物相连

2.1.2　发展历程

早在 1995 年，比尔·盖茨就曾在《未来之路》一书中提及物联网，只是当时并未受到广泛关注。1999 年，美国麻省理工学院(MIT)的 Kevin Ash 教授首次提出物联网的概念，其理念是基于射频识别(RFID)、电子代码(EPC)等技术，在互联网的基础上构造一个实现全球物品信息实时共享的实物互联网，即物联网。因此，早期的物联网是依托射频识别技术的物流网络，随着技术和应用的发展，物联网的含义发生了很大变化。2003 年，美国《评论技术》将传感网络技术列为未来改变人们生活的十大技术之首。2004 年，日本总务省(MIC)提出 u-Jpan 计划，实现人与人、物与物、人与物之间的连接，希望将日本建设成一个随时、随地、任何物体、任何人均可连接的网络社会。2005 年，国际电信联盟(ITU)发布了《ITU 互联网报告 2005：物联网》。报告指出，世界上所有的物体都将可以通过互联网进行信息交换，世界即将进入"物联网"通信时代。

2008 年以后，为了促进科技发展寻找经济新的增长点，各国政府开始重视下一代的技术规划，物联网成为各国的关注点。2009 年年初，IBM 首席执行官彭明盛首次提出了"智慧地球"的概念，认为信息产业下一阶段的任务是把新一代信息技术充分运用在各行各业。

具体来说，就是把传感器嵌入和装备到电网、铁路、桥梁、隧道、公路、建筑、供水系统、大坝和油气管道等各种物体中，然后将"物联网"与现有的互联网相结合，实现真正的"物物相连"的网络。2009年，欧盟委员会向欧盟议会、理事会、欧洲经济和社会委员会及地区委员会递交了《物联网联网行动计划》，描绘了物联网技术的应用前景，并提出要加强欧盟政府对物联网的管理，消除物联网发展的障碍。

2009年，温家宝总理发表了《让科技引领中国可持续发展》的讲话，物联网被列为国家五大新兴战略性产业之一。2010年，中国物联网标准联合工作组在北京成立，以推进物联网技术的研究和标准的制定。同年，《国务院关于加快培育和发展战略性新兴产业的决定》出台，标志着物联网被列入国家发展战略，对中国物联网的发展具有里程碑的重要意义。

2015年，李克强总理在两会《政府工作报告》中首次提出"中国制造2025"，"互联网+"与中国装备"走出去"被视为是"中国制造2025"的两个加速器，推动移动互联网、云计算、大数据、物联网等与现代制造业结合，推进中国"智"造。政府的一系列讲话和举措无一不表明，物联网在国家发展战略中占据非常重要的地位。

综上所述，随着技术的发展与国家战略的变化，物联网逐步成为计算机领域重点发展的前沿技术之一。

2.1.3　主要技术

物联网是物物相连的网络，主要实现人与物、物与物之间的信息互换。根据信息的采集处理过程，可以把物联网分成三层：感知层、网络层和应用层。图2-2展示了物联网三层模型，具体每一层所包含的技术与功能说明如下：

感知层：物联网的核心技术，包括大量的传感器，如温度传感器、湿度传感器、加速度传感器、重力传感器等，通过各种各样的传感器采集数据，感知物理世界的信息。因此，感知层的主要功能是物体识别和信息采集。

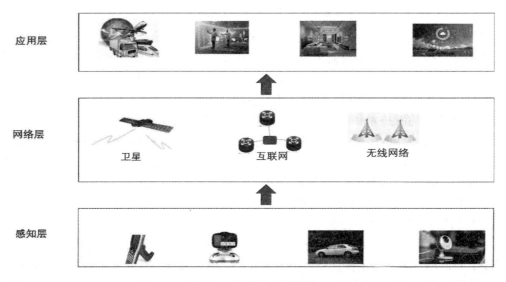

图2-2　物联网三层模型

网络层：包括各种类型的网络，如移动网络、无线网络、互联网、卫星网络等。网络层的主要功能是信息的传递和处理，将感知层数据传递至上层应用。

应用层：直接面向用户，是物联网和用户的接口，涉及和用户相关的各种应用，如家庭物联网的应用、企业物联网的应用等。应用层的主要功能是数据的管理和处理，与各行各业相结合，满足不同的应用需求。

从物联网的架构来看，物联网各层既相互独立又紧密结合，主要包括识别和感知技术、网络与通信技术、数据挖掘与融合技术等。

1. 识别和感知技术

识别和感知技术主要进行物体的感知和识别，包括二维条形码技术、RFID(射频识别)技术、传感器技术、无线传感网、定位技术、红外感应技术、声音识别技术、生物特征识别技术等。下面主要对前几种技术作简要介绍。

1) 二维条形码技术

二维条形码技术是一种重要的自动识别技术，应用非常广泛，主要通过黑白相间的图形进行信息记录，该图形按照特定的规律排列，与计算机能够识别的二进制数一一对应。根据不同的编码原理，二维条形码可以分成三种类型：线性堆叠式二维码、邮政码和矩阵式二维码，其中较为常见的是矩阵式二维码。矩阵式二维码的原理是通过在一个矩形空间中黑、白像素的不同分布进行编码。在矩阵对应元素的位置上，点出现代表二进制"1"，反之，代表"0"，点的不同排列组合代表不同含义。二维条形码具有存储量大、抗损性强、安全性高、抗干扰能力强的特点，在自动识别技术中受到广泛关注。

2) RFID 技术

RFID 技术是一种无接触自动识别技术，利用无线射频方式对记录媒体进行读写，从而实现目标识别与数据交换。RFID 技术相对于条形码技术有其独特的优点，如读取速度快、识别距离远、存储能力强等，极大地促进了物联网的发展。在人们日常生活中，平时使用的公交卡、门禁卡等都存在 RFID 技术的应用。一般可以把 RFID 系统分为两部分：RFID 标签和 RFID 读写器。其中，RFID 标签由天线、耦合元件、芯片组成，每个标签内部都有一个唯一的电子编码用于物体标识；RFID 读写器由天线、耦合元件、芯片组成，可以读取/写入 RFID 标签中的信息。RFID 的结构如图 2-3 所示。

图 2-3　RFID 的结构

RFID 技术通过 RFID 读写器发出射频信号向标签询问标识信息,标签收到信号后发送存储的标识信息(电子编码), 读写器对标识信息进行识别并将结果发送给主机。以门禁卡为例, 人们持有的门禁卡可以认为是一个 RFID 标签, 刷卡设备就是 RFID 读写器, 执行一次刷卡, 就可以认为是实现一次 RFID 标签和读写器之间的数据通信与交换。

RFID 标签按照内部是否有电源,可分为有源 RFID 标签(又称为主动式标签)、半有源 RFID 标签(半主动式标签)和无源 RFID 标签(被动式标签)。有源 RFID 标签由内部电池供给工作电源,标签的无线发射和接收装置也由该电池供电。该种方式通信距离相对于其他两种方式更远, 可达几十米, 甚至上百米, 但相对来说体积较大, 成本较高, 使用时间受到电池寿命的限制, 常用于工业、物流、实时交通管理等领域。无源 RFID 标签没有内部电池,从 RFID 读写器获取电能,即将 RFID 读写器发出的电磁波转化成电能,从而将 RFID 标签中的芯片激活, 向 RFID 读写器发送数据。由于没有内部电源,无源 RFID 标签的传输距离较短, 但是相对来说体积小, 成本低, 寿命长, 常用于图书管理、资产管理、物流供应链管理等领域。半有源 RFID 标签具备有源 RFID 标签和无源 RFID 标签的优点, 一般处于休眠状态, 只在标签被激活后才开始工作;半有源 RFID 标签比无源 RFID 标签反应速度快, 比有源 RFID 标签耗电小, 一般用于门禁管理、物品定位、停车场管理、安防报警等领域。

3) 传感器技术

传感器技术与通信技术、计算机技术并称为信息技术的三大支柱,在人们的日常生活中有着极为广泛的应用。人类需要借助听觉、视觉、嗅觉等来感知外部世界,物联网要感知世界同样需要媒介,传感器就类似于人类的五官,物联网通过传感器对外部的物理世界有一个清晰的认知。传感器是一种能感受规定的被测量件,并按照一定的规律转换成可用信号的器件或装置,具有微型化、数字化、智能化、网络化等特点。传感器由敏感元件、转换元件和测量电路组成,结构如图 2-4 所示。敏感元件直接感受被测量,输出与被测量有确定关系的、易于测量的非电量;转换元件将敏感元件输出的非电量信号转换成电信号;测量电路对转换元件输出的电信号进行调制放大,使其易于测量。

图 2-4　传感器结构

物联网中常见的传感器类型有光敏传感器、声敏传感器、气敏传感器、温度传感器、湿度传感器等,可以用来模仿人类的视觉、听觉、嗅觉、味觉和触觉。

4) 无线传感网

无线传感器网络(即无线传感网)由检测区域内大量的传感器节点组成,通过无线通信方式形成一个自组织的无线网络,成为一个独立的感知系统。无线传感器网络是一种分布式传感网络,主要由传感器节点、汇聚节点和管理节点组成。无线传感器网络结构如图 2-5 所示。传感器节点部署在监测区域,通过自组织方式构成无线网络,并通过传感器节点监测的数据沿着其他节点逐跳进行无线传输,经过多跳后达到汇聚节点。当感知网络与管理节点较远时,可经过卫星、互联网或移动通信等方式,将传感器节点传输进来的数据传输到管理节点。

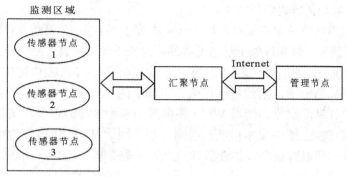

图 2-5　无线传感器网络结构

由于无线传感器网络中的传感器节点部署在监测区域内，因此要了解监测区域的环境温度变化范围、对传感器尺寸体积的要求以及其他的相关的监测需求，则在传感器型号的选择上应根据无线传感器网络所在的地区环境特点来进行。传感器输出信号需要进行调理，如果输出的是模拟信号，后面需要配备 A/D(模数)转换器进行模拟信号到数字信号的转换，此时传感器的输出的变化量应该适配 A/D 转换器相应的 0～2.5 V 或 0～5 V 的电压信号。当监测区域属于无电网供电区域时，需要适配低功耗的传感器及调理电路。传感器节点的供电一般采用电池供电或无线射频供电方式。

无线传感器网络具有自组织性、动态性、可靠性、以数据为中心等优点，可以部署在人员无法到达的地方，因而应用领域非常广泛，如军事应用、环境检测、医疗护理、智能家居应用以及一些紧急和临时场合等。在一些紧急场合，如通信网络设施由于遭受自然灾害被摧毁而无法正常工作，或者在植被不能破坏的自然保护区无法铺设固定的网络设备，都可以考虑采用无线传感器网络进行通信。

5) 定位技术

定位技术是指通过声光以及无线电等方式获取目标对象的位置信息，是物联网的重要技术之一。在物联网的很多应用中都需要了解物体的位置信息，特别是对于移动的物体，其位置信息的变化非常重要。位置信息不仅仅是指物体所在的地理位置，还包括在该地理位置时所处的时间和对象。物联网中常见的定位技术包括 GPS 及北斗卫星定位技术、射频识别定位技术、Wi-Fi 室内定位技术、基站定位技术、红外线定位技术、超声波定位技术、蓝牙定位技术等。下面主要对前几种定位技术进行简单介绍。

(1) GPS 定位技术是目前最常见的定位技术，在人们的日常生活中应用非常广泛。车载导航、百度地图等都有 GPS 定位技术的应用。北斗卫星定位由中国自主研发，能快速确定目标位置并提供相应的导航信息。该系统在 2008 年汶川地震抗震救灾中表现出色，地震后当地通信设施受到破坏，通信受阻，通过北斗卫星定位能够准确定位各路救灾部队位置，方便灵活调度，为保障救灾任务的顺利进行发挥了重要作用。目前，北斗卫星定位系统在部分手机和汽车导航中已经有所应用。

(2) 射频识别定位技术主要利用射频方式，实时监测带有 RFID 装置的物体所在的位置。该定位技术作用距离较近，抗干扰能力较差，但其定位速度快，定位精度较高；其精度与 RFID 读写器的分布有关，因此可以根据用户需求进行放置。射频识别定位技术适用在特定区域对用户进行定位，如在停车场、滑雪场、高尔夫球场、商场等区域都有相关应用，是一种非常实用的室内定位技术。

(3) Wi-Fi 室内定位技术主要有两种：一种是通过"近邻法"判断，即事先记录大量确定位置点的信号强度，最靠近哪个热点或基站，即处于什么位置；另一种方法是在周围有多个信号源的情况下，通过交叉定位(三角定位)提高精度。Wi-Fi 室内定位由于 Wi-Fi 热点容易受到周围环境的影响，因此精度较低，市场上的 Wi-Fi 室内定位的精度只能达到 2 米左右，无法做到精准定位。随着 Wi-Fi 路由器和移动终端的普及，定位系统可以与其他客户共享网络，加上硬件成本很低，组网方便，因此 Wi-Fi 室内定位可以实现复杂的大范围定位、监测和追踪任务，如在医疗机构、主题公园、工厂、商场等场合都有广泛应用。

(4) 基站定位一般应用于手机用户，通过运营商的网络获取终端用户的位置信息，因此手机基站定位服务又叫作移动位置服务。移动位置服务主要是通过计算手机和基站之间的通信时差来确认用户的大概位置，而不是准确位置，因此此项定位技术定位精度较低，误差较大。默认情况下，对于手机来说，位置服务设置并不公开。

2. 网络与通信技术

物联网要实现物物相连，需要网络进行信息的传递。物联网中的网络与通信技术主要完成感知信息的传输。基于物联网的连接对象的多样性，物联网涉及多种网络技术。按照传输介质分类，网络可以分为有线网络和无线网络。按照距离分类，网络可以分为短距离无线通信技术和远程通信技术。短距离无线通信技术包括蓝牙、Zigbee、NFC、Wi-Fi 等；远程通信技术包括互联网、2G/3G/4G 移动通信网络、卫星通信网络等。下面将对蓝牙技术、Zigbee 技术进行简单介绍。

(1) 蓝牙技术是一种低成本、低功率、近距离的无线连接技术标准，是实现数据与语音无线传输的开放性规范。蓝牙技术的工作频率在 2.4～2.5 GHz 之间，通信速率一般能达到 1 Mb/s。在蓝牙通信中，蓝牙采用灵活组网模式，支持点到点、点到多点的通信方式。一个蓝牙设备可同时与 7 个其他的蓝牙设备连接。蓝牙无线接入技术具有小规模、低成本、短距离连接等特点，目前已广泛应用于手机、电脑等移动终端设备，简化通信，使数据传输更加高效。在物联网中，蓝牙技术主要应用于资源有限的场合，如医疗健康传感器网络。随着物联网的进一步发展，蓝牙技术也将应用于更多如车载网、远程控制、自动化工业等相关领域。

(2) Zigbee 技术是一种新兴的短距离无线通信技术，采用三个频段：2.4 GHz、868 MHz 和 915 MHz。2.4 GHz 世界范围通用，其他两个频段分别用于美国和欧洲。Zigbee 网路中节点可分为三类：协调器节点、路由器节点和终端节点。一个 Zigbee 网络由一个协调器节点、多个路由器和多个终端设备节点组成。Zigbee 主要面向低速率的无线个人区域网，具有低距离、低功耗、低成本、低速率的特点，适用于工业监控、传感器网络和安全系统等领域。

3. 数据挖掘与融合技术

物联网中存在大量数据来源、各种异构网络和不同类型系统，针对如此大量的不同类型数据如何实现有效整合、处理和挖掘，是物联网需要解决的关键技术问题。云计算和大数据技术的出现，为物联网数据存储、处理和分析提供了强大的技术支撑。海量物联网数据可以借助庞大的云计算基础设施实现廉价存储，利用大数据技术实现快速处理和分析，从而满足各种实际应用需求。

2.1.4　主要特点

物联网是物与物之间的互联，主要是基于物对周围环境信息的感知进行相关处理。物联网作为现代信息化技术的重要组成部分，具有以下特点：

(1) 物联网的主体是"物"，对物进行感知，是各种感知技术的广泛应用。传感技术是基础，大量传感器被部署在物联网的端节点上，通过传感器进行周围环境感知和自身状态信息的采集，因此，每个传感器都可以认为是一个信息源。传感器实时进行数据采集，但是采集的信息内容和格式由于传感器类型不同有所差异，同时所采集的数据要进行周期性更新。

(2) 物联网的动作是"联"，主要是提供物物之间的连接，同时能够对数据进行智能化处理和智能化控制。在物联网时代，不同用户需求不同，因此传感器采集的大量数据要经过智能化处理，采用不同的处理模式来满足不同的需求。传感器技术与云计算、人工智能等技术相结合，极大地扩展了其应用领域。

(3) 物联网的核心是"网"，是在互联网的基础上进行的扩展，实现了物物相连。因此，互联网是物联网技术的基础，物体的信息通过互联网进行传输。物联网端节点上的传感器进行信息采集，然后通过各种网络与互联网融合，进行信息的实时传输，从而实现互联互通。物联网的主体、动作和核心体现了物联网的三大特点，如图 2-6 所示。

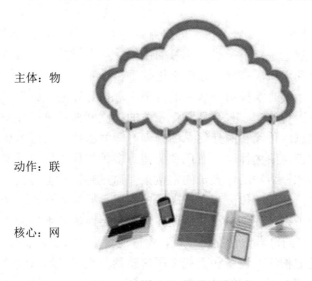

图 2-6　物联网的特点

2.1.5　应用前景

物联网已经广泛应用于智能交通、智慧医疗、智能家居、智能安防、智能物流、智能电网、智慧农业和智能工业等领域，对国民经济与社会发展起到了重要的推动作用。

1. 智能交通

传统的交通管理主要依靠每个驾驶者的判断来进行行车路线的选择，因此道路资源并没有得到广泛的应用，城市拥堵状况时有发生。智能交通是指将信息技术、数据传输技术与交通运输管理相结合，通过利用相关的先进技术，整合资源提高资源利用率，改善交通运输环境。根据实际应用情况，智能交通相关应用场景包括：智能公交车，即通过 RFID 和传感器技术，实时了解公交的位置信息，并通过智能调度系统实现智能排班；共享自行车，通过配备智能锁进行车辆定位，了解车辆的运行状态；车联网，即通过传感器、RFID 等技术采集车辆信息和周围环境信息，并将信息上传平台，实时监控车辆状态；充电桩，即使用传感器技术实时采集电量位置等相关信息，并将数据上传平台，实现统一管理；智能红绿灯，即通过路口的雷达装置实时监测路口的路况信息，如行车数量、车距、车速以及行人的数量，动态调控交通灯的信号，提高路口车辆通行率，减少交通信号灯的空放时间，最终提高道路的承载力；汽车电子标识，即利用 RFID 技术进行车辆的识别与监控，并将采集的信息上传至平台，实现车辆的监管；智慧停车，即以停车位资源为基础，通过安装电磁感应、摄像头等装置，实现车牌识别、车位的查找与预定以及使用 App 自动支付等功能；高速无感收费，即通过摄像头识别车牌信息，实现无感收费，提高通行效率。物联网技术进一步促进了智能交通的发展，利用 RFID、摄像头、线圈、导航设备等物联网技术构建的智能交通系统，可以让人们随时随地通过智能手机、大屏幕、电子站牌等方式，了解城市各条道路的交通状况、所有停车场的车位情况、每辆公交车的当前到达位置等信息，合理安排行程，提高出行效率。

2. 智慧医疗

医疗卫生体系的发展水平一直是社会关注的热点。智慧医疗是指通过物联网技术进行医疗信息感知，并在此基础上进行科学的、智慧的决策，从而提升医疗服务的信息化水平。在物联网时代，医生利用平板电脑、智能手机等手持设备，通过无线网络，可以随时连接访问各种诊疗仪器，实时掌握每个病人的各项生理指标数据，科学、合理地制定诊疗方案，甚至可以支持远程诊疗。与智慧医疗相关的物联网技术可以分为三大领域：医疗信息的感知、医疗信息的传输和医疗信息的处理。智慧医疗相关应用场景包括：智能医疗监护，即通过感知设备采集体温、血压和脉搏等多种生理指标，对被监护者的健康状况进行实时监控。医疗设备和医疗人员的定位，即通过感知设备对医务人员、患者和医疗设备进行实时定位，改善工作流程，提高医院的服务质量和管理水平，并对紧急情况进行及时处理、行为识别及跌倒检测；通过计量用户走路或者跑步的距离，计算运动所消耗的能量，并对用户的日常饮食提供建议，保持能量平衡和身体健康。远程医疗，即利用传感器技术，通过监护终端设备和无线专用传感器节点可以构成一个微型监护网络，并通过传感器节点采集数据，如体温、血压、血糖、心电和脑电等人体生理指标，经过无线通信上传至监护终端设备，且最终上传至服务器；由专业医护人员对数据进行观察，提供必要的咨询服务和医疗指导，实现远程医疗。医疗用品智能管理，包括药品防伪、血液管理和医疗垃圾处理等。以药品防伪为例，药品防伪通过 RFID 技术实现药品识别，涉及药品的生产商、批发商、零售商和用户都可以利用 RFID 读写器读取药品的序列号和其他信息，还可以根据药品序列号通过网络验证药品真伪。医疗器械智能管理，包括手术器械管理和医疗器械追溯。智能医疗服务，包括移动门诊输液、移动护理以及智能用药护理。随着物联网技术的发展，它在医疗行业中的应用愈加广泛，可以通过物联网实现疾病的诊断和智能化管理，为用户提供支持并实现真正以人为本的医疗服务。

3. 智能家居

物联网技术的发展与成熟，进一步促进了智能家居的发展，实现了家庭信息化。传统的智能家居主要是指家居生活用品的智能化，其特点是设备安装简单、功能单一、运作独立，各设备之间不存在关联性，如单独的智能门锁、智能开关、智能插座、智能家电等。物联网技术提高了设备的扩展性和互操作性，通过统一的平台对智能开关、智能插座、智能门窗等进行统一管理和控制，最大限度实现这些智能设备之间的互联、互通和互控。人们可以在工作单位通过智能手机远程开启家里的电饭煲、空调、门锁、监控、窗帘和电灯等，家里的窗帘和电灯也可以根据时间和光线变化自动开启和关闭。因此，物联网技术提升了家居的安全性、便利性、舒适性和艺术性，并实现环保节能的居住环境。

4. 智能安防

公共安全近年来越来越受到人们的广泛关注。智能安防技术及其应用的迅速发展，在维护社会稳定和安全方面发挥了重要的作用。将安防系统与物联网技术结合起来可以很好地解决传统人防带来的弊端，实现区域入侵检测报警、现场视频监控及录像取证。借助物联网技术可大大提升安防系统的识别结果及效率，及时发现安全隐患，提升建筑物安全管理等级，节省人力和物力的投入。人们可以通过采用红外线、监控摄像头和RFID 等物联网设备，实现小区出入口智能识别和控制、意外情况自动识别和报警、安保巡逻智能化管理等功能；相关数据可以实时传输到监控中心，出现问题时实时发出警报，从而提供安全可控的实时在线监测、报警联动、远程控制和安全防范等功能，最终实现智能化管理。

5. 智能物流

智能物流是指在传统物流的基础上集成了联网、大数据、人工智能等新的信息技术。物联网技术主要应用于传统物流的货物仓储、运输监测以及智能快递终端。通过物联网的集成智能化技术，在物流的运输、仓储和包装信息服务等各个环节实现系统感知与智能化管理，从而利用物联网使物流系统能模仿人的智能进行感知和学习，并在此基础上作出决策，如行车路线选择、包裹装车方案的选择等。智能物流实现了物流资源优化调度和有效配置，减少了人工的劳动强度和人力成本，提升了物流系统效率，从而降低了各相关行业运输的成本，并在此基础上增加了企业利润。

6. 智能电网

智能电网是电网的智能化，通过终端传感器在客户之间、客户和电网公司之间实现网络互联互通，提高电网的综合效率。物联网在电网的终端信息感知、电力输送和用电采集等各环节都将有广泛应用。如智能电表的应用，不仅可以免去抄表工的大量工作，还可以实时获得用户用电信息，提前预测用电高峰和低谷，为合理设计电力需求响应系统提供依据。通过物联网技术的广泛应用，可以提高智能电网各环节的感知深度和广度，从而提高电网调度的智能化和决策水平。

7. 智慧农业

智慧农业是农业的智慧经济，将物联网技术应用于传统农业，通过统一平台对农业生产进行控制，实现农业"智慧化"。物联网在农业领域主要应用于三大方面：基础信息的采集、环境控制以及智慧管理。可以利用温度传感器、湿度传感器和光线传感器，实时获得种植大棚内的农作物生长环境信息，远程控制大棚遮光板、通风口、喷水口的开启和关闭，让农作物始终处于最优生长环境，以提高农作物产量和品质。随着物联网技术的进一步发展，物联网在智慧农业领域的应用边界将得到进一步拓展。

8. 智能工业

智能工业是将传感技术、通信技术等融入工业生产的各个环节，大幅提高制造效率，改善产品质量，降低产品成本和资源消耗，实现传统工业智能化。因此，物联网技术是实现智能工业的关键技术。物联网技术的应用在工业中有四个主要方面，分别为生产过程工艺优化、生产设备监控管理、环保监测及能源管理和安全生产管理。可以通过各种信息传感器实时采集各类信息，并上传数据，通过统一平台进行数据分析和决策，实现工业智能化管理。

2.2 IoT 面临的网络安全问题

2.2.1 IoT 安全概述

全球物联网设备规模增长迅速，"万物互联"是物联网未来的发展方向。移动互联网时代，联网设备数量大概在 40 亿左右，设备以手机为主体，而根据 GSMA 预测，至 2025 年全球物联网设备规模将达到 252 亿。物联网在智能家居、智能交通、智慧城市等领域都有广泛应用，5G 等通信技术的发展，将进一步推动物联网的发展。

物联网在人们生活中的应用非常广泛，物联网技术的迅猛发展给人们带来了生活上的各种便利，但同时也带来了各种安全问题。如在智能家居领域，摄像头的使用除了能够让人们实现远程监控外，也涉及个人家庭隐私；摄像头对家庭信息数据的采集，在不能保障其安全性的情况下容易被他人获取，从而造成信息泄露。随着物联网设备规模的不断增长，相关安全问题层出不穷，物联网暴露的安全问题已经严重影响到个人、企业甚至是国家的安全。2019 年 3 月，委内瑞拉由于电力系统受到攻击，导致大规模停电事件，影响到包括首都加拉加斯在内的大部分地区；持续停电超过 24 个小时，导致交通拥堵，影响到各类企事业单位的正常运行。同年还发生了物联网僵尸网络和勒索软件大规模攻击事件，波音系统被爆出严重漏洞等安全事件。这些事件都指向物联网终端的脆弱性，同时也表明物联网安全所面临的严峻形势，物联网安全问题也愈发被人们所关注。

惠普安全研究院曾经对 10 个最流行的物联网智能设备运行状况进行调查，发现几乎所有设备都存在高危漏洞：80%的物联网设备使用弱密码口令，存在隐私泄露的风险；70%

的设备在通信中没有进行加密；60%的设备 Web 界面存在安全漏洞；下载软件更新时没有进行加密。以上研究表明大量的物联网资产都存在安全问题，很容易成为攻击者的攻击目标。随着万物互联时代的到来，物联网将迎来蓬勃发展。特别是 IPv6 技术的发展普及，接入网络的物联网终端将愈发规模化、多样化，IPv6 网络上的物联网资产也将成为攻击者的攻击目标，因此，物联网安全在物联网发展中将占据愈来愈重要的地位。只有解决了物联网的安全问题，物联网行业才能够保持持续健康发展。

随着物联网安全事件频发，全球物联网安全支出将不断增加。据 Gartner 调查，将近20%的企业或者相关机构曾经遭受至少一次的物联网攻击。为了防范物联网的安全威胁，全球物联网安全支出不断增加，历年安全支出预测(来源 Gartner)如图 2-7 所示。

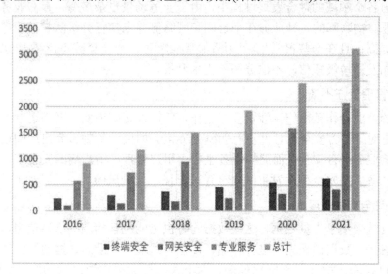

图 2-7　全球物联网安全支出预测/百万美元

2.2.2　安全威胁与挑战

物联网在互联网的基础上，实现了物与物之间的通信，融合了移动通信网络、传感网络以及互联网，结构复杂，在各行业中都有广泛应用，同时也面临较多的安全威胁。首先，物联网的终端数量非常庞大且多样化，如各类传感器等；其次，终端可以通过各种方式接入网络，如 Wi-Fi、蓝牙、Zigbee 等接入技术；最后，物联网的业务需求形式多变，如数据、语音等。因此，物联网面临的安全风险复杂且多变，具体表现为以下几个方面。

1. 物联网的安全基础薄弱

物联网与大量传统行业相结合，在各领域如家居、交通、医疗等有广泛应用，而传统行业本身安全基础较薄弱，安全隐患较大，难以应对物联网所带来的安全风险。物联网的业务系统使用包括云平台、数据库、各类中间件等提供各项服务，基于各种软件漏洞或者业务流程疏漏，物联网的风险主要集中在平台侧，安全威胁包括服务中断、远程控制、数据篡改、非授权访问以及认证绕过。

2. 物联网终端多样化，存在安全短板

物联网终端类型多样化，但是大部分设备能耗低，计算能力差，无法实现复杂的安全

防护功能甚至是通用安全功能。除此之外，物联网终端安装位置分散，且大部分设备为户外安装，无人值守，管理难度较大，抗攻击能力差，因此容易受到人为破坏，或者被恶意控制，导致节点无法正常工作。

3. 物联网网络规模化，攻击影响大

物联网的终端数量规模巨大，如果被攻击者大规模控制，形成僵尸网络，很容易发动DDoS 拒绝服务攻击，从而引起网络拥塞甚至服务中断，造成重大影响及损失。攻击者控制终端可以采取的手段包括暴力破解、发送恶意数据包、利用已知漏洞等。

4. 业务安全防护能力不足

物联网与各个领域的融合发展过程中，由于业务场景复杂多变，存在业务安全防护能力不足的问题。物联网的各种业务在平台侧和网络侧并未实行分级防护，业务系统安全防护能力有待提高，且在一些日常生活领域(如智能家居、智能穿戴等)容易出现物联网被滥用的现象，如发送垃圾短信、不法分子不当牟利等。

5. 安全管理责任不清

物联网的产业合作范围广，涉及多方合作，包括设备制造商、网络运营商以及服务提供商等，但是对于各方安全责任并没有明确的界定。如果设备制造商出厂的设备存在安全隐患，会影响业务平台安全，而终端设备主要由用户管理，用户端的安全管理要求很难落实，因此存在各方在安全事件发生时安全管理责任不清的风险。

6. 数据安全防护难度大

物联网终端采集了大量数据，这些数据同时也可能包含相应的敏感信息，如个人隐私或者位置信息等。数据被采集后进行存储、传输和处理，大量的数据通过云计算或者人工智能等技术进行深入挖掘和智能化处理，为个人及行业提供更高效的服务。但是在整个过程中，数据存在被泄露的风险，安全防护难度较大，特别是对敏感数据的防护显得尤为重要。

7. 新技术融合增大安全风险

物联网的规模化发展，使其与人工智能、边缘计算、IPv6 等新技术加速融合。新技术的发展进一步推动了物联网的快速发展，提升了物联网的性能，同时对传统安全防护措施也带来了新的挑战。

IPv6 时代到来将增加潜在的安全风险。在 IPv4 时代，NAT(网络地址转换)技术被用来解决网络地址有限的问题，通过 NAT 给用户提供内网地址，外界无法获悉其内网地址，从而实现仅允许传出通信的安全策略。而 IPv6 技术的使用，使物联网设备暴露于网络中，内部和外部设备之间可以直接实现通信，在未采用任何安全防护措施的情况下，IPv6 技术使得内网的节点可以直接访问公网的节点，更容易受到网络攻击。物联网的边缘计算将计算模式从集中式转向分布式部署，从而在网络边缘引入了网络攻击威胁，放大了分布式安全风险。边缘计算节点规模庞大，资源和计算能力有限，实施复杂全面的安全防护策略较为困难。

综上所述，物联网面临多方面的安全威胁，安全问题是物联网系统中的核心问题。物联网的总体安全需求包括物理安全、信息采集安全、信息传输安全以及信息处理安全，以

保证信息的真实性、完整性和机密性。结合物联网的三层架构体系，即感知层、网络层以及应用层，物联网安全层次模型如图 2-8 所示。

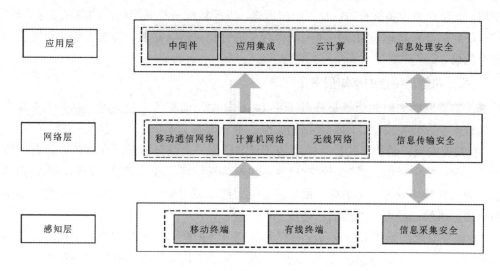

图 2-8　物联网安全层次模型

在物联网系统中，主要面临的安全威胁包括物联网感知层终端的信息安全威胁、物联网数据传输过程中的信息安全威胁以及物联网应用过程中信息处理的安全威胁。威胁来源的多样化，使得物联网面临的安全形势复杂多变。基于物联网的安全层次需求，将物联网面临的安全问题分为感知层安全问题、网络层安全问题和应用层安全问题。

2.2.3　感知层安全

感知层在物联网中的主要作用是负责信息的采集、识别和控制，是物联网的信息源，也是各种信息传输数据处理应用的基础。因此，物联网感知层的安全问题是物联网安全所要面临的首要问题。物联网感知层的终端系统主要由传感器节点和网关组成，设备类型可以分为轻型终端、复杂终端和网关。轻型终端成本低廉，一般是短距离通信，物理用途单一，通过网关或者用户的终端设备进行数据上传，常见的可穿戴设备、家庭安防传感器即属于轻型终端。复杂终端功能较多，可以进行长距离通信，常见的复杂终端包括智能汽车监测设备、智能家电等。网关有较强的数据处理能力，可以进行长距离通信链路的管理，在物联网中的功能主要是进行网络汇聚接入，实现终端与终端之间、终端与服务器之间的数据交互。用户端设备网关是较常见的物联网网关。

物联网是"万物互联"的网络，因此感知层的终端节点规模非常庞大。与传统的网络相比，物联网的设备大部分都部署在较偏远的地区甚至野外，监管困难。物联网主要的感知设备包括 RFID 设备、各类传感器等，类型多样化，通常情况下，这些设备功能简单、携带能量少，因此并不具备复杂的安全防护能力。除此之外，出于设备的使用便利性以及相关成本考虑，部分厂家对感知设备采取的防护措施非常简单甚至不采取防护措施，因此对感知设备所采集的数据也没有采取足够的安全防护，使该类设备很容易成为攻击者的攻击目标，从而被非法获取相关信息。感知层是对外部信息的感知，因此设备所采集的数据或者信息包含物联网用户的个人信息数据，特别是 RFID 技术、二维码技术、定位技术等的使用，如果相关设备被攻击，发生数据泄露，将严重威胁物联网用户的隐私安全。现在，摄像头的应用非常普遍，如果黑客控制摄像头进行相关信息窃取，会对人们的日常生活造成安全隐患。

1. 基于功能及特点的感知层安全问题

基于物联网感知层的功能及特点，可以将感知层所面临的安全问题概括为以下几个方面：物理安全、自身安全、通信及结构安全、数据泄露、恶意软件及服务中断。

(1) 物理安全：感知层的设备应用场景呈多样化，大部分被部署在户外，位置分散，处于不安全的物理环境。感知层的物理攻击包括物理损坏和非法盗窃。物理损坏是指感知设备受到自然损坏或者人为损坏，使得设备位置移动或者无法正常工作；非法盗窃是指设备被盗窃、破解，导致数据泄露，造成系统风险。

(2) 自身安全：感知层的设备没有完善的安全防护能力，缺乏相应的安全防护体系，容易受到攻击；由于设备部署分散，软件更新成本高，因此许多物联网设备都处于未更新状态或者没有相应的更新机制，使得软件漏洞风险高，从而导致数据被篡改或者仿冒，影响设备的安全性。

(3) 通信及结构安全：由于物联网设备的计算资源受限，类别多样化，通用的计算安全防护在物联网上并不适用。许多物联网设备都缺乏加密的通信机制，属于明文或者部分明文传输，缺乏完善的认证授权机制，没有验证设备的合法性以及数据的有效性和真实性。部分内部网络没有设置防火墙或者网络分段隔离，使得设备容易受到病毒感染或操控。

(4) 数据泄露：物联网通过大量的感知设备收集外部世界信息，如果没有完善的信息保护机制，将存在隐私泄露、数据冒用或者被盗取的问题。对于物联网用户来说，特别是 RFID 标签、二维码等的嵌入，使得接入物联网的用户不受控制地被扫描、追踪和定位，隐私泄露的风险极高。设备可能存在外部攻击或者内部泄密，同时设备间也可能存在泄密问题，如同一网段的设备可以获取其他设备的信息。因此，如果感知设备所采取的安全防护措施力强度不够，第三方能够通过非法渠道进行获取，从而发生数据或者信息泄露。

(5) 恶意软件：物联网的感知设备接入外在网络，会受到外在网络的攻击，如果感知设备被攻击者成功俘获，攻击者可以分析出设备的相关信息。除此之外，出于安全防护成本或者操作便利性考虑，许多感知设备采取的安全防护措施并不复杂，甚至没有防护措施，会导致假冒和非授权服务访问的安全问题。攻击者可以利用设备本身存在的系统漏洞进行木马和病毒攻击，使得设备处于被控制的状态或者不可用的状态，从而获取未授权访问。如引发大规模 DDos 攻击的 Mirai、Torlus 等，感知设备的计算能力和通信能力较低，因此对抗拒绝服务攻击的能力较差，被病毒感染的感知设备除了被用于拒绝服务攻击外，还可以被用于勒索所劫持的设备，窥探隐私数据等。

(6) 服务中断：物联网设备的功能特性会因为连接的丢失或者中断而受到影响，可能引起性能下降，安全性降低。如报警系统，一旦连接中断，会影响整个系统安全性。

2. 基于终端设备及采用技术的感知层安全问题

基于物联网感知层的终端设备及采用的技术，感知层所面临的安全问题主要包括两个方面：RFID 安全问题和传感器网络安全问题。

1) RFID 安全问题

RFID 技术采用电磁波通信，信息存储量大且终端数量规模庞大，在人们日常生活中应用广泛，因此，RFID 安全问题越来越受到人们的关注。由于世界各国采用相同的智能卡技术，美国麻省理工学院的学生通过破解波士顿地铁卡，免费搭乘世界各地公交系统工具，这种类似的破解事件在世界各地都时有发生。

RFID 技术受到攻击，主要包括两种形式：RFID 标签数据盗取和 RFID 标签数据篡改。数据盗取是一种未经授权而获取 RFID 标签中数据的方法，是指在数据传输双方不知情的情况下，攻击者非法获取传输的信息。数据篡改是指在传输双方不知情的情况下，攻击者将非法获取的信息进行修改后，传输给原来的信息接收者的攻击方式。通过信息篡改攻击者可以让标签传达虚假信息，恶意破坏合法用户的通信内容，阻止合法用户建立通信链接。如果使用 RFID 标签进行用户身份标识，由于标签中电子编码的唯一性，攻击者可以通过读取编码来获取用户的个人信息；如果使用 RFID 标签进行物品标识，攻击者可以通过标签数据确定目标。RFID 标签与读写器之间的数据传输方式是无线广播，采取无线监听的方式，攻击者可以获取传输信息的具体内容，从而进行信息窃取甚至身份欺骗。用户携带不安全的 RFID 标签可以导致个人信息泄露，如标识了 RFID 标签的药物，攻击者可以通过标签中的数据获取用户的疾病情况等隐私数据。RFID 攻击模型如图 2-9 所示。

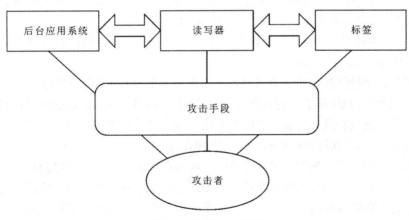

图 2-9 RFID 攻击模型

对于 RFID 系统来说，可以将攻击分成两类：针对标签及读写器的攻击和针对后端数据库的攻击。

(1) 针对标签及读写器的攻击。针对标签及读写器的攻击主要包括窃听、中间人攻击、重放攻击、物理破解、拒绝服务攻击等攻击方式。

① 窃听：标签与读写器采用无线广播的数据传输方式，在传输的信息没有得到保护的情况下，攻击者很容易获得两者之间传输的信息，了解相关信息的具体含义，更有甚者，

可以使用相关信息进行身份欺骗。

② 中间人攻击：在超高频 RFID 标签通信距离端，传输信息不容易被直接窃听，但是攻击者可以通过中间人攻击来进行信息的窃取。被动的 RFID 标签在收到标签读写器信息查询的要求后会主动响应，发送信息证明自己的身份。通过该机制，攻击者可以进行中间人攻击。攻击者伪装成合法的读写器靠近 RFID 标签，在标签携带者不知情的情况下，对标签发送的信息进行读取，可以将标签中读取的信息直接发送给合法的读写器，甚至是修改过后再发送，从而达到攻击的目的。在中间人攻击的过程中，标签和读写器都会将攻击者作为正常通信流程中的一员。

③ 重放攻击：主要用于身份认证过程，破坏认证的准确性。攻击者记录标签的回复信息，在读写器询问时进行播放，从而达到欺骗标签、读写器的目的。重放攻击是黑客常用的攻击方式之一。攻击者可以将窃听到的用户的某次消费过程或身份验证记录重放，骗取系统的信任，达到攻击的目的。重放攻击法可以对通信双方的数据信息进行复制，然后将此信息重放给一个或多个信息方。

④ 物理攻击：RFID 系统通常包含大量的系统内合法标签，攻击者能够在物理上接触到标签，并读取标签信息甚至进行篡改。廉价标签一般没有防破解机制，因此很容易被攻击，进而泄露其中的安全机制和所有隐私信息。如可以使用微探针读取修改标签内容，使用 X 射线或者其他射线破坏标签内容，使用电磁干扰破坏标签与读写器之间的通信。一般在物理破解之后，标签将被破坏，不能再继续使用。另外，也可以使用小刀或者其他工具人为破坏标签，从而使标签无法被识别。

⑤ 拒绝服务攻击：攻击者想方设法让系统停止提供服务。攻击者为了消耗系统资源，不断发送不完整的交互请求，如果数据量超过系统的处理能力，系统会拒绝提供服务，从而扰乱识别过程。如果系统中有多个标签发生通信冲突，或者有一个标签不断发送数据用于消耗 RFID 标签读取设备时，系统会发生拒绝服务攻击。

(2) 针对后端数据库的攻击。针对后端数据库的攻击主要包括标签伪造或复制、RFID 病毒攻击、屏蔽攻击、略读等攻击方式。

① 标签伪造或复制：攻击者将信息写入一张空白的 RFID 标签中或者修改一张现有的标签，以获取使用 RFID 标签进行认证系统对应的访问权限。普通标签不作任何加密操作，如门禁卡系统中通用的成本低廉的 RFID 卡片，很容易进行标签复制，但是对于护照或者制药等应用场景，RFID 标签伪造相对来说非常困难。

② RFID 病毒攻击：RFID 病毒可以破坏或泄露后端数据库中存储的标签内容，拒绝或干扰读写器与后端数据库之间的通信。RFID 标签本身并不具备病毒检测能力，不能判断其所存储的数据是否有病毒，攻击者一般事先把病毒代码写入标签中，通过让合法的读写器读取其中的数据，这样病毒就有可能植入系统中。当病毒或者恶意程序入侵数据库后，其可能会迅速传播并摧毁整个系统。

③ 屏蔽攻击：用机械的方法来阻止 RFID 读写器对标签进行读取。例如：使用法拉第网罩或护罩阻挡某一频率的无线电信号，使读写器不能正常读取标签；攻击者还有可能通过电子干扰手段来破坏 RFID 标签读取设备对 RFID 标签的正确访问。

④ 略读：在标签所有者不知情或者没有得到所有者同意的情况下，存储在 RFID 标签上的数据被攻击者读取。这种攻击方式的产生主要是由于大多数标签在不需要认证的情况

下也会广播其所存储的数据内容，攻击者可以通过一个特别设计的读写器与标签进行交互来得到标签中存储的数据。

攻击者对 RFID 系统的主要攻击目的是：RFID 标签数据盗取、扰乱 RFID 读写过程、RFID 标签信息篡改。

RFID 安全还需要关注隐私问题。RFID 系统可以支持多种业务，但并非所有的业务都涉及个人隐私问题。如物流供应链管理、动物跟踪、资产管理系统等，其中的资产在整个生命周期中从未与个人相关联，只有当系统使用、收集、存储或公开个人信息时，才需要考虑隐私方面的问题。

根据 RFID 的隐私信息来源，RFID 隐私威胁主要包括身份隐私威胁、位置隐私威胁以及内容隐私威胁。身份隐私威胁是指攻击者能够推导出参与通信的节点的身份；位置隐私威胁是指攻击者能够知道一个通信实体的物理位置或粗略地估计出到达该实体的相对距离，进而推断出该通信实体的隐私信息；内容隐私威胁是指由于消息和位置已知，攻击者能够确定通信交换信息的意义。

2) 传感器网络安全问题

传感器网络是由部署在监控区域内大量的廉价微型传感器节点通过无线通信方式形成的多跳自组织网络，它能够对周围环境的信息进行采集，并将数据反馈给网络用户。由于传感器网络节点部署区域一般是无人照看或者是地方区域，通信方式一般采用无线传输方式，因此网络运行环境比较恶劣，容易受到恶意攻击。传感器网络面临的安全威胁主要包括干扰、截取、消息篡改和假冒。干扰是指对信号的正常接收造成损伤，使得正常通信的信息丢失或者不可用。截取是指攻击者通过非法手段获取传感器节点或者网关等的相关信息。消息篡改是指攻击者在没有获得合法授权的情况下，对通信数据进行修改；或者使用非法手段发送大量的、假的通信数据，使正常数据被淹没，无法识别，导致系统无法提供正常服务。假冒是指在传感器网络中，攻击者假冒正常设备进行通信，从而非法获取通信数据；或者使用假的数据进行通信，消耗网络资源，使正常通信延迟；或通过迷惑正常数据，非法获取敏感信息。

传感器网络由多个传感器节点、网关、后台系统组成，通过通信链路实现通信双方之间的信息传输，因此所有设备以及通信链路都可以是攻击者所选择的攻击目标。传感器网络攻击模型如图 2-10 所示。

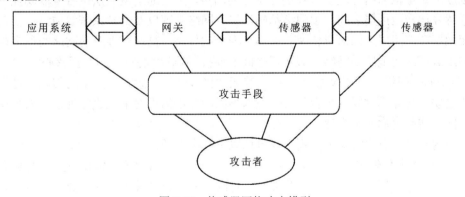

图 2-10　传感器网络攻击模型

针对传感器网络，主要的攻击手段包括以下几种：

(1) 窃听。窃听是一种被动攻击，即攻击者隐藏在网络感知层的通信区域内，采用一些专用设备对感知设备的信息进行采集。也就是说，窃听是一种信息的被动攻击。

(2) 伪造。伪造是指攻击者对合法的传感器节点的仿制。通过窃听合法节点的信息，根据相关信息伪造出具有同样信号的传感器节点，并将该伪造的节点放置在通信网络中作为正常节点使用。

(3) 重放。重放攻击也被称为回放攻击，是指攻击者非法获取正常通信数据后用非法设备将该数据重发，目的是使非法设备被认为是合法节点，或者诱导其他设备进行数据传输，从而获取敏感数据。

(4) 拒绝服务攻击。攻击者在感知层通信网络中发送大量的假数据，消耗网络资源，从而导致真实的数据被淹没在大量虚假数据中；基于感知设备数据能力受限，在这样的场景下，真实的数据无法得到正常的服务。

(5) 通信数据流分析攻击。攻击者主要通过特定的设备对通信网络中的数据流进行分析，攻击信息收集的节点，从而导致节点瘫痪，甚至使网路瘫痪。

(6) 物理攻击。由于传感器设备的部署环境大部分都无人值守，低成本的感知设备并不具备安全防护能力，因此容易受到物理攻击，如拆卸、损坏等。

除上述攻击手段之外，还有其他攻击手段，如发射攻击、交叉攻击、预言攻击等。随着感知设备规模的不断增加以及相关技术手段的不断发展，攻击者的攻击手段也会越来越多样化，攻击能力越来越强。

传感器网络除了要面对攻击者的各种攻击之外，目前还面临两个方面的挑战：技术标准不统一以及技术不成熟。对于无线传感器网络来说，虽然目前发布了一系列的标准，包括 IEEE802.15.4，Zigbee 等相关标准，但并没有一个统一的标准。标准不统一限制了无线传感网络的发展，对产品的大规模应用带来了阻碍，影响了产品的互操作性和易用性。技术不成熟是指目前的一些技术如密钥管理技术、路由协议等还无法保证其大规模应用，同时无线传感网络还受到成本和能量方面的制约。

2.2.4　网络层安全

物联网是虚拟网络与现实世界进行交互的网络，主要通过网络层进行互联功能。网络层介于感知层和应用层之间，由网络基础设施、网络管理以及处理系统组成，主要功能是进行感知层和应用层之间信息快速、可靠、安全的传递。物联网涉及的网络类型多样，通过各种承载网络实现感知网络与服务器之间的连接。物联网的承载网包括核心网、2G、3G、4G 等移动通信网络，以及 WLAN、蓝牙等无线接入网络。感知层采集的信息通过物联网的网络层安全传输到物联网平台，然后根据不同的应用需求对信息进行处理，因此物联网面临的网络威胁更加复杂多变。

物联网网络层面临的安全问题主要包括以下几个方面：

(1) 无线数据传输链路脆弱性：在很多场合下，物联网的数据传输方式主要是通过无线射频信号，基于传统无线网络的脆弱性，物联网容易成为被攻击的对象。攻击者通过信号干扰可以使物联网终端设备无法正常收发数据，甚至导致终端设备失效。基于无线传输方式的脆弱性，物联网在信号传输过程中容易被攻击者窃听甚至信息被篡改，无法保证数据的安全性和可靠性，从而影响到物联网整个体系的安全。

(2) 拒绝服务攻击：物联网的核心是互联网，网络层安全包括传统的互联网安全和移动网络安全。互联网网络层面对的主要安全威胁是 DoS(拒绝服务)攻击和 DDoS(分布式拒绝服务)攻击，因此物联网中也容易受到拒绝服务攻击。物联网中节点数量庞大，攻击者通过控制节点向网络发送大量恶意数据包，使网络发生拥塞甚至无法提供服务，从而产生拒绝服务攻击，因此物联网需要更好的安全防护措施和灾难恢复机制。

(3) 非授权接入：网络接入控制的全面性和合理性无法满足的情况下，会导致物联网用户在没有得到授权的情况下进行网络接入，从而获得包括用户信息在内的网络资源；或者对物联网发动攻击，引起灾难性后果。

(4) 网络运营商风险管控：传统的通信功能包括短信、数据、语音等，通信网络运营商对这些功能进行单一设备、单一用户的管控。传统的通信管控方式对于物联网并不十分适用。物联网的终端规模庞大，不同的业务场景下有不同的功能组合。为了应对庞大的数据管控，物联网网络侧需要通过业务或者用户进行多维的批量功能管控。

从物联网的网络层受到的具体攻击来看，可以将网络层安全问题分成三类：物联网终端安全、物联网承载网信息传输安全以及物联网核心网络安全。

1. 物联网终端安全

随着物联网业务应用日渐丰富，终端也愈加智能化。物联网终端面临的安全威胁包括感染病毒、木马或者受到恶意代码的威胁以及终端系统平台受到的威胁。

(1) 病毒、木马的威胁。物联网终端的计算能力以及存储能力的增强使得病毒、木马更有机会侵入终端，且病毒、木马在物联网中更加隐蔽，破坏力更大，具备更大的威胁。

(2) 平台缺乏完整性保护及验证机制。终端的自身系统平台不具备完善的安全防护机制，软件模块以及硬件模块可能存在漏洞，如果被攻击者窃取甚至篡改，那么内部存储信息存在泄露的风险。

(3) 通信接口间缺乏机密性及完整性保护。由于终端的通信接口间缺乏安全防护机制，因此接口间传递的相关信息存在被攻击者窃取甚至篡改的风险。

针对终端的攻击包括使用偷窃的终端和智能卡，对终端或智能卡中的数据进行篡改，对终端和智能卡间的通信进行侦听，伪装身份截取终端与智能卡间的交互信息以及非法获取终端和智能卡中存储的数据。

2. 物联网承载网络信息传输安全

由于承载网具有开放性，因此承载网是一个多网络的开放性网络。数据传输方式包括有线传输与无线传输。特别是无线传输方式，攻击者更容易窃取或篡改链路上的信息，或者伪装成合法节点对网络流量进行分析，达到自身的目的。针对承载网络信息传输的攻击主要包括以下几个方面：

(1) 非法获取非授权数据。对于承载网络传输的信息的非法获取的手段包括：窃取、篡改或者删除链路上的数据；攻击者伪装成网络中合法节点截取业务数据；对通信网络中的流量进行分析。

(2) 数据完整性攻击。对数据完整性的攻击主要是对系统无线链路传输的业务、信令以及控制信息进行篡改，如插入、修改及删除等。

(3) 拒绝服务攻击。拒绝服务攻击主要是对正常通信进行干扰使合法用户不能得到服务，或者攻击者伪装成合法节点拒绝给正常用户提供服务。通信干扰包括对无线链路的干扰以及对协议流程的干扰。

(4) 非法访问攻击。攻击者伪装成合法用户对通信网络进行未授权访问，或者在用户和网络通信过程中发动中间人攻击。

3. 物联网核心网络安全

核心网络安全除了要关注传统网络的安全威胁如 DoS 攻击、DDoS 攻击、假冒攻击外，还要关注其他攻击威胁。例如，由于物联网业务场景中节点数量庞大，进行大量数据传输时，容易导致网络拥塞，从而产生拒绝服务攻击。核心网络受到的攻击主要包括以下几个方面：

(1) 非法获取数据。攻击者伪装成合法节点截取用户信息，或者对流量进行分析，如未被授权情况下对系统数据进行非法访问、在呼叫建立阶段伪装用户位置信息等，从而实现对数据的非法获取。

(2) 数据完整性攻击。攻击者对数据完整性的攻击主要是对信息进行篡改，包括对用户业务及信令消息进行篡改、对系统存储的用户数据进行篡改、对用户终端的应用程序或数据进行篡改。

(3) 拒绝服务攻击。核心网接收物联网感知节点的海量信息，极容易受到拒绝服务和攻击。攻击者发动拒绝服务攻击的手段主要包括物理干扰、协议干扰，以及伪装成合法节点拒绝对合法用户提供服务、滥用紧急服务等。

(4) 否认攻击。攻击者发动否认攻击的手段包括对数据的否认及对费用的否认，其中数据包含发送数据以及接收数据。

(5) 非法访问非授权业务。攻击者未经授权的情况下对业务进行非法访问，非法获取数据，造成信息泄露。攻击手段主要是伪装，使攻击者成为合法用户、服务网络或者归属网络，从而非法访问业务。

2.2.5 应用层安全

应用层直接面向用户，包括支撑物联网各种处理应用的平台，如云计算、分布式系统等以及适应不同行业形态的具体业务层。随着网络应用的不断发展，应用层集成了越来越多的功能与服务，从而针对应用层的病毒、黑客以及漏洞攻击随之爆发，导致应用层的安全问题层出不穷。因此，应用层是风险最高的层级，具备大规模、多平台和多业务类型的特点。应用层面临的安全威胁包括平台面临的安全威胁和不同应用领域面临的安全威胁。

1. 平台面临的安全威胁

目前，大多数物联网系统都搭建在虚拟化云平台上，主要功能是将从感知层获取的数据进行分析和处理并进行控制和决策，同时将数据转换为不同的格式，以便数据可以多平台共享。平台面临的安全威胁如下：

(1) 平台设备的管理和维护威胁。由于设备呈分散式分布，容易丢失，不易于管理和维护。

(2) 平台漏洞和 API(应用程序接口)开放引入的风险。物联网系统存储大量的应用数据，容易成为攻击者攻击的目标。漏洞是指由于设计者或者开发者没有考虑全面而可能存在的异常。如果系统平台自身存在漏洞，攻击者就可以绕过安全机制，因此系统平台一旦被攻击，容易导致数据泄露甚至系统业务功能被控制，造成严重的安全问题。物联网系统API 接口开放可能会造成接口在未被授权的情况下被调用，使得系统资源被占用或者系统中敏感数据被非法获取。

(3) 数据泄露。在物联网系统中，对于用户隐私数据的保护不够完善，存在数据泄露的风险。云端服务平台面对来自外部的攻击或者内部的威胁，有可能导致用户敏感数据泄露。除此之外，由于云服务用户存在弱密码认证的安全隐患，如果安全凭证泄露，存在越权访问或者非法访问的安全问题，也会造成用户敏感数据泄露。

(4) DDoS 攻击。云服务为各行业提供了网络基础设施，即提供了灵活、按需使用的容量和资源，配置便捷，具备快速的数据处理能力。越来越多的黑客滥用云服务来发动DDoS 攻击，使得大量设备在同一时间遭受攻击，从而影响正常用户的使用，并造成巨大的经济损失。

根据平台所面临的安全威胁，平台的安全需求包括以下几个方面：

(1) 物理硬件环境的安全：保证平台设备和运行环境的安全性和可靠性，从而保证整个平台的平稳运行。

(2) 系统的稳定性：保证系统的稳定性，即在系统发生异常时有相应的灾难恢复机制，能够及时处理、恢复或者隔离问题。

(3) 数据的安全：保证数据传输过程中的安全性，即其完整性、保密性以及不可抵赖性。平台对于海量信息的处理，都是基于数据的安全性之上，因此保证数据的安全性是基础。

(4) API(应用程序接口)的安全：API 是对外提供相应服务的接口，保证 API 的安全性，防止非法访问和非法数据请求，防止数据库资源的过大消耗。

(5) 设备的鉴别和验证：保证设备接入的合法性和安全性，防止异常节点的接入；可以通过密钥管理机制，实现设备接入过程的安全性。

(6) 日志记录的管理：要保证物联网管理平台的安全性，对物联网设备的日志等信息进行全面管理至关重要，即需要具备全局的日志的记录能力，能够了解系统的异常，以保证平台和网络之间的信任关系，同时也便于系统的升级和维护。

2. 不同应用领域面临的安全威胁

物联网实现各种不同应用领域的应用任务，所面临的信息安全威胁主要包括以下几个方面：

(1) 数据筛选。物联网应用和产品已经渗透人们的日常生活，对于同样的数据，面向用户不同，如何基于不同的用户权限对相应的数据进行筛选和处理。

(2) 数据的保护和验证。实现用户隐私数据的保护，并能够正确认证用户信息。

(3) 信息追踪。如何解决信息泄露后的追踪问题。

(4) 恶意代码。恶意代码以及各类软件系统的自身漏洞或者设计上可能存在的缺陷，各种黑客、各类病毒，都是物联网的应用系统所要面临的安全威胁。

基于不同应用领域的信息安全威胁，物联网应用层具有以下的安全需求：

(1) 认证能力：需要能够验证用户的合法性，防止非法用户假冒合法用户的身份进行非法访问，同时需要防止合法用户对于未授权业务的访问。

(2) 隐私保护：保护用户的隐私不泄露，且具有泄露后的追踪能力。

(3) 密钥的安全性：需要具有一套完整的密钥管理机制来实现对密钥的管理，从而代替用户名/密码的方式。

(4) 数据销毁：能够具有一定的数据销毁能力，即在特殊情况下进行数据销毁。

(5) 知识产权保护：物联网应用包括软件及电子产品的知识产权。由于应用层是直接对接于用户，因此需要具有一定的抗反编译的能力，从而实现知识产权的保护。

2.3　IoT 网络安全问题对策

2.3.1　安全防护框架

物联网是多个网络的融合，应用领域广泛，涉及多业务多场景的应用，因此物联网的安全保障是一个整体的安全保障体系。基于物联网的三层架构体系，物联网安全涉及各个层次的安全防护，但又不仅仅依赖于各层次的安全措施简单叠加。为了给物联网的网络提供完整、可靠的安全保障，需要充分考虑以下几点：

(1) 物联网安全体系结构复杂。

物联网是互联网的延伸，融合多种网络的特点，但是目前对于传感网、互联网、云计算等已有的一些安全解决方案在物联网环境中并不是全部适用。物联网的感知设备规模庞大，相应的终端接入面对的安全问题尤其复杂；物联网具有多种传输介质和传输方式，面对更加复杂的通信安全问题；物联网的数据繁杂，需要解决海量数据存储的安全问题。因此，在物联网发展中需要构建全面、可靠、智能化的安全体系。

(2) 物联网安全领域众多。

物联网安全所包含的安全领域广泛。物联网传感网和感知设备数量庞大，相对于单个无线传感网来说，需要解决复杂的访问控制问题；物联网的感知设备类型多样，具备不同的数据处理能力，要求设备之间的数据交互以及数据的高可靠性，因此需要解决系统差异化所带来的安全问题；随着物联网技术的快速发展，且面对"万物互联"的将来，物联网所要处理的数据量将无法估量，因此需要考虑复杂数据的安全性问题。

(3) 物联网环境下的信息安全更加复杂。

物联网融合了多个层次，不仅仅要保障物联网各个层次的安全，还要在此基础上解决物联网融合所带来的安全问题，因为许多安全问题都来源于系统的融合。物联网的感知层采集终端用户的数据，基于用户关注的隐私保护的安全问题，对于物联网的数据安全提出了更高的要求，同时物联网的数据应用以及数据共享的需求对数据安全性也提出了新的挑战。因此，物联网的安全体系在现有的传统的信息安全体系之上，需要设计可持续发展的安全架构，在物联网技术应用和发展的同时不断完善相应的安全防护措施。

综合以上特点，并从物联网的应用系统角度来考虑，物联网的安全防护策略框架如图 2-11 所示。

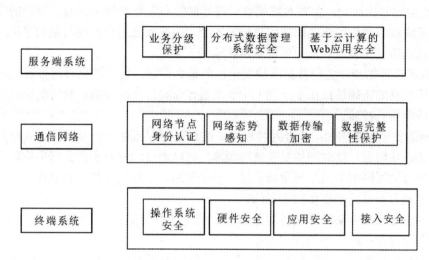

图 2-11　物联网安全防护策略框架

物联网感知层的终端数量规模非常庞大，造成大部分设备计算资源受限，设备类型多样化，如 RFID 芯片、传感器、摄像头、无人机、无人驾驶汽车、智能家电设备等。这些设备面对的安全威胁包括木马、间谍软件、劫持攻击等。综合考虑物联网终端本身及其所面临的安全威胁特点，物联网终端应用系统需要在以下几个方面进行安全防护，即硬件安全、接入安全、操作系统安全以及应用安全，从而确保感知层的终端安全。

(1) 硬件安全：物联网终端芯片内的系统程序、终端参数、用户数据的安全性，即相关数据不被泄露甚至篡改。可以采取的安全防护措施包括芯片的安全访问、计算环境安全、加入安全模块的安全芯片以及加密单元的安全等。

(2) 接入安全：包括终端入侵防护以及认证机制。入侵防护通过安全应用插件进行异常分析以及通信加密，防止终端被非法入侵，甚至通过该终端进行网络攻击；感知层的认证机制使用轻量级认证，保证合法用户接入，阻止非法用户接入。

(3) 操作系统安全：主要保证系统的安全性，即在系统的升级、调用过程中，通过对系统资源的监控及保护机制保证系统的可控性和安全性。

(4) 应用安全：主要保证终端的软件安全，不仅要保证终端已安装的软件的安全性，对于后续需要安装的软件也要判断来源，保证合法性和安全性。此外，对于终端中的预置应用软件也要确认其安全性，保证用户数据不被窃取、删除或者进行未经授权的修改。

目前，物联网中融合多种网络技术，如无线局域网、移动通信网、无线自组网等，因此物联网在通信网络的信号传输过程中面临异常复杂的安全问题，对于网络层的安全防护需要进行多重安全防护。由于感知层的大部分终端设备计算能力有限，传统的安全防护手段如防火墙、杀毒软件等并不适用，因此可以在网络层部署网络态势感知的安全防护策略。除此之外，还可以采取身份认证机制、数据完整性机制以及数据传输加密进行多方面的安全防护。具体防护措施如下：

(1) 网络节点身份认证：主要保证物联网通信网络中节点的安全性。通过关键网络节点对边缘感知节点的身份进行认证，通过身份机制保证接入节点的合法性，从而确保确信网络节点的安全性。

(2) 数据完整性保护：主要对终端数据进行加密和完整性保护。通过可靠的安全保障机制，保证终端和通信网络之间的信息传输安全，并在保证用户通信质量的基础上防止传输的信息被窃听甚至篡改，从而保证数据传输的安全性。

(3) 数据传输加密：实现数据传输安全性的最大保证。通过数据过滤以及认证等加密操作，保证数据的正确性；在安全性上主要通过设备指纹、时间戳、身份验证以及消息完整性等多维度进行校验。

(4) 网络安全态势感知：主要对物联网中的设备进行流量分析及跟踪，实时监控网络的安全攻击，从而进行物联网的安全风险预测。可以通过运营商进行公网中物联网设备的识别，并通过物联网中的网络流量特征进行设备检测，了解设备的运行状况，为物联网的安全风险治理及安全防护提供安全保障。

物联网服务端安全防护主要针对分布式数据管理系统安全、基于云计算的 Web 应用安全和业务分级保护等方面的安全问题。

(1) 分布式数据管理系统安全：主要保障网络中海量数据的存储、管理、分析过程中的安全性。物联网的联网设备规模庞大，涉及各行业的应用场景和海量的数据，在物联网中需要部署分布式、去中心化的数据管理系统，以满足相应的分布式安全需求。相关安全防护策略需要采用包括身份验证、数据加密、数据备份以及恢复机制等多维度防护。此外，还要保护系统运行环境的安全性，进行系统加固、漏洞检测以及修复、抗 DDoS 攻击、防止黑客攻击、异常行为检测等，采取多重安全防护措施，防止主机被攻击造成数据泄露甚至被篡改，从而引发一系列安全问题。

(2) 基于云计算的 Web 应用安全：主要减轻 Web 应用的安全隐患，保证 Web 应用的安全性。一般情况下，物联网应用业务相关系统都有基于云计算的应用，用户可以通过浏览器界面获取信息，该系统不仅提供数据的智能化处理还具备对设备的远程管理能力。此类 Web 应用同样存在安全隐患，典型的 Web 应用攻击包括 SQL 注入、命令行注入、DDoS 攻击、流量劫持、服务器漏洞利用等攻击方式。为了确保 Web 应用的安全，保障系统的稳定性，可以按照"事前防范、事中防御、事后响应"的原则，采取相关措施：按照业务不同的安全需求，制定安全标准规范以及安全防护和处理机制；妥善利用各种检测工具定期开展安全检查；不定期进行安全检测，如 Web 威胁扫描、系统漏洞查找、源代码渗透测试等；定期更新升级，保证系统运行稳定性；进行系统安全态势分析，如数据统计、分析等；软件安装，如病毒防护、通信监视等。

(3) 业务分级保护：主要根据物联网业务具体应用场景、涉及对象，对国家、社会及个人影响程度进行分级保护。随着物联网技术的快速发展，各领域都有广泛应用，如智能家居、智能交通、智能安防、智慧医疗和智慧农业等。不同领域虽然应用场景不同，但是人们对于领域内相关信息和数据的安全保护都非常关注。物联网的应用业务系统一旦被攻击，导致相关信息被窃取或者篡改，都会损害个人、社会以及国家的利益。在实际生产生活中，对于不同的物联网业务应用系统，对于涉及数据的安全性的防护要求也有所不同，因此对于各种应用业务及场景需要制定业务分级保护策略，根据不同级别的安全防护要求采取相应的安全防护措施。

从物联网三层架构，即感知层、网络层及应用层的角度考虑，基于物联网的安全防护需求，安全架构如图 2-12 所示。

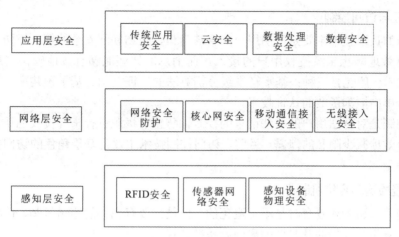

图 2-12　物联网安全架构

2.3.2　安全关键技术

物联网作为互联网的延伸，融合了多种网络的特点，因此物联网安全自然就会涉及各个网络的不同层次，而在这些网络中已经应用了多种与安全相关的技术。下面对这些安全技术进行梳理。

1. 数据处理与隐私保护

物联网的数据处理流程包括信息的采集、传输、存储、决策以及控制等，感知节点位于流程末端，因此涉及数据处理的整个流程。不过由于感知节点的资源受限，数据的挖掘和决策更多位于云端平台。物联网在整个数据处理流程中不仅需要关注感知层采集的数据安全，还需要关注信息在传输过程中的安全性、可靠性以及私密性。如何有效保障用户数据和隐私的安全是人们的关注重点。数据处理过程中涉及的隐私保护主要是用户位置的服务以及用户数据的隐私保护。位置隐私包括 RFID 用户位置隐私、传感器节点位置隐私以及物联网提供的基于位置服务中的位置隐私。

2. 密钥管理机制

密钥是指人们日常生产生活中应用的各种加密技术，能够实现对数据信息的有效保护。密钥管理是指在密钥的整个生命周期即从产生到销毁的过程中对密钥进行管理，包括加密、解密、破解等。密钥管理系统是实现物联网安全的基础，是实现感知信息隐私保护的重要手段。物联网的密钥管理需要解决无线传感网中的管理问题，如密钥的分配、更新以及组播问题。除此之外，由于物联网是多网络的融合，需要构建一个统一的密钥管理系统。在密钥管理系统中要保证密钥生成或更新算法的安全性、密钥的私密性及可扩展性、抗同谋攻击、源端认证性和新鲜性。

3. 安全路由协议

物联网的路由需要经过多类路由，包括基于 IP 地址的互联网路由协议、基于标识的移动通信网的路由算法、基于标识的传感网的路由算法，所以物联网的路由主要面临的问题就是多协议路由的融合问题以及传感网的安全路由问题。

4. 认证与访问控制

物联网的认证技术主要是证明用户的合法身份，是物联网安全的第一道防线，在此机制下能够有效地防止未经授权用户的接入。而消息的认证能够有效地确保信息的安全有效。认证技术一般包括三种：基于轻量级公钥算法的认证技术、基于预共享密钥的认证技术以及基于单向散列函数的认证技术。

访问控制是对合法用户的非法请求的控制，防止对资源进行未经授权的访问，从而通过该机制有效地减少隐私的泄露。目前，访问控制技术主要是基于角色的访问控制机制以及其扩展模型。

5. 入侵检测和容错机制

物联网系统遭到入侵有时是不可避免的，但是需要有完善的容错机制，确保在入侵或者非法攻击发生时，能够及时地隔离问题系统和恢复正常的功能。

6. 安全分析和交付机制

除了可以防止现有可见的安全威胁外，物联网系统应该能够预测未来的威胁，同时可以根据出现的问题对设备进行持续的更新和打补丁。

2.3.3 感知层安全机制

物联网感知层的终端设备类型多样，包括 RFID 芯片、传感器、网络摄像头和传感器网关等。感知层安全是物联网安全的重点，信息安全问题与传统网络安全区别较大。感知层的安全特征主要包括以下几个方面：

(1) 受限的资源：物联网的感知层节点的计算能力和存储空间有限，复杂的安全协议和算法并不适用。公钥安全体系是目前常用的认证体系，但一对公私钥的长度有几百字节，加上中间的计算空间，感知层节点并不足以提供足够的存储空间；同时，公钥密码对于计算能力的需求超过了感知节点的计算能力。因此，对于物联网来说，对称密钥算法并不适用。

(2) 后期节点位置未知：物联网的设备部署中，感知节点的分布具有随机性，在部署完成前，不能获取设备与设备之间的连接关系。

(3) 环境安全：物联网的感知设备很多都在户外，工作环境的稳定性和安全性无法保证，设备有可能会遭受物理破坏或被攻击者俘获，因此在物联网系统中需要对被恶意篡改的节点采取相应的措施，并解决该节点所引发的安全问题。

(4) 带宽能量有限：在物联网系统中，设备需要长时间在无人值守的环境下工作，在没有持续能量供给的情况下，需要考虑节能问题，即在安全协议和算法的选取上需要考虑通信开销的问题。

(5) 信息安全形式多样：传统的信息安全包括访问安全和传输安全。物联网在传统安全的基础上还需要具备判断功能。每个设备在和其他设备进行通信时，需要在对方设备可信的基础上保证信息的机密性。除此之外，还包括信任广播问题，如基站发布广播命令时，设备需要判别消息是否确实来自有广播权限的基站。

(6) 应用相关性：物联网在各行各业中都有应用，应用领域不同对于安全的要求也不同。例如：商用系统中更关注的是信息的保密性和完整性；军事领域中，在保障信息可靠性的基础上，更关注被攻击状态的抵抗力。因此，物联网系统在面对不同的应用场景时，需要在解决安全问题的过程中采取更加灵活多样的解决方式。

基于物联网感知层所面对的安全威胁，目前感知层采用的物联网安全保护机制主要包括物理安全机制、访问控制机制、认证授权机制、加密机制及密钥管理。

(1) 物理安全机制是指物联网的感知层设备通过 RFID 标签、二维码等技术进行目标识别。基于 RFID 标签的系统在各领域中应用更加广泛，但是常用的 RFID 标签成本低，安全性差，为了保障 RFID 安全，需要通过牺牲 RFID 标签的部分功能来实现安全控制。

(2) 访问控制机制的主要目的是阻止未授权的用户对感知层进行访问，保证合法用户对设备进行访问控制以及对设备信息采集进行访问控制，防止用户隐私数据的泄露。常见的访问控制机制包括强制访问控制、自主访问控制、基于角色的访问控制和基于属性的访问控制。

(3) 认证授权机制主要用来进行身份认证，在保证合法用户身份真实性的基础上，保证数据交互的有效性和真实性。该机制主要包括设备与设备间的身份认证授权管理以及设备对用户的认证授权管理。

(4) 为了 RFID 标签身份认证机制的成功运行，需要加密机制的保障。加密机制是对感知信息的隐私数据的保护，是所有安全机制的基础。密钥管理包括密钥的生成、密钥的分配、密钥的更新以及传播。

目前，物联网感知层主要是由 RFID 系统和传感器网络组成。下面主要从 RFID 安全和无线传感网络安全两个方面来阐述相应的物联网感知层安全防护机制。

1. RFID 安全

为了解决 RFID 系统的安全问题，需要保证数据的真实性、完整性、不可抵赖性以及实时性。真实性是指 RFID 标签和 RFID 读写器能认证数据发送者的真实身份，识别恶意节点；完整性是指保证接收的数据是没有被篡改或者伪造的，能够检验数据的有效性；不可抵赖性是指通信双方不能否认自身所发出的消息；实时性是指能够确保接收的数据的及时性。RFID 隐私威胁的根源是 RFID 标签的唯一性和标签数据的易获得性。为了防止隐私攻击，保证 RFID 的安全，需要注意以下几点：

(1) 保证 RFID 标签的 ID 匿名性。标签匿名性是指标签响应的消息不会暴露出有关标签身份的任何可用信息。加密是保护标签响应的方法之一。尽管标签的数据可被加密，但如果加密的数据在每轮协议中都固定，那么攻击者仍然能够通过唯一的标签标识分析出标签的身份，这是因为攻击者可以通过固定的加密数据来确定每一个标签。因此，使标签信息隐蔽是确保标签 ID 匿名的重要方法。

(2) 保证 RFID 标签的 ID 随机性。即便对标签 ID 信息进行加密，但是因为标签 ID 是固定的，所以未授权扫描也将侵害标签持有者的定位隐私。如果标签的 ID 为变量，标签每次输出都不同，那么隐私侵犯者不可能通过固定输出获得同一标签的信息，从而可以在一定范围内解决 ID 追踪问题和信息推断的隐私安全威胁问题。

(3) 保证 RFID 标签的前向安全性。RFID 标签的前向安全是指隐私侵犯者即便获得了标签内存储的加密信息，也不能通过回溯当前信息获得标签的历史数据。也就是说，隐私侵犯者不能通过联系当前数据和历史数据对标签进行分析，以获得消费者的隐私信息。

(4) 增强 RFID 标签的访问控制性。RFID 标签的访问控制是实现 RFID 标签隐私保护的重要手段之一。标签可以根据需要确定读取 RFID 标签数据的权限。通过访问控制，可以保证只有经过授权的 RFID 读写器才能获得 RFID 标签数据及相关隐私数据，避免未授权 RFID 读写器的扫描。

RFID 安全、隐私保护与成本是相互制约的，如何平衡安全、隐私保护、成本之间的关系是制定 RFID 安全技术方案时需要着重考虑的问题。现有的 RFID 安全和隐私保护技术可以分为两大类：一类是通过物理方法阻止标签与读写器通信的技术，即物理安全机制；另一类是通过逻辑方法增加标签安全机制的技术，即逻辑安全机制。RFID 的逻辑安全机制主要通过基于 Hash 函数的安全认证协议来实现。

2. RFID 的物理安全机制

通过无线技术手段进行 RFID 保护是一种物理性手段，可以阻挠 RFID 读写器获取标签数据，避免 RFID 标签数据被非法获取。无线隔离 RFID 标签的方法包括电磁屏蔽方法、无线干扰方法、可变天线方法、标签失效及类似机制等。

1) 电磁屏蔽方法

利用电磁屏蔽原理对无线电信号进行屏蔽，即将 RFID 标签置于由金属薄片制成的容器中，阻止标签和读写器之间的正常通信，从而使得读写器无法读取标签信息，标签也无法向读写器发送信息。法拉第网罩是由金属网或金属箔片(即很薄的金属片)构成的阻隔电磁信号穿透的容器，是最常使用的电磁屏蔽容器。添加法拉第网罩前，两个物体可产生电磁反应，但加了法拉第网罩后，外部电磁信号不能进入法拉第网罩，里面的磁波电信号也无法穿透出去。因此，法拉第网罩可以有效屏蔽电磁波，无论是外部信号还是内部信号，都将无法穿过。对被动标签来说，在没有收到查询信号的情况下就没有能量和动机来发送相应的响应信息；对主动标签来说，它的信号无法穿过法拉第网罩，因此也无法被攻击者携带的读写器接收。用法拉第网罩可以阻止攻击者通过扫描获取标签信息。这种方法还有一个缺点，就是在使用标签时需要把标签从法拉第网罩中取出，这就失去了使用 RFID 标签的便利性。而且采用法拉第网罩需要添加一个额外的物理设备，因此带来不便的同时，也增加了物联网系统设备的成本。另外，如果要提供广泛的物联网服务，不能总是让标签处于屏蔽状态中，而是需要在更多的时间内使标签能够与读写器处于自由通信的状态。

2) 无线干扰方法

无线干扰是另一种屏蔽标签的方法。标签用户可以通过一个能主动发出无线电干扰信号的设备使其附近的 RFID 读写器无法正常工作。这种方法的缺点在于可能会产生非法干扰，以致附近其他合法的物联网系统也会受到干扰，更严重的是它可能阻断附近其他使用无线电信号的系统，使其不能正常工作。

3) 可变天线方法

通过改变标签的天线长度，从而改变标签的读取距离。利用 RFID 标签物理结构上的特点，IBM 公司推出了可分离的 RFID 标签。该机制的基本设计理念是对无源标签上的天线和芯片进行拆分,主要是通过可分离设计使用户能够方便地改变标签的天线长度。天线长度缩短后可以极大缩减标签的读取距离,因此,为了读取该标签的信息,读写器设备必须距离标签非常近。也就是说,读写器设备在没有用户授权的情况下无法远程获取信息。天线拆分为多段后,标签可以正常运行,不会影响正常的识别功能。但是,可分离标签的制作成本比较高,标签制造的可行性有待进一步研究。

4) 标签失效及类似机制

通过移除或者毁坏标签的方法可以防止标签数据被非法获取,对于内置不便移除的标签,可以采用 Kill 命令机制。Kill 命令机制由标准化组织自动识别中心提出,采用的是从物理上销毁 RFID 标签的方法。一旦对标签实施了(Kill)销毁命令,RFID 标签将永久作废,无法再发射和接收数据,因此读写器无法再对销毁后的标签进行查询和发布指令。为防止标签被非法销毁,一般都需要口令认证。这种牺牲 RFID 电子标签功能以及后续服务的方法可以一定程度上阻止扫描和追踪,但是电子标签被销毁后将不再有任何应答,很难检测是否真正对标签实施了 Kill 操作。因此,Kill 标签并非是一个有效检测和阻止标签扫描与追踪的防止隐私泄露技术。如果标签中没有 Kill 命令,还可以利用高强度的电场在芯片中形成高强度电流,从而烧毁芯片或者烧断天线。该安全机制为了实现 RFID 的安全与隐私保护,牺牲了 RFID 标签的部分功能。

虽然上述方法在一定程度上可以达到 RFID 标签安全防护的目的,但是由于其他约束条件如成本、法律要求等,物理安全机制仍存在不足,需要进一步改进。

3. RFID 的逻辑安全机制

RFID 的逻辑安全机制主要包括改变唯一性方法、隐藏信息方法和同步方法。

1) 改变唯一性方法

RFID 标签的输出信息具有唯一性,标签在每次响应 RFID 读写器的请求时,都会返回不同的 RFID 序列号。因此,改变唯一性是指改变 RFID 标签输出信息的唯一性。由于 RFID 标签每次返回的序列号都相同,攻击者很容易基于此发动跟踪攻击或者罗列攻击,因此解决 RFID 隐私安全问题的一个方法就是改变序列号的唯一性。可以通过不同的技术方法来改变 RFID 标签数据。根据所采用技术的不同,主要方法分为两类:一类是基于标签重命名的方法,另一类是基于密码学的方法。

(1) 基于标签重命名的方法是指改变 RFID 标签响应读写器请求的方式,每次返回一个不同的序列号。商品被购买后,可以通过去掉商品标签的序列号保留其他信息的方式,也可以采用为标签重新写入一个序列号的方式进行安全防护。因为商品的序列号发生了改变,所以攻击者无法通过简单的攻击来破坏隐私性。但是,采取该方法也会引入新的问题,即需要引入其他技术手段来解决序列号改变后带来的售后服务等问题。

基于标签重命名的方法可以让顾客暂时更改标签 ID:当标签处于公共状态时,存储在芯片只读存储器里的 ID 可以被读写器读取;当顾客想要隐藏 ID 信息时,可以在芯片的随机存取存储器中输入一个临时 ID;当随机存取存储器中存储有临时 ID 时,标签会利用这个临时 ID 回复读写器的询问;只有把随机存取存储器重置,标签才会显示其真实 ID。这个方法给顾客使用 RFID 技术带来了额外的负担,同时临时 ID 的更改也存在潜在的安全问题。

(2) 基于密码学的方法是指通过加解密等方法来确保 RFID 标签序列号不被攻击者非法读取。采用加密算法(包括对称加密和非对称加密)对通信双方传输的信息进行加密，由于一般攻击者不知道密钥，因此能够保证数据的安全性。在通信双方进行通信的过程中进行加密认证，也可以避免攻击者非法获取数据。密码相关技术可以保护 RFID 系统的机密性、真实性和完整性，可以实现隐私保护，在任何标签上都可以实施。但是，完善的密码学机制对于计算能力要求较高，因此需要平衡其与功耗和成本之间的关系。

RFID 密码相关技术很多，方法不同，安全需求和性能也有所不同。最典型的密码学方法是利用 Hash 函数给 RFID 标签加锁。哈希锁(Hash-Lock)是由麻省理工学院和 Auto-ID Center 在 2003 年共同提出的，是一种抵制标签未授权访问的隐私增强型协议。该协议通过单向密码学 Hash 函数来实现访问控制，机制简单，成本较低。

在初始化阶段，每个标签有一个 ID 值，读写器生成一个随机密钥 Key，计算 metaID，metaID 是 Key 的 Hash 函数，读写器把 ID 和 metaID 存储在标签中，后端数据库存储每一个标签的密钥 Key、metaID 和 ID。该方法使用 metaID 来代替标签的真实 ID，当标签处于封锁状态时，它将拒绝显示电子编码信息，只返回使用 Hash 函数产生的散列值。只有发送正确的密钥或电子编码信息时，标签才会在利用 Hash 函数确认后解锁。因此使用哈希锁机制的标签有两种状态，即锁定和非锁定。在锁定状态下，标签使用 metaID 响应所有的查询；在非锁定状态下，标签向读写器提供自己的标识信息。哈希锁协议认证过程如图 2-13 所示。

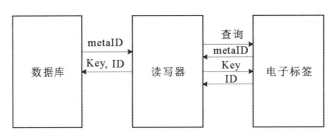

图 2-13　哈希锁协议认证过程

当读写器需要读写电子标签中的信息时，先发送查询请求，电子标签会响应一个metaID，然后将 metaID 经读写器返回到数据库；数据库会查找与 metaID 对应的 Key 和 ID，并将 Key 发送给电子标签；电子标签将接收的 Key 值进行 Hash 函数取值，然后与自身存储的 metaID 进行比较，判断是否一致，如果一致标签就将真实的 ID 发送给读写器开始认证，如果不一致那么说明认证失败。

由于这种方法较为直接和经济，因此受到了普遍关注。该协议的优点是在认证过程中使用对真实 ID 加密后的 metaID，但是由于协议采用静态 ID 机制，metaID 保持不变，且 ID 以明文形式在不安全的信道中传输，因此非常容易被攻击者窃取，不利于防御信息跟踪威胁。攻击者可以通过计算或者记录(metaID，Key，ID)这一组合，假冒合法的读写器或者标签与其他合法的读写器或标签进行信息交互，实施欺骗。由此可知，哈希锁协议并不安全，因此出现了各种改进的算法，如随机哈希锁(Randomized Hash Lock)、哈希链(Hash Chain Scheme)协议等。

Weiss 等人对 Hash-Lock 协议进行了改进，提出了随机哈希锁，采用基于随机数的询问—应答机制。随机哈希锁协议认证过程如图 2-14 所示。

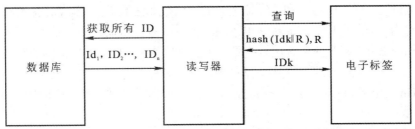

图 2-14　随机哈希锁协议认证过程

电子标签内存储了标签 ID 与一个随机数产生程序，电子标签收到读写器的认证请求后将(hash(ID$_k$ ‖ R)，R)一起发给读写器，R 由随机数程序生成。在收到电子标签发送来的数据后，读写器请求获得数据库所有的标签 ID$_j$(1≤j≤n)，于是读写器计算是否有一个 ID$_j$ 满足 hash(ID$_j$ ‖ R) = hash(ID$_k$ ‖ R)，如果有将 ID$_j$ 发给电子标签，电子标签收到 ID$_j$ 后与自身存储的 ID$_k$ 进行对比作出判断，确定是否解锁。

该协议利用随机数，因此电子标签相应每次都随之变化，实现标签的隐私保护，完成了读写器对电子标签的认证，同时也不需要进行密钥管理。但是，电子标签需要增加 Hash 函数和随机数模块，意味着功耗和成本的增加。对于标签数量多的应用，由于需要对所有标签都进行 Hash 计算，因此要求较高的计算能力。该协议无法防御重放攻击，且在读写器将 IDk 返回给电子标签时，存在电子标签数据泄露的风险。

由于以上两种协议的不安全性，okubo 等人又提出了哈希链协议。哈希链协议是基于密钥共享的询问—应答安全协议。与前两个协议不同的是，该协议通过两个 Hash 函数 H 与 G 来实现，H 的作用是更新密钥和产生秘密值链，G 用来产生响应。每次认证时，标签会自动更新密钥，并且电子标签和后台应用系统预先共享一个初始密钥 kt，1。哈希链协议第 j 次认证过程如图 2-15 所示。

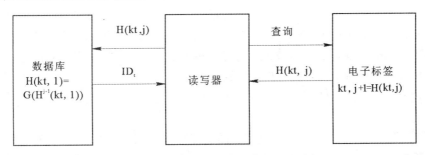

图 2-15　哈希链协议第 j 次协议认证过程

标签在收到读写器的读写请求后，利用 H 函数加密密钥 kt，j(即 H(kt，j)并发送给读写器，同时更新当前的密码值 kt，j+1 = H(kt，j)；读写器收到电子标签发送来的 H(kt，j)后转发给后台应用系统；后台应用系统查找数据库存储的所有标签，计算是否有某个标签的 ID$_t$ 使得 H(kt，1) = G(H^{j-1}(kt，1))，若有则认证通过，并把 ID$_t$ 发送给电子标签，否则认证失败。

综上所述，每一次标签认证时，都要对标签的 ID 进行更新，从而增加了安全性，但是这样也增加了协议的计算量，成本也相应地增加；同时哈希链协议是一个单向认证协议，还是不能避免受到重放攻击和假冒攻击。因此，哈希链协议也不算一个完美的安全协议。

通过公钥密码体制实现重加密(Re-encryption)，即对已加密的信息进行周期性再加密的方法，可以防止 RFID 标签和读写器之间的通信被非法监听，可以加快标签和读写器间传递的加密 ID 信息变化，因此标签电子编码信息很难被窃取，非法跟踪也很困难。但是使用公钥加密 RFID 标签的机制比较少见，主要是因为 RFID 标签资源的有限性。

技术的不断发展，也涌现了一些新的 RFID 隐私保护方法，如基于物理不可克隆函数(Physical Unclonable Function，PUF)的方法、基于掩码的方法、基于策略的方法和基于中间件的方法。

从安全的角度来看，基于密码学的方法可以从根本上解决 RFID 隐私问题，但是由于成本和体积的限制，在普通 RFID 标签上几乎难以实现典型的加密方法(如数据加密标准算法)。因此，基于密码学的方法虽然具有较强的安全性，但给成本等带来了巨大的挑战。

2) 隐藏信息方法

隐藏 RFID 标签也是为了防止标签信息被窃取，主要是指通过某种保护手段，避免 RFID 标签数据被读写器获得，或者阻挠读写器获取标签数据。隐藏 RFID 标签的技术包括基于代理的技术、基于距离测量的技术、基于阻塞的技术等。

(1) 基于代理的 RFID 标签隐藏技术：需要借助一个第三方代理设备(如 RFID 读写器)进行电子标签和读写器之间信息交互，被保护的 RFID 标签与读写器之间的数据交互不直接进行，当非法读写器试图获得标签的数据时，实际的响应是由第三方代理设备发送的。由于代理设备功能比一般的标签强大，因此可以实现加密、认证等很多在标签上无法实现的功能，从而增强隐私保护。基于代理的方法可以实现 RFID 标签的隐私保护，但是需要额外的设备，增加了成本，实现起来相对复杂。

(2) 基于距离测量的 RFID 标签隐藏技术：RFID 标签测量自己与读写器之间的距离，并依据距离的不同而返回不同的标签数据。一般情况下，攻击者为了隐藏自己的攻击意图，与被攻击者之间会保持一定的距离，而合法用户(如用户自己)可以近距离获取 RFID 标签数据。因此，如果标签可以知道自己与读写器之间的距离，则可以根据距离的远近来判断攻击意图的大小。对于距离较远的读写器可以返回一些无关紧要的数据；如果收到近距离的读写器的请求时，则返回正常数据。通过这种方法，可以达到隐藏 RFID 标签的目的。基于距离测量的标签隐藏技术对 RFID 标签要求较高，对于标签与读写器之间距离的精确测量也比较困难。除此之外，如何选择合适的距离作为评判读写器和非法的标准，是一个非常复杂的问题。

(3) 基于阻塞的 RFID 标签隐藏技术：通过某种技术，阻碍 RFID 读写器对标签数据进行访问。阻塞方法的实现可以通过软件或者通过一个 RFID 设备来进行；也可以通过发送主动干扰信号的方式来阻碍读写器获得 RFID 标签数据。与基于代理的 RFID 标签隐藏技术相似，基于阻塞的 RFID 标签隐藏技术成本高，实现复杂，而且如何识别读写器的合法性和非法性也是一个难题。

3) 同步方法

读写器可以将标签所有的可能回复(表示为一系列的状态)预先进行计算，将计算结果存储到后台的数据库中，在收到标签的回复时，读写器可以直接从后台数据库中查找和匹配，进行标签的快速认证。上述方法有个前提条件，即读写器在这个过程中需要知道标签所有的可能状态，要和标签保持状态同步，从而保证对于标签的回复可以根据其状态预先进行计算和存储，因此这种方法被称为同步方法。同步方法的缺点是攻击者可以通过破坏同步方法的基本条件进行攻击，攻击者可以攻击一个标签任意多次，使标签和读写器失去彼此的同步状态。也就是说，攻击者可以变相地"杀死"某个标签或者让这个标签的行为与没有受到攻击的标签不同，从而识别这个标签并实施跟踪。同步方法还存在另一个问题，由于该方法中标签的回复可以预先计算并存储，然后进行匹配，过程与回放的方法相同，因此攻击者将记录标签的一些回复信息数据回放给第三方，可以欺骗第三方读写器，以致读写器容易受到攻击。

4. RFID 的综合安全机制

在 RFID 的安全防护中，也可以将 RFID 的物理安全与逻辑安全相结合，即采用综合安全机制，该机制主要改变 RFID 标签关联性。

改变 RFID 标签与具体目标的关联性，就是取消 RFID 标签与其所属依附物品之间的联系。用户在购买带有 RFID 标签的钱包后，该 RFID 标签与钱包之间就建立了某种联系，如果要改变两者的关联性，那么必须取消两者之间已经建立的关联(如将 RFID 标签丢弃)，这可以采用技术手段，也可以采用非技术手段来实现。例如，丢弃、销毁和睡眠等方式可以改变 RFID 标签与具体目标的关联性。

1) 丢弃

丢弃不涉及技术手段，是指将 RFID 标签从物品上取下来后遗弃，方式简单易行。但是丢弃的方法存在以下问题：① 退货、换货、维修、售后服务等方面都可能会面临风险。因为采用 RFID 技术的目的不仅是销售，还包含售后、维修等环节，如果丢弃 RFID 标签，相当于丢弃了凭证，所以在售后服务方面会存在一些问题。② 隐私泄露。由于丢弃后的 RFID 标签可能会面临垃圾收集威胁，因此有可能存在隐私泄露的问题。③ 环保问题。如果处理不当，RFID 标签的丢弃会带来环保等问题。

2) 销毁

销毁是指让 RFID 标签进入永久失效状态，可以是 RFID 标签的电路毁坏，也可以是 RFID 标签的数据销毁。如果 RFID 标签的电路被破坏，该标签将无法向 RFID 读写器返回数据，此外，即便对其进行物理分析也可能无法获得相关数据。销毁一般需要借助特定的设备并采用技术手段来实现，有一定的技术门槛，对普通用户而言存在困难，实现难度较大。销毁与丢弃相比，由于标签已经无法继续使用，因此不存在垃圾收集等威胁。但在标签被销毁后，也会面临售后服务等问题。

销毁命令机制(即 Kill 命令控制)是一种从物理上毁坏标签的方法。RFID 标准设计模式中包含销毁命令，执行销毁命令后，标签所有的功能都将丧失，从而使其不会响应攻击者的扫描行为，进而防止攻击者对标签以及标签的携带者进行跟踪。用户在超市购买完商品后，可以在读写器上获取标签的信息且后台数据库进行认证操作之后，销毁消费者所购买的商品上的标签从而保护消费者隐私。销毁标签可以完全防止攻击者的扫描和跟踪，但是这种方法也破坏了 RFID 标签的功能，无法让消费者继续享受以 RFID 标签为基础的物联网服务。如果售出的商品的标签信息无法被识别，那么对于该商品无法进行售后服务以及相关的其他服务项目。除此之外，如果销毁命令的识别序列号(PIN)泄露，攻击者可以使用这个 PIN 来销毁超市中商品上的 RFID 标签，在无法察觉的情况下带走对应的所有商品。

3）睡眠

睡眠是指通过技术或非技术手段让标签进入暂时失效状态，当需要的时候可以重新激活标签。这种方法优点显著，避免了售后服务等需要借助于 RFID 标签的问题，需要的时候可以重新激活标签，而且也不存在垃圾收集威胁和环保等问题。但与销毁一样，标签睡眠需要借助于专业人员和专业设备才能实现。

5. 传感器网络安全

为了保证传感器网络的安全，需要在以下几个方面进行安全防护。

1）信息加密

对传感器网络中传感器节点与节点之间传输的信息进行加密，即使信息被攻击者窃听或者非法获取，由于信息不是明文传输，因此攻击者也无法获得真实信息。

2）数据校验

为确保数据的完整性，对接收方接收的数据进行校验，并通过检测判断数据在传输过程中是否有丢失或者被篡改的情况。数据校验不仅能够保证数据的完整性，还能够防御重放攻击和拒绝服务攻击，能够在虚假数据内检测出真实的数据。

3）身份认证

身份认证是指对用户身份进行确认，主要是为了保证通信方的真实性，因此需要对数据的发送方、接收方或者通信双方进行认证。如在日常生活中，一般需要通过检查对方的证件进行身份确认。身份认证能够确保数据的来源的真实性，防御伪造节点的攻击，拒绝为伪造节点提供服务，同时也能防御对接收端的拒绝服务攻击。

4）扩频与跳频

由于固定的无线信道带宽受限，当网络中同时有多个节点进行传输时，容易产生延迟及冲突；且由于信道固定，容易被攻击者发现通信的信道，从而通过非法手段获取信道中传输的信息。扩频与跳频是指利用整个带宽(频谱)并将其分割为更小的子通道，发送方和接收方在每个通道上工作一段时间后转移到另一个通道。如果在通信中使用扩频或者调频技术，虽然双方节点通信时使用频率单一，但是每次通信都是使用不同的通信频率，此时其他节点可以使用另一频率进行通信。因此通过该技术的使用，在同一时间允许更多节点进行通信，以减少延迟及冲突。由于每次通信使用不同信道，可以防御攻击者对通信信道窃听或者进行数据截取，因此保证了通信数据的安全性。在扩频与跳频技术中，使用的是说前先听(Listen Before Talk，LBT)机制，该机制的工作原理是在某个信道(频率)上发送数据前先监听这个信道，如果有其他节点已经使用该信道进行数据传输，就监听下个频率。通过 LBT 机制，可以减少通信网络中数据传输时的干扰，并合理利用通信信道资源，保证数据传输的有效性；也可以降低通信数据流分析的攻击，还可以防御攻击者的无线干扰的攻击。

5）安全路由

传统路由技术的考虑因素包括路由的效率以及节能需求，对于路由的安全需求考虑不是很多。在传感器网络中，节点之间的通信、节点和网关之间的通信等都涉及路由技术，因此在传感器网络中需要充分考虑路由安全，防止节点或者网关数据被泄露，防御恶意节点、基站的攻击以及防止恶意数据入侵。

6）入侵检测

简单的安全技术对于外来节点的入侵能够进行有效识别，但是对于内部被捕获节点来说，其行为和正常节点并无区别，即加密解密相同、认证以及路由机制相同，因此被捕获节点的入侵很难被有效识别。对于传感器网络的入侵检测的安全防护，需要对外来节点和内部被捕获节点都能进行有效识别，防止出现由于恶意节点攻击而引起网络瘫痪的风险。

2.3.4　网络层安全体系

物联网的网络层主要负责信息数据的安全传输，它具有信息存储、信息管理和信息查询等功能，通常依靠互联网、小型局域网、移动通信网等各种网络作为承载网络进行信息传输。可以采用杀毒软件、设置防火墙等技术增强网络环境的安全性，确保数据在网络环境中的安全传输。

物联网的网络层除了具有传统 TCP/IP 网络安全问题外，也存在与现有网络安全不同的安全问题。其安全特征主要体现在以下几个方面：

（1）技术模式特殊性：物联网是移动通信网络和互联网的延伸，但无法直接套用互联网的技术模式，主要是由于物联网应用场景呈多样化，并且相应的网络安全要求和服务也有所差别，需要按照不同的业务应用制定安全防护机制。

（2）异构网络安全问题：物联网的网络层不仅需要面对 TCP/IP 网络所有的安全问题，而且由于感知层数据来源的多样性，所面临的安全问题更加复杂。物联网的感知层的感知节点规模庞大，设备类型呈多样化，因此所采集的数据格式也存在多样化的特点。所以，网络层需要面对庞大且多源的异构数据所带来的安全问题，相关网络接入技术、网路架构、异构网络融合技术等也需要符合物联网的业务特征。

（3）保证数据实时性、可靠性，安全性：物联网网络层要求数据的实时性、可靠性以及安全性。物联网对于数据实时性、安全可信性以及资源保证性等都有较高要求；对于物联网在智能交通领域的应用，必须保证物联网的稳定性；在医疗领域的应用，要防止由于物联网的误操作威胁患者的生命，因此对网络的可靠性要求极高；此外，也需要对患者的个人隐私予以保护。物联网的大部分应用场景都会涉及个人隐私或者企业内部机密，因此，物联网网络层需要具备安全防护机制防范网络攻击，以保护数据的安全性。

基于物联网网络层的构成，安全防护机制包括网络安全体系构建、统一平台搭建、安全应用与保障机制、安全接入机制以及应用访问控制机制。构建一个多网络融合的安全体系结构，如物联网与互联网、移动通信网络的融合，在体系构建过程中需要考虑网络体系架构、网络安全、信息安全、加密机制、安全分级管理体制、网络入侵检测、鉴权认证以及安全管控等；搭建物联网网络安全统一平台进行安全防护，主要包括终端的安全管控、访问控制、终端态势监控等；建立物联网的网络安全接入以及访问控制机制，保证物联网多样化的终端产品安全接入。

1. 移动通信接入安全

移动通信系统的网络安全威胁主要来自网络协议及系统的弱点或漏洞：攻击者通过窃

听、伪装、浏览等进行未经授权的访问；攻击者对敏感数据进行非授权操作，如消息被入侵者故意篡改、删除、插入等；滥用网络服务、干扰正常业务使合法用户无法得到服务或者服务可用性降低，从而使网络资源受到损失，损伤合法用户利益；用户或者网络拒绝承认已经执行过的行为或动作。要保证移动通信系统的安全性，需要关注数据的安全性，对通信实体进行身份认证。主要从以下三方面保障移动通信的接入安全：

1) 终端接入认证技术

终端接入认证是指从终端着手，通过管理员指定的安全策略，对接入网络的主机进行安全性检测，拒绝不安全的主机接入网络直到符合网络内的安全策略为止。目前具有代表性的技术包括以下几种：网络接入控制 (Network Access Control，NAC)技术，网络接入保护 (Network Access Protection，NAP)技术以及可信网络连接 (Trusted Network Connect，TNC)技术等。一般情况下，网络接入设备采用 NAC 技术，客户端采用 NAP 技术，TNC主要解决可信接入的问题。

NAC 技术是思科公司 2003 年提出的概念，是思科产业级协同研究成果，可以协助保证每一个终端在进入网络前均符合网络安全策略。NAC 技术可以提供保证端点设备在接入网络前完全遵循本地网络内需要的安全策略，并可保证不符合安全策略的设备无法接入该网络但设置可补救的隔离区供端点修正网络策略，或者限制其可访问的资源。NAP 技术由微软公司提出，是为微软下一代操作系统 Vista 和 Windows Server Longhorn 设计的新的一套操作系统组件，它可以在访问私有网络时提供系统平台健康校验。NAP 平台提供了一套完整性校验的方法来判断接入网络的客户端的健康状态，对不符合健康策略需求的客户端限制其网络访问权限。NAC 和 NAP 的优势在于其背后拥有思科、微软这样的网络与操作系统的巨头，NAC 在 2004 年推向市场，而 NAP 则于 2006 年年底随微软的 Vista 操作系统一起推向市场。TNC 由可信计算组织 TCG 于 2004 年提出，主要是为了端点准入强制策略开发一个对所有开发商开放的架构规范，保证各个开发商端点准入产品的可互操作性。TNC 的优势在于其开放性，TCG 组织的成员都可以对其提出自己的意见，并且由于技术的开放，国内厂商也可以自主研发相关产品，并拥有自主知识产权。

2) 接入认证体系

为了全面保证终端的接入安全，需要从多个层面来考虑，建立基于多层防护的接入认证体系，即通过网络准入、应用准入、客户准入等多个层面的准入控制来保证接入终端的合法性以及安全性。

3) 接入认证技术的标准化

微软公司选择 DHCP 及 RADIUS 协议来实现准入控制，思科公司和华为公司选择 EAP协议、RADIUS 协议以及 802.1x 协议实现准入控制。

2. 无线接入安全

无线局域网的特点是信道开放，因此面临更多的信息安全风险，如窃听、未经授权使用网络服务、地址欺骗及信息拦截等。基于无线局域网的安全技术包括以下几个方面：

1) 物理地址过滤

每个无线客户端网卡都有一个唯一的48位的MAC地址,可在无线局域网的AP(Access Point)中手动维护一组允许访问的 MAC 地址列表，实现基于物理地址的过滤。随着终端数量的增加，效率会降低，且非法用户可以通过网络侦听获取合法的 MAC 地址表；基于 MAC 地址的可修改性，非法用户还可以通过盗用合法用户的 MAC 地址来达到非法接入的目的。

2) 服务区标识符匹配

无线客户端必须设置与无线访问点 AP 相同的服务区标识符 SSID，才能获取访问 AP 的权限；可以通过设置 SSID 对用户群体进行分组，从而避免任意漫游带来的安全和访问性能问题；此外，还可以通过设置隐藏的接入点(AP)及 SSID 区域的划分和权限控制进行保密，SSID 相当于口令，可以通过口令认证机制来实现安全性。

3) 有线对等保密

有线对等保密(WEP)机制对客户和接入点(AP)之间传输的数据进行加密和认证，加密被用于提供封闭式有线媒体的机密性，认证被用于代替媒体的物理连接。WEP 使用的是对称密钥加密算法和 RC4 序列密码体制，对移动单元和基站之间的无线网络连接通信进行加密。WEP 加密过程中使用 40 位的密钥与一个 24 位的初始矢量(IV)连接，成为一个 64 位密钥。64 位密钥作为伪随机数发生器 PRNG 的输入(该发生器由 RC4 生成)，PRNG 的输出是一个伪随机密钥序列，通过按位异或进行数据加密。WEP 的完整性校验是基于 CRC32 的校验和，CRC32 作用于明文产生完整性校验值 ICV。最终得到的加密字节的长度是被传输的数据字节长度加上 4 个字节，密钥序列不仅保护明文数据，也保护完整性校验值 ICV。该机制可以阻止非授权的数据篡改。WEP 加密封装如图 2-16 所示。

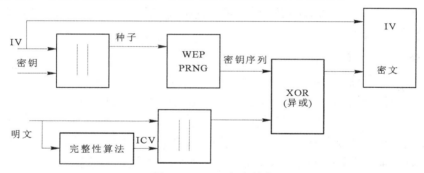

图 2-16　WEP 加密封装

4) WAPI 安全机制

WAPI 是我国自主研发的无线局域网安全机制，由 WAI(WLAN Authentication Infrastructure)和 WPI(WLAN Privacy Infrastructure)组成。通过 WAPI 安全机制可以实现用户身份鉴别和传输数据的加密。WAI 采用公钥密码体制，利用证书对客户端和接入点进行认证，认证机制包括无线用户和接入点的双向认证，身份凭证是基于公钥密码体制的公钥数字证书，算法采用的是椭圆曲线签名算法。WAPI 安全机制采用集中式或者分布式认证管理，证书管理与分发机制灵活性强，认证过程简单；客户端支持多证书，实现用户多处使用，保证漫游功能；认证服务单元易于扩展，用户可以进行异地接入。WPI 采用分组密码算法 SM4 实现数据的传输机密性保护，对 MAC 层数据进行加密和解密。

5) IEEE802.11i 安全机制

IEEE802.11i 是 IEEE802 工作组在 2004 年发布的新一代安全标准，该协议增强了

WLAN 中身份认证和接入控制的能力,增加了密钥管理机制,可以实现密钥的导出、动态协商及更新等,从而提高了安全性。IEEE802.11i 提出了两种加密机制:TKIP 协议与 CCMP 机制。TKIP 协议是一种临时可选方案,兼容 WEP 设备,在硬件设备不更新时升级到 IEEE802.11i。CCMP 机制废除了 WEP,使用 AES 加密算法保证数据传输的安全性,但是 AES 对硬件的要求高,CCMP 需要更换现有的硬件设备。CCMP 是 IEEE802.11i 的关键技术,新的 WLAN 产品采用 CCMP 来保证网络的安全。

3. 核心网安全

物联网的核心网要保证网络设备上的资源的安全性,以及网络上传输的信息的机密性和完整性,并对网络流量进行监督,对异常网络流量进行管控。物联网网络层的核心网面临的安全威胁包括:① DDOS 攻击。核心网的信息量非常庞大,容易导致网络拥塞,DDoS 攻击是网络层最常见的攻击手段。② 异构网络认证。由于网络层存在不同架构的网络,因此存在不同网络之间的互联互通问题,需要解决跨网络认证(其中涉及密钥及认证机制的一致性以及兼容性),从而抵抗中间人攻击、合谋攻击等。③ 信任机制。由于物联网中的网络拓扑并不完全固定,节点之间的通信关系会发生变化,因此信任管理相对比较复杂,同时也会面临虚拟节点或者虚拟路由的攻击。

物联网的核心网以 TCP/IP 协议为基础,IP 提供了互联跨越多个网络中断系统的能力,是网际互联的核心,因此在该层加入安全机制是保证网络安全通信的重要手段。IPSec 是 IP 层的安全机制,功能包括鉴别、机密性和密钥管理。鉴别机制能够保证分组在传输过程中未被篡改,并保证分组来源的真实性;机密性机制实现报文的加密;密钥管理机制主要实现密钥的安全交换。

1) IPSec 安全协议

IPSec 实现了网络层的加密和认证,提供了端到端的解决方案,即对每个 IP 分组都进行单独鉴别,对所有 IP 流进行加密保护,对终端用户透明。由于 IPSec 位于传输层之下,因此在防火墙、路由器或是用户终端系统上实现 IPSec 时,并不会改变应用程序。

IPSec 使用两个协议在 IP 层提供安全服务:鉴别协议和加密/鉴别混合协议。鉴别协议由协议的首部即鉴别首部(AH)指明,而加密/鉴别混合协议由协议的分组协议即封装安全有效载荷(ESP)指明。IPSec 能实现访问控制、无连接的完整性、数据源的鉴别、拒绝重放的分组和机密性。每对使用 IPSec 的主机在两者之间建立安全关联(SA),包括使用的保护类型、使用的密钥及 SA 的有效期。IPSec 支持传输模式和隧道模式。传输模式主要用于两个主机之间的端到端通信,为上层协议提供保护,即 IP 分组的有效载荷,如 TCP、UDP 等。AH 和 ESP 都支持传输模式,其中 ESP 对 IP 有效载荷加密且鉴别可选,AH 对 IP 有效载荷和 IP 首部的精选部分进行鉴别。隧道模式对整个 IP 分组实现保护,AH 和 ESP 都支持该模式。AH 和 ESP 字段加入 IP 分组后,分组加上安全字段作为带有新的输出 IP 首部的新的 IP 分组的有效载荷。ESP 对整个内部 IP 分组进行加密可选的鉴别,而 AH 对整个内部 IP 分组和外部首部的精选部分进行鉴别。

2) 6LoWPAN 安全

随着物联网的构建,海量的设备需要连入网络,然而目前互联网的 IPv4 地址已耗尽,IPv6 将成为网络地址方案的首选。物联网感知层节点使用 IEEE802.15.4 协议等于其他 IP

设备实现通信，物联网网关需要使用 IP 协议作为网络层协议。为了让 IPv6 协议在 IEEE802.15.4 协议上工作，以便 MAC 和网络层之间进行连接，提出了网络适配层 6LoWPAN(IPv6 over Low-Power Wireless Personal Area Network)，从而实现包头压缩、分片、重组、网状路由转发等。

6LoWPAN 在 IEEE802.15.4 的 MAC 层上构建 IPv6 协议栈，使得物联网连接到运行 IPv6 的 Internet，并通过双协议栈网关来实现 IPv6 网络与物联网感知节点组成的网络之间的通信。6LoWPAN 安全包括以下几种：

(1) MAC 层安全：必须保证终端节点和数据汇聚点间的安全性。在 MAC 层引入访问控制、MAC 帧加密解密、帧完整性验证、身份认证等安全机制，从而实现点到点之间的安全通信。

(2) 适配层安全：适配层可能存在的安全问题包括分片与重组攻击、报头压缩攻击(如错误的压缩、拒绝服务攻击)、轻量级组播安全及路由安全等。分片与重组可能出现 IP 包碎片攻击，并有可能引起 DOS 攻击和重播攻击；而应对 IP 包碎片攻击的一种方式是在 6LoWPAN 适配层增加时间戳(Timestamp)和现时(Nonce)选项，以保证收到的数据包是最新的。

(3) 网络层安全：在网络层采用高级加密标准 AES 和 CTR 模式加密及 CBC-MAC 验证等对称加密算法对大容量数据进行加密。

(4) 应用层安全：为 6LoWPAN 网络提供安全支持，包括密钥建立、密钥传输及管理等，实现对下层安全服务的某些参数的控制。

3) 防火墙

防火墙是一种访问控制机制，是设置在不同网络间的安全部件的组合。该组部件具有以下特征：双向通信通过防火墙；防火墙并不影响信息的交互；只有本身安全策略授权的通信信息才能够通过。防火墙是不同网络之间信息的唯一出入口，通过防火墙可以确定哪些内部服务对外开放，哪些外部服务对内开放。通过检测、限制、更改跨越防火墙的数据流，对外部屏蔽网络内部状况，对内部强化设备监管，控制对服务器和外网进行访问，在内部网络和外部网络之间构成屏障，从而防止破坏性的侵入。防火墙可以保护本地系统或网络免受外部网络的安全威胁，安全有效地实现对外界的访问。通过防火墙可以实现服务控制、方向控制、用户控制及行为控制。服务控制是基于 IP 地址和 TCP 端口号对通信信息进行过滤的服务，确定可以访问的服务类型；方向控制提供特定服务的方向流控制，可以确定特定的服务请求被允许流动的方向；用户控制是用户的认证机制，包括内部用户和外部用户，根据用户试图访问的服务来控制访问；行为控制是对特定服务的使用方式进行控制，如通过过滤电子邮件来消除垃圾邮件。

2.3.5　应用层安全防护

物联网涉及多网融合、多业务场景应用。从应用层的角度来看，可以把物联网看作是一个融合了多种通信网络、互联网，以提高物理世界运行、管理以及资源使用率为目标的大规模的系统。该系统是对物理世界的感知，并产生了大量的互联和跨域协作需求。物联网应用层安全特点如下：

(1) 数据实时性：物联网通过对物理世界的信息的实时采集，并基于采集的数据进行分析处理且作出反馈，因此对于数据的实时性要求较高，应用层需要对信息进行快速处理。

(2) 适应性：物联网对于物理世界的感知是多方面的信息获取，涉及多个维度，并处于动态的变化过程中，会产生大量的不可预知的事件，因此对于物联网的应用层来说，需要具备极高的适应性，能够处理事件高度并发的场景。

(3) 数据挖掘处理：物联网感知层的实时数据采集会产生庞大的数据存储需求。此外，应用层对于这些大规模数据能够进行全面分析，对未来趋势作出判断，并最终作出实时精准的决策与管理。

(4) 智能协同能力：基于物联网事件的实时性对于大量事件应用的关联性和即时性需要较强的管理能力，因此应用层需要提高对物联网的综合管理水平。

应用层需要实现各种应用业务，基于应用层面临的安全威胁，主要从 Web 安全、数据安全、云安全来进行阐述。

1. Web 安全

Web 是互联网提供的一种界面友好的信息服务，Web 上的海量信息由彼此关联的文档组成，这些文档被称为主页或页面，是一种超文本信息，通过超链接将其连接在一起。通过 Web 可以访问遍布于互联网主机上的链接文档。

Web 应用发展到现在经历了 Web 1.0 时代和 Web 2.0 时代。Web 1.0 时代的网站主要内容是静态的，由文字与图片构成，以表格为主要制作形式，因此用户行为就是浏览网页，非常简单。互联网技术进入 Web 2.0 时代以后，出现了各种类似桌面软件的 Web 应用，简单地由图片与文字构成的网页无法满足用户的各种需求，出现了音频、视频等应用，网页更加生动形象，也给用户带来了很好的体验。

一个典型的 Web 应用的标准模型是三层架构，如图 2-17 所示。

图 2-17　Web 应用架构

用户使用通用的 Web 浏览器，通过接入网络连接到 Web 服务器上，用户发出请求，服务器根据请求的 URL 的地址链接找到对应的网页文件，发送给用户。其中，用户即客户端属于第一层，使用动态 Web 内容技术的部分属于中间层，数据库属于第三层。用户发送请求给中间层，中间层将用户请求转换为对后台数据进行查询或更新，并将最终结果通过浏览器反馈给用户。

物联网的各种应用也基于 Web 平台，Web 业务的安全问题随着 Web 应用的发展愈加复杂。Web1.0 时代主要关注服务端的安全问题，如 SQL 注入等；Web 2.0 时代，Web 安全关注点由服务端开始转到客户端，Web 前端的安全问题开始受到人们关注，如跨站脚本攻击。SQL 注入与跨站脚本攻击的相继出现是 Web 安全史上的两座里程碑，后期又出现了许多其他类型的 Web 安全攻击。Web 服务器的控制权限一旦被攻击者窃取，不仅会造成数据内容泄露，而且网页中很可能会被植入恶意代码，从而使网站访问者受到侵害。

Web 应用的安全问题已经引起人们的广泛关注，攻击者为了提升自己的用户权限，很可能会利用系统漏洞进行攻击，甚至运行恶意代码非法获取数据。应用层的软件在开发过程中的安全方面考虑并不全面，程序本身会存在漏洞，攻击者可以通过缓冲区溢出、SQL 注入等对应用层进行攻击。此外，攻击者还会利用用户的好奇心，通过木马或者病毒进行攻击，即将木马或者病毒程序与图片、视频、免费软件进行捆绑，将文件放置在网站中引诱用户下载运行，或者通过电子邮件附件及 QQ、微信等软件，将文件发送给用户诱导用户打开或者运行相关文件，从而损害用户权益。

1) 入侵 Web 安全通道

考虑来自互联网的攻击，入侵 Web 安全通道主要有以下几个方面：

(1) 服务器系统漏洞。

Web 服务器是通用的服务器，不管是 Windows 还是 Linux 操作系统，都会有漏洞。攻击者通过漏洞入侵，可以获取服务器的高级权限，随意控制服务器上运行的 Web 服务。

(2) 服务应用漏洞。

如果 Web 服务器系统存在漏洞，应用软件上同样也存在漏洞。Web 服务的开发团队众多，由于服务开发门槛并不高，开发者水平差异较大，编程规范性不足且安全意识不够，应用程序中很容易存在漏洞，使得攻击者可以利用漏洞进行攻击。SQL 注入就是利用编程过程中产生的漏洞进行攻击，攻击者通过构建特殊的输入作为参数传入 Web 应用，这些输入大都是 SQL 语法里的一些组合，通过执行 SQL 语句进而执行攻击者所需要的操作，从而导致攻击数据植入程序被当作代码执行。

(3) 密码暴力破解。

大多 Web 服务器对用户账号的管理都是基于"账号+密码"的方式，由于绝大多数用户进行密码设置时，都会设置较为容易记忆的密码，一旦密码被破解，尤其是管理者的密码，会引起极大的风险。暴力破解就是用暴力穷举的方式大量尝试性地猜解密码，针对漏洞的攻击需要较高的技术水平，而暴力破解相对比较简单，特别是在获取用户账号信息的基础上进行暴力破解。暴力破解一般有两种应用场景：攻击之前尝试手动猜解账号是否存在弱口令，如果存在，那么对整个攻击将起到"事半功倍"的作用；大量手动猜解之后实在找不出系统中存在的安全漏洞或者脆弱性，那么只有通过暴力破解获得弱口令。因此，管理员设置弱密码或者有规律的密码是非常危险的，很有可能成为攻击者入侵的"敲门砖"。

暴力破解应用范围非常广，只要是需要登录的入口均可以采用暴力破解进行入侵。如网页登录、邮件登录、FTP 登录、telnet 登录、rdp 登录及 SSH 登录等这些入口，都可以施展暴力破解。

2) 采用安全技术

为了保证 Web 应用的安全性，面对愈发突出的安全问题，主要采用以下技术：

(1) 网页防篡改技术。

对 Web 服务器上的页面文件进行监控，一旦发现有更改便及时恢复。该技术不能阻止攻击者的篡改，属于被动防护，主要目标是减少损失。市场常用的网页防篡改技术主要有外挂轮询技术、核心内嵌技术以及事件触发技术。

① 外挂轮询技术：用一个网页读取并检测程序，再用轮询的方式读取要监测的网页，将该网页和真实网页相比较后判断网页内容的完整性，如果发现网页被篡改，则对被篡改的网页进行报警和恢复。但是，这种网页防篡改技术明显的缺点是：当网页规模很大时，算法运行起来非常耗时且困难，并且对于特定的网页，每两次检查的时间间隔很长，不法分子完全有机会进行篡改，对网页造成严重影响。

② 核心内嵌技术：在 Web 服务器软件里内嵌篡改检测模块，在每个网页流出时都检查网页的完整性，若网页被篡改，则进行实时访问阻断，并对被篡改的网页进行报警和恢复。这种网页防篡改技术的优点是：每个网页在流出时都进行检查，因此有可能被篡改的网页完全没有被读者发现。但是该方式也有缺点，即由于在网页流出时要进行检测，因此网页在流出时会延迟一定时间。

③ 事件触发技术：利用(操作系统中的)驱动程序接口或文件系统，在网页文件修改时检查其合法性，对于非法操作即篡改的网页进行报警和恢复。这种网页防篡改技术的明显优点是预防成本非常低，不过其缺点也很明显，Web 服务器的结构非常复杂，不法分子常常不会选择从正面进攻，他们会从 Web 服务器的薄弱处或者不易发现和检测的地方进行攻击，并且还会不断有新的漏洞被发现，因此上面的防御策略是不能做到万无一失的。此外，被篡改的网页一旦混进了 Web 服务器，就再也没有机会对其进行安全检查了。

不同的网页防篡改技术都有各自的优点和不足。我们需要根据自己的需求情况找出适合自身的网页防篡改技术，利用其优点，规避其不足，这样就有较大的安全保证。

(2) Web 防火墙。

随着 Web 应用愈加广泛，Web 服务器也成为黑客愈发关注的攻击目标，可以通过部署 Web 应用防护墙来解决对于应用层的攻击问题。Web 应用防火墙(Web Application Firewall，WAF)主要通过 HTTP/HTTPS 的安全策略来对 Web 应用提供保护，针对的攻击包括 SQL 注入、跨站脚本攻击、参数篡改、应用平台漏洞攻击、拒绝服务攻击等。WAF 主要用于网络应用层的防护：通过 WAF 的使用可以防恶意攻击，如来自竞争对手的恶意攻击或黑客敲诈勒索导致的请求超时、瞬断、不稳定等问题；可以防数据泄露，如黑客通过 SQL 注入、网页木马等攻击手段入侵网站数据库，获取核心业务数据；可以防网页篡改，如黑客通过扫描系统漏洞，植入木马后修改页面内容或发布不良信息，影响网站形象。

WAF 需要保证每个请求的有效性以及安全性，因此一般需要部署在 Web 应用程序前面，通过对用户请求的网络数据包进行分析以及校验，从而阻断包含攻击行为的请求。对 HTTP 流量的分析，可以防护 Web 应用程序的安全漏洞攻击，该类型的攻击包括 SQL 注入、跨站脚本攻击等。

WAF 通过记录分析黑客攻击样本库及漏洞情况，使用数千台防御设备和骨干网络以及安全替身、攻击溯源等前沿技术，构建网站应用级入侵防御系统，解决网页篡改、数据泄露和访问不稳定等异常问题，保障网站数据安全性和应用程序可用性。

WAF 会对 HTTP 的请求进行异常检测，拒绝不符合 HTTP 标准的请求，从而减少攻击的影响范围；WAF 增强了输入验证，可以有效防止网页篡改、信息泄露、木马植入等恶意网络入侵行为，减小 Web 服务器被攻击的可能；WAF 可以对用户访问行为进行监测，为 Web 应用提供基于各类安全规则与异常事件的保护；WAF 还有一些安全增强的功能，用于解决 Web 程序员过分信任输入数据带来的问题，如隐藏表单域保护、抗入侵规避技术、响应监视、信息泄露保护等。WAF 的功能包括攻击防护、安全替身、攻击溯源以及登录安全等。

① 攻击防护：智能识别 Web 系统服务状态，实时在线优化防御规则库、分发虚拟补丁程序，提供持续的安全防御支持。数千台防御设备、数百吉字节(GB)海量带宽和内部高速传输网络，实时有效抵御各类 DDoS 攻击、CC 攻击。

② 安全替身：通过前沿的安全替身技术，虚拟补丁服务，采用主动发现、协同防御的方式将 Web 安全问题化于无形。即使在极端情况下，Web 系统被入侵，甚至被完全破坏，也能重新构造安全内容，以保障系统正常服务。

③ 攻击溯源：现有全球 30 万黑客档案库及漏洞情况服务中心，对攻击进行实时拦截、联动动态分析。通过百亿日志的大数据分析追溯攻击人员和事件，并利用"反向 APT"技术完善黑客档案库，为攻击取证提供详尽依据。

④ 登录安全：通过对登录过程中失败的用户名、密码、登录频率和登录后地域变化等多因素进行关联判断，从而实现 Web 系统登录安全。

新一代的 WAF 会具备更强大的能力，比如网页源码加密、防扫描、防自动化攻击、防暴力破解、防撞库、防嗅探等等。这类产品如 ShareWAF。

此外，WAF 的部署需要符合相关法律法规要求，满足信息系统安全等级保护(等保测评)需求。

(3) Web 木马攻击防护。

Web 木马并不是木马程序，是一种通过攻击浏览器或浏览器外挂程序的漏洞，向目标用户机器植入木马、病毒、密码盗取等恶意程序的手段。Web 木马的攻击目标通常是 IE 浏览器和 ActiveX 程序，是网页恶意软件威胁的罪魁祸首。攻击者常用的攻击方式可以分为主动攻击和被动攻击。

① 主动攻击方式是指攻击者通过各种欺骗或引诱等手段，诱使用户访问放置有网页木马的网站。一旦用户访问该恶意网站，就有可能感染恶意软件。采用主动攻击方式的情况下，攻击者一般会在各种论坛、聊天室、博客留言等用户集中的区域发布各种链接，或者在各种在线游戏的聊天频道中发布各种中奖抽奖信息，或者使用各种即时通信软件手动或通过之前被感染的用户自动向联系人发送带有欺骗性质的网站链接等。

② 被动攻击方式是指攻击者通过入侵互联网上访问量大的站点，并在其页面中插入网页木马的代码。如企业内网中流行的通过 ARP 欺骗插入恶意网页链接也属于被动攻击方式，这种攻击方式属于广撒网的攻击方式，访问到该网站的用户都有可能感染其所带网页木马种植的恶意软件。网页木马防不胜防，可以通过以下措施进行安全防护：

a. 定期用 Web 木马检查工具对网站进行检测，发现问题并及时报警。该类工具一般作为安全服务检查使用，也可以单独部署一台服务器使用。

b. 及时更新系统以及软件的安全补丁。该措施可以防御大部分的网页木马。通过安全系统配置，及时更新系统补丁安装，选择网页木马查杀能力较强的反病毒软件，及时更新病毒特征库，尽可能使用户免受网页木马的损害。

c. 使用非 IE 内核的第三方浏览器，如 Firefox、Opera 等。目前，互联网上常见的网页木马针对的是 IE 浏览器及其 ActiveX 控件的漏洞，因此，使用第三方浏览器可以从源头上堵住网页木马的攻击。但是，第三方浏览器与 IE 浏览器相比，页面兼容性稍有不足，对于部分需要使用 ActiveX 密码登录控件的网页并不适用，用户在浏览这类网页时可使用 IE 浏览器。

　　d. 提高用户安全意识，养成安全的网站浏览习惯，不随便点击各种来源不明、带有引诱语言的链接，防止落入攻击者的陷阱；遇到合法网站被攻击者攻陷并挂上网页木马，用户也应该报告网站管理员。

　　(4) SQL 注入防护。

　　针对 SQL 注入手段，最根本的措施是对 Web 应用输入进行过滤，主要采取以下措施来保证 Web 应用的安全：进行 Web 应用安全评估，即通过安全扫描、人工检查、渗透测试等方法，发现 Web 应用的脆弱性及其安全问题；对 Web 应用进行安全加固，如应用代码、数据库、中间件、操作系统等，以增强应用支持环境以及模块部署的安全性；对外部威胁进行过滤，监控恶意外部访问，统计记录并进行过滤，且部署 Web 防火墙等进行安全防护；对 Web 安全进行状态监测，从而判断是否存在恶意代码，文件是否被篡改或被加入网页后门；做好安全知识培训和事件应急响应，在系统建设和运维阶段最大程度保障系统安全，以尽可能合理的方式处理安全类事件。

2. 数据安全

　　物联网通过各种传感器产生各类数据，数据种类复杂，特征差异大。数据安全需求随着应用对象的不同而不同，需要有一个统一的数据安全标准。

　　1) CIA 原则

　　参考信息系统中的数据安全保护模型，物联网数据安全也需要遵循数据机密性(Confidentiality)、完整性(Integrity)和可用性(Availability)三个原则(即 CIA 原则)，以保证物联网的数据安全。

　　(1) 数据机密性(Data Confidentiality)：通过加密保护数据免遭泄露，防止信息被未授权用户获取。例如，加密一份工资单可以防止没有掌握密钥的人读取其内容。如果用户需要查看其内容，那么必须解密。只有密钥的拥有者才能够将密钥输入解密程序。然而，如果在解密程序中输入密钥时，密钥被其他人读取，那么这份工资单的机密性就会被破坏。

　　(2) 数据完整性(Data Integrity)：包括数据的精确性(Accuracy)和可靠性(Reliability)。通常使用"防止非法的或未经授权的数据改变"来表达完整性。完整性是指数据不因人为因素而改变其原有内容、形式和流向。完整性包括数据完整性(即信息内容)和来源完整性(即数据来源，一般通过认证来确保)。数据来源可能会涉及来源的准确性和可信性，也涉及人们对此数据所赋予的信任度。例如，某媒体刊登了从某部门泄露出来的数据信息，却声称数据来源于另一个信息源。虽然数据按原样刊登(保证了数据完整性)，但是数据来源不正确(破坏了数据的来源完整性)。

　　(3) 数据可用性(Data Availability)：期望的数据或资源的使用能力，即保证数据资源能够提供既定的功能，无论何时、何地，只要需要即可使用，而不会因系统故障或误操作等使资源丢失或妨碍对资源的使用。可用性是系统可靠性与系统设计中的一个重要方面，因为一个不可用的系统是无意义的。可用性之所以与安全相关，是因为有恶意用户可能会蓄意使数据或服务失效，以此来拒绝用户对数据或服务的访问。

　　物联网系统中的数据大多是一些应用场景中的实时感知数据，其中不乏国家重要行业的敏感数据。物联网应用系统中的数据安全保证是物联网健康发展的重要保障。在物联网数据处理安全方面，许多物联网相关的业务支撑平台对于安全的策略导向都是不同的，这些不同规模范围、不同平台类型、不同业务分类给物联网相关业务层面的数据处理安全带来了全新的挑战；另外，还需要从机密性、完整性和可用性角度去分别考虑物联网中信息交互的安全问题；在数据处理过程中同样也存在隐私保护问题。

物联网感知信息的多样性、网络环境的复杂性和应用需求的多样性，给安全研究提出了新的、更大的挑战。物联网以数据为中心的特点与应用密切相关，在物联网环境中，一般情况下，数据将经历感知、传输、处理这一生命周期，而整个生命周期除了面临一般的信息网络安全威胁外，还面临其特有的威胁和攻击，但这些安全都离不开数据加密和隐私保护的基础性技术。

2) 安全防护策略

数据安全包括数据本身的安全以及数据防护的安全。数据本身的安全主要是指通过现代密码技术算法对数据进行保护，如数据加密、身份认证等；数据防护的安全主要是指采用现代信息存储手段对数据进行防护，如磁盘阵列、数据备份等。数据安全不仅包括数据本身的安全和数据防护的安全，还包括数据处理安全及数据库安全。相应的安全防护策略如下：

(1) 数据加密技术。数据加密即按照密码算法将敏感的明文数据变换成难以识别的密文数据。通过不同的密钥，可以用同一加密算法把同一明文数据加密成不同的密文，而数据解密就是使用密钥将密文还原成明文数据，从而实现数据的保密性。数据加密技术是最基本的安全技术，是信息安全的核心，主要用于保证数据在存储和传输过程中的保密性。该技术通过变换或置换等方法将被保护的信息置换成密文再进行信息的传输或存储，即使该信息被非法人员获取，也可以保证信息的安全性。根据密钥类型不同，可以把现代密码技术分为对称加密算法(私钥密码体系)和非对称加密算法(公钥密码体系)。在对称加密算法中，数据加密和解密采用同一个密钥，因此该算法的安全性主要是基于所持有的密钥的安全性。

(2) 身份认证技术。身份认证技术主要是保证系统和网络访问的用户的合法性，一般采用登录密码、代表用户身份的物品(智能卡)或反映用户生理特征的标识来鉴别用户的身份。身份认证要求参与通信双方在鉴别对方身份的基础上进行安全通信，主要是保证数据不被未授权的用户所获取。身份认证技术是对用户身份的确认，是最重要的一道防线，特别是在进行敏感信息的通信时，必须要保证通信双方用户的合法性。网络认证一般包括两种：请求认证者的秘密信息，如口令；使用不对称加密算法，不需要传送秘密信息，如数字签名认证。

(3) 磁盘阵列。磁盘阵列是把多个类型、容量、接口甚至品牌一致的专用磁盘或普通磁盘连成一个阵列，以更快的速度且准确安全的方式进行磁盘数据读写，从而保证数据读取速度和安全性。

(4) 数据备份。数据备份主要包括备份的自动化操作、历史记录的保存或者日志记录的保存等。

(5) 访问控制。访问控制技术是服务器及数据库安全的、最重要的预防措施，主要是通过阻止未经授权的改写数据的企图来预防入侵，保证数据安全。访问控制一般有自主访问控制、基于角色的访问控制以及强制访问控制三种类型。

(6) 检测机制。检测机制主要保证数据泄露事件发生时可以进行检测及取证，不能阻止数据保密性和完整性的破坏，仅能说明数据的完整性不再可信。检测机制主要通过对系统事件的分析进行问题检测，或者通过数据的分析判断系统要求的约束条件是否满足。

(7) 数据库安全。数据库安全主要通过存取管理、安全管理及数据库加密来实现。存取管理主要是防止未授权用户使用和访问数据库；安全管理主要是指采用相应的管理机制实现数据库管理权限分配，包括集中控制及分散控制；数据库加密包括库内加密、库外加密及硬件加密等。

3. 云安全

云计算是一种分布式计算，通过网络"云"将巨大的数据计算处理程序分解成无数个小程序，通过多台服务器组成的系统进行处理和分析，得到结果后返回用户。云计算是基于互联网的计算方式，通过这种方式，共享的软硬件资源和信息可以按需提供给计算机各种终端和其他设备，因此云计算是对大量网络连接的计算资源的统一管理和调度，构成计算资源池向用户提供按需服务。对于用户来说，由提供者提供的服务所代表的网络是看不见的，像被云遮盖一样，"云"是提供资源的网络。云计算是实现物联网的核心，已经成为互联网和物联网融合的纽带。物联网和互联网的融合需要大容量信息存储于处理的计算中心中，物联网的计算资源处理中心目前普遍采用的架构是云计算，通过云计算模式进行海量数据处理，实时动态管理及智能分析。根据 NIST 定义，云计算按照服务模式分为 IaaS、PaaS 和 SaaS，按照部署模式分为私有云、公有云、社区云和混合云，按照用户角色分为消费者、供应商、代理商、运营商和审计方。

云计算面临着严重的安全隐患，安全问题包括用户身份安全问题、共享业务安全问题和用户数据安全问题。用户身份安全问题是指云计算通过网络提供服务，用户需要登录云端使用服务，系统需要保证使用者身份的合法性，才能为其提供服务。如果非法用户获取服务，那么合法用户的数据和业务受到威胁。共享业务安全问题是指底层架构(IaaS 和 PaaS)通过虚拟化技术实现资源共享调用，资源利用率高，但是共享也带来了新的安全问题，需要保证用户资源间的隔离，且需要对虚拟机、虚拟交换机、虚拟存储等虚拟对象提供安全保护策略。用户数据安全问题包括数据丢失、泄露、篡改等。传统的 IT 架构中，数据离用户越近，数据越安全；而云计算架构下，数据经常存储在离用户很远的数据中心，需要保证数据的安全性，防护措施包括多份复制、数据存储加密等。

云安全(云计算安全)是指一系列用于保护云计算数据、应用和相关结构的策略、技术与控制的集合，是基于云计算技术的一种互联网安全防御理念，根据云计算的服务模式、部署方式以及角色，提供有针对性的安全方案。基于云计算面临的风险，可以采取以下一系列措施进行安全防护：

(1) 物理安全。物理安全包括物理设备的安全和网络环境的安全，主要保护云计算系统不被自然因素或者人为因素破坏。

(2) 网络安全。网络安全主要指网络架构、设备等方面的安全，包括网络拓扑安全、边界防护、网络资源的访问控制、远程接入安全、入侵检测、网络设施防病毒等；它所采

取的主要安全措施和技术包括安全与划分、安全边界防护、部署防火墙、部署 DoS、DDoS
攻击防御系统、强身份认证、网络安全审计系统等。

(3) 系统安全。系统安全是指云计算系统中包括主机服务器、维护终端在内的所有计
算机设备的操作系统和数据库的安全性。操作系统的安全性主要是指由操作系统的缺陷引
起的不安全性，如访问控制、身份认证、系统漏洞、病毒威胁等；数据库的安全性主要体
现在安全补丁、账户口令、角色权限等。

主机服务器是云计算平台信息存储的基础设备，数量众多，面临极大的安全风险，影
响到整个系统的安全。实现基于主机系统的防护措施(包括身份认证、访问控制、安全审计、
防病毒系统等)，从而发现主机系统和数据库在安全防护方面的漏洞和安全隐患。

维护终端资源分散，同样面临病毒、蠕虫、木马以及恶意代码的攻击，集中式的安全
管理难度很大。终端的不安全性对于整个系统都是巨大威胁。对于维护终端来说，需定期
查看相应的版本及安全补丁安全情况，检查账户及口令策略，防止出现使用默认账户或弱
口令的情况，及时升级防病毒、防木马的病毒库和木马库，定期检查日志，避免异常安全
事件以及违规操作的发生。

(4) 应用安全。应用安全是指云计算系统上应用系统的安全性。云计算是一种新的 Web
服务模式，因此其应用安全主要体现在 Web 安全上，其安全防护主要通过网页过滤、反间
谍软件、邮件过滤、网页防篡改、防火墙等防护措施，定期检查系统日志和异常安全事件
等来解决 Web 应用所面临的安全问题。

(5) 管理安全。管理是实现云计算系统安全的重要部分，需要重点加强用户管理、访
问认证、安全审计等方面的管理。建立统一的安全审计体系，加强对云计算安全事件的管
理，完善应急响应机制，提高对异常情况及突发事件的应急响应能力；建立云计算系统的
业务恢复机制，保障云计算系统的业务连续性。

(6) 虚拟化安全。针对虚拟化带来的威胁，采用虚拟机的安全隔离及访问控制、虚拟
交换机、虚拟防火墙、虚拟镜像文件的加密存储、存储空间的负载均衡、虚拟机的备份恢
复等进行云计算服务的安全保障。

(7) 数据安全。数据安全可以保证数据的保密性、完整性、可用性、真实性、授权、
认证及不可抵赖性。

2.3.6　安全发展趋势

1. 物联网安全发展趋势

随着物联网技术的发展迅速，物联网安全问题也越发凸显，物联网安全事件频发，从
而使物联网安全领域越来越受到重视。目前，物联网安全具有以下几大趋势：

(1) 物联网勒索软件和"流氓软件"将越来越普遍。黑客利用网络摄像头这样的物联
网设备，将流量导入一个携带"流氓软件"的网址，同时命令软件对用户进行勒索，让用
户赎回被加密的泄露的数据。

(2) 物联网攻击将目标瞄准数字虚拟货币。由于虚拟货币的私密性和不可追溯性，近
年来市值不断飙升，成为物联网的攻击者们的重点关注目标。基于目前物联网僵尸网络挖
矿的情况急剧增加，黑客甚至利用视频摄像头进行比特币挖矿。

(3) 量子计算时代的到来，使得人们愈加关注安全问题。今年全球软件企业的量子计算竞赛更趋白热化，其中英特尔公司制造的包含 17 个量子位的全新芯片已经交付测试，微软公司展示了用于开发量子程序的新型编程语言，IBM 公司发布了 50 个量子位的量子电脑原型。在科技进步影响下，量子计算可能会在十年内实现商业化，化解量子计算可能存在的安全威胁显得更为紧迫。

(4) 大规模入侵将被"微型入侵"替代。"微型入侵"与大规模入侵或者"综合性攻击"的差异在于其瞄准目标是物联网的弱点，但是由于规模较小，能逃过目前现有的安全监控，且能够顺应环境而变，进行重新自由的组合形成新的攻击，例如 IoTroop。

(5) 物联网安全将更加的自动化和智能化。随着物联网技术的发展，物联网的规模急剧增加，达到成千上万甚至上亿级别的终端规模时，会导致网络和收集数据的管理工作比较困难。物联网安全的自动化和智能化可以通过不规律的流量模式的检测，帮助网络管理者和网络安全人员处理异常情况的发生。

(6) 对感知设备的攻击将变得无处不在。物联网是传感器网络的一个衍生产品，传感器本身就存在潜在的安全漏洞，很容易成为黑客的攻击目标，黑客可能会尝试向传感器发送一些人体无法感知的能量，来对传感器设备进行攻击。

(7) 隐私保护将成为物联网安全的重要组成部分。一方面，物联网平台需要根据用户的数据提供更加便捷、智能的服务；另一方面，对于用户隐私数据的保护又成为了重中之重。

2. 物联网安全技术探索

随着物联网安全的快速发展，发起攻击的方式越来越多样化，所以新技术应用在物联网安全中心就显得愈发的重要。

1) 去中心化认证

在传统的中心化系统中比较容易建立信任机制，可以通过一个可信的第三方来管理所有设备的身份信息。物联网环境设备规模庞大，将来有可能会达到百亿级别，庞大的终端数量对于可信第三方来说存在很大的压力，而且在物联网环境中，所有日常家居物件都能自发、自动地与其他物件或外界世界进行互动，因此必须解决物联网设备之间的信任问题。区块链(Blockchain)技术是实现物联网安全的新技术的探索。区块链是指通过去中心化和去信任的方式集体维护一个可靠数据库的技术方案。该技术方案主要让参与系统中的任意多个节点，通过一串使用密码学方法相关联产生数据块，每个数据块中包含了一定时间内的系统全部信息交流数据，并且生成数据指纹用于验证其信息的有效性和链接下一个数据库块。区块链的特征包括去中心化、去信任、集体维护、可靠数据库、开源性、匿名性，其解决的核心问题是在信息不对称、不确定的环境下，如何建立满足经济活动赖以发生、发展的"信任"生态体系。区块链的发展将给物联网提供极大的助力，构建更好的物联网安全保障体系。

2) 大数据安全分析

利用大数据分析平台对物联网安全漏洞进行挖掘，主要包括网络协议本身的漏洞挖掘以及嵌入式操作系统的漏洞挖掘，分别对应网络层和感知层。应用层大多采用云平台，属于云安全的范畴，可应用已有的云安全防护措施。在现在的物联网行业中，各类网络协议广泛使用带来了大量的安全问题，通过漏洞挖掘技术对物联网中的协议进行漏洞挖掘，先于攻击者发现并及时修补漏洞，可以有效减少来自黑客的威胁，提升系统的安全性。

3) 轻量化防护技术

庞大的安全系统对于一些微型的入侵攻击难以察觉且短时间内很难作出反应，相对轻量化的安全机制能够对入侵快速作出反应，避免损失的扩大，而且轻量化的防护技术能够更好地兼容不同物联网产品生产商的协议冲突。

习　题

一、选择题

1. 1999 年，美国麻省理工学院的(　　)首次提出物联网的概念，其理念是基于射频识别、电子代码等技术，在互联网的基础上，构造一个实现全球物品信息实时共享的实物互联网，即物联网。

A. Kevin Ash
B. 比尔·盖茨
C. 闵昊
D. Charlie Miller

2. (　　)的主要功能是物体识别和信息采集。

A. 感知层
B. 网络层
C. 应用层
D. 传输层

3. RFID 系统分为两部分：(　　)和 RFID 读写器。

A. 天线
B. 耦合元件
C. 芯片
D. 标签

4. 以下不属于物联网终端威胁的是(　　)。

A. 感染病毒、木马
B. 恶意代码
C. 数据完整性攻击
D. 终端系统平台受到的威胁

5. 针对承载网络信息传输的攻击不包括(　　)。

A. 非法获取非授权数据
B. SQL 注入
C. 拒绝服务攻击
D. 非法访问攻击

二、填空题

1. 根据信息的采集处理过程，可以把物联网分成三层：(　　)、(　　)和(　　)。
2. RFID 标签按照内部是否有电源，分为(　　)、(　　)和(　　)。
3. 传感器中(　　)直接感受被测量，输出与被测量有确定关系的易于测量的非电量。
4. 感知层所面临的安全问题主要包括两个方面：RFID 安全问题和(　　)。
5. 入侵 Web 安全的通道主要有服务器系统漏洞、服务应用漏洞和(　　)。

三、问答题

1. 简述物联网面临的安全风险。
2. 简述几种物联网安全的关键技术。
3. 数据安全不仅包括数据本身的安全还包括数据处理安全及数据库安全，简述相应的安全防护策略。

参 考 文 献

[1]　刘云浩. 物联网导论. 北京：科学出版社，2011.

[2]　中国信通院. 物联网安全白皮书(2018). http://www.199it.com/archives/775417.html.

[3]　雷吉成. 物联网安全技术. 北京：电子工业出版社，2012.

[4]　绿盟科技创新中心. 物联网安全白皮书(2016). http://blog.nsfocus.net/wp-content/uploads/2016/12/%E7%89%A9%E8%81%94%E7%BD%91%E5%AE%89%E5%85%A8%E7%99%BD%E7%9A%AE%E4%B9%A6-1215.pdf.

[5]　全国信息安全标准化技术委员会. 物联网安全标准化白皮书(2019).https://www.tc260.org.cn/front/postDetail.html?id=20191029165928.

[6]　Imran Makhdoom, Mehran Abolhasan, Justin Lipman. Anatomy of Threats to the Internet of Things. IEEE COMMUNICATIONS SURVEYS & TUTORIALS, 2019, 21(2): 1636-1675.

[7]　范红，邵华，李程远，等. 物联网安全技术体系研究. 信息网络安全，2011(9)：13-16.

[8]　李志清. 物联网安全问题研究. 计算机安全，2011(10): 57-59.

[9]　朱洪波，杨龙祥，朱琦. 物联网技术进展与应用. 南京邮电大学学报(自然科学版)，2011(1)：1-9.

[10]　卫菊红. 物联网技术发展及应用研究进展. 工业控制计算机，2011(12)：50-52.

[11]　杨庚，许建，陈伟，等. 物联网安全特征与关键技术. 南京邮电大学学报(自然科学版)，2010，30(4)：20-29.

[12]　宁焕生，张瑜，刘芳丽，等. 中国物联网信息服务系统研究. 电子学报，2006(12)：2514-2517.

第 3 章　人工智能安全技术

如同蒸汽时代的蒸汽机、电气时代的发动机、信息时代的计算机和互联网，人工智能已经成为推动人类进入智能时代的决定性力量，推动传统产业的升级换代，驱动"无人经济"的快速发展，在智能交通、智能家居、智能医疗等民生领域产生积极正面的影响，并被广泛应用于金融、电商等领域，改变了人们生产生活的方式和质量。世界主要发达国家均把发展人工智能作为提升国家竞争力、维护国家安全的重大战略，力图在国际科技竞争中掌握主导权。然而应用人工智能技术的商业化之路，如果方向不稳，终将是空中楼阁。人工智能的发展之路需要建立在"以人为本、安全规范"的基础上，但是目前人工智能基础设施、设计研发及融合应用面临的安全风险正日益凸显，同时人工智能应用的道德与法制问题也越来越明显，这都迫切需要各界对人工智能安全问题引起重视，开展对策研究与应用。本章从人工智能技术概述出发，对人工智能的概念、发展历程、发展特征、技术领域与应用场景进行介绍，继而重点阐述人工智能所面临的主要网络安全问题，最后针对人工智能所存在的安全隐患详述主流的安全对策与技术。

3.1　人工智能技术概述

3.1.1　人工智能的概念

人工智能现在是公众、科技界和工业界等各个领域非常流行的词语，那么人工智能是什么？有没有一个容易界定的科学定义？从公众关注视角来看，人工智能就是机器可以完成人们不认为机器能胜任的事，反映出时代背景下大多数的普通人对人工智能的认识程度，比如国际象棋和围棋等棋类机器与人对战的应用、从 OCR 数字识别到图像识别的应用和智能驾驶汽车的应用，等等。从不同视角对人工智能的定义有：

早期定义：人工智能是指与人类思考方式相似的计算机程序，让人工智能程序遵循逻辑学的基本规律进行推理、运算和归纳。

科学流行定义：人工智能是指与人类行为相似的计算机程序。无论计算机有何种实现方式，只要在特定环境下表现的行为与人类相似，就说这个计算机程序在该领域内有人工智能。

发展趋势定义：人工智能是指会学习的计算机程序。在最近的科技发展热潮之中，人工智能在人们的眼里就是一个会不断自我学习的程序，"无学习，不 AI"的口号也体现了人工智能的发展趋势。人工智能在今天的核心指导思想其实非常符合人类认知特点：每个人都要不断学习，机器也一样。

综合功能定义：人工智能是指根据对环境的感知做出合理的行动，并获得最大收益的计算机程序。

讲了这么多从不同视角对人工智能的定义，读者应该对人工智能的基本内涵和概念有了一个比较直观初步的理解，那么科学界对人工智能专业化的定义又是什么呢？

早在 1950 年，计算机科学家图灵就在他所发表的《计算机与智能》论文中设计了一个测试，用于说明人工智能的概念。这就是著名的图灵测试：如果一台机器能够与人类展开对话(通过电传设备)而不能被辨别出其机器身份，那么称这台机器具有智能。这一简化的概念使得图灵能够令人信服地说明"思考的机器"是可能的，论文中还回答了对这一假说的各种常见质疑。图灵测试是人工智能哲学方面第一个严肃的提案，这也是科学界最早对人工智能概念的划时代的提出与定义。

结合科研界和工业界各类专家的观点，人工智能概念可以定义为利用人为制造来实现智能机器或者机器上的智能系统，模拟、延伸和扩展人类智能，感知环境，获取知识并使用知识获得最佳结果的理论、方法和技术。

3.1.2　发展历程

人工智能的发展经历了不同阶段的里程碑，并在每一个里程碑式的发展中得到历史沉淀。早在 1950 年，阿兰·图灵就提出了图灵测试机，大意是将人和机器放在一个小黑屋里与屋外的人对话，如果屋外的人分不清对话者是人类还是机器，那么这台机器就拥有像人一样的智能。随后，在 1956 年的达特茅斯会议上，"人工智能"的概念被首次提出。

在之后的十余年内，人工智能迎来了发展史上的第一个小高峰，研究者们疯狂涌入，取得了一批瞩目的成就。比如，1959 年第一台工业机器人诞生，1964 年首台聊天机器人也诞生了，这些都是人工智能发展的第一阶段的里程碑，代表了早期人工智能在制造智能机器和程序的工程应用。此后，由于计算机的硬件性能还没有得到长足发展和提升，计算能力的严重不足使得人工智能的深入研究停留在理论阶段，无法通过计算能力的实践得以验证，因此人工智能迎来了第一个寒冬。早期的人工智能大多是通过固定指令来执行特定的问题，并不具备真正的学习和思考能力，问题一旦变复杂，人工智能程序就不堪重负和不智能。

虽然有人趁机否定人工智能的发展和价值，但是研究学者并没有因此停下前进的脚步，终于在 1980 年，卡内基梅隆大学设计出了第一套专家系统——XCON。该专家系统具有一套强大的知识库和推理能力，可以模拟人类专家来解决特定领域问题。从这时起，机器学习开始兴起，各种专家系统开始被人们广泛应用。不幸的是，随着专家系统的应用领域越来越广，问题也逐渐暴露出来。专家系统应用有限，且经常在常识性问题上出错，因此人工智能迎来了第二个寒冬。1997 年，IBM 公司的"深蓝"计算机战胜了国际象棋世界冠军卡斯帕罗夫，成为人工智能史上的一个重要里程碑。之后，人工智能开始了平稳向前的发展。

2006 年，李飞飞教授意识到了专家学者在研究算法的过程中忽视了"数据"的重要性，于是开始带头构建大型图像数据集——ImageNet，图像识别大赛由此拉开帷幕。大数据技术的发展为人工智能的新一轮的发展奠定了良好的学习数据基础。同年，由于人工神经网络的不断发展，"深度学习"的概念被提出，之后，深度神经网络和卷积神经网络开始不断映入人们的眼帘。深度学习的发展又一次掀起人工智能的研究狂潮，这一次狂潮至今仍在持续。整个人工智能的发展历程如图 3-1 所示。

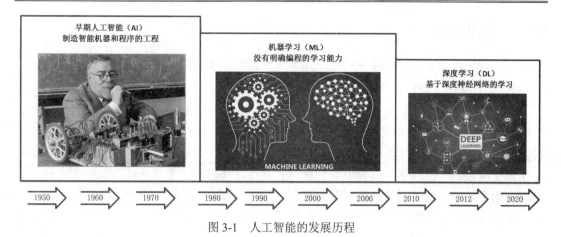

图 3-1　人工智能的发展历程

3.1.3　发展特征

在人工智能的整个发展历程中，发展与进步是主流，随着互联网、大数据、并行计算等相关技术群的成批成熟，人工智能技术在快速的更替换代中不断成熟，人工智能正在全球范围内迎来新一轮创新变革。理论和技术加速突破，产业化周期日益缩短，企业创新更加活跃，人工智能开始从实验室走进人类生产生活，并呈现出以下三个方面的发展特征。

1. 大数据驱动智能发展的特征

以深度学习为代表的新一代机器学习模型、GPU 和云计算等高性能并行计算技术应用于智能计算，以及大数据的进一步成熟，共同构建起支撑新一轮人工智能高速发展的重要基础。人们不再直接教授 AI 系统规则和知识，而是通过开发特定类型问题的机器学习模型，并基于海量数据形成智能来获取能力。在这种技术路线下，获得高质量的大数据和高性能的计算能力成为人工智能发展的关键要素和特征。

2. 智能技术产业化发展的特征

在机器学习＋大数据的人工智能发展趋势下，得益于硬件计算性能的快速增强，智能算法性能大幅度提升，围棋算法、语言识别、图像识别都在近几年陆续达到甚至超过人类水平，智能搜索和推荐、语音识别、自动翻译、图像识别等技术进入产业化阶段。各类语音控制类家电产品和脸部识别应用在生活中已随处可见，无人驾驶技术难点不断突破，自动驾驶、财务机器人和医疗诊断领域的人工智能应用突显优势，人工智能的快速崛起正在得到资本界的青睐，相关的社会投资正在快速聚集，人工智能的发展特征表现出由学术界到学术界和产业界共同推动的产业化发展特征。

3. 认知智能探索发展进步的特征

认知智能研究与应用探索已经在多个领域启动并取得重要进展，谷歌 AlphaGo 的围棋人机大战，成为人工智能中的认知智能的重要里程碑性事件，人工智能系统的智能水平初步具备了直觉、大局观和棋感等认知能力。目前，人工智能的多个领域都在向认知智能挑战，例如图像内容理解、语义理解、知识表达与推理、情感分析等，这些认知智能的突破和发展是人工智能技术的发展特征之一。

3.1.4　技术领域

人工智能在历史发展过程中，衍生出很多不同的技术领域，具体包括以下几个方面。

1. 专家系统

专家系统是一个具有大量专门知识与经验的程序系统。它应用人工智能技术，根据某个领域一个或多个人类专家提供的知识和经验进行推理与判断，模拟人类专家的决策过程，以解决那些需要专家决定的复杂问题。专家系统与传统计算机程序的本质区别在于，专家系统所要解决的问题一般没有算法解，并且经常要在不完全、不精确或不确定的信息基础上给出结论。它可以解决的问题一般包括解释、预测、诊断、设计、规划、监视、修理、指导和控制。目前在许多领域，专家系统已取得显著效果。例如，不断落地在医学领域的智能诊疗专家系统就是将人工智能技术用于辅助诊疗中，让计算机"学习"专家医生的医疗知识，模拟专家医生的思维和诊断推理，从而给出可靠诊断和治疗方案。智能诊疗场景是人工智能在智慧医疗领域最重要、最核心的应用场景。

2. 自然语言处理

自然语言处理是指应用人工智能技术实现人类与计算机系统之间用自然语言进行有效通信的各种理论和方法，主要体现在实现计算机系统与人类之间应用自然语言进行交互的人工智能技术。实现人机间自然语言通信意味着计算机系统既能理解自然语言文本的意义，也能生成自然语言文本来表达给定的意图和思想等。而语言的理解和生成是一个极为复杂的解码和编码问题。一个能够理解自然语言的计算机系统看起来就像一个人一样，它需要有上下文知识和信息，并能用信息发生器进行推理。理解口头和书写语言的计算机系统的基础就是表示上下文知识结构的某些人工智能思想，以及根据这些知识进行推理的某些技术。自然语言处理是目前人工智能研究与应用的重要技术分支领域之一。例如，目前非常流行的同声翻译软件以及音视频文件的多国字幕自动生成软件就是人工智能技术在自然语言处理上的应用落地案例。

3. 机器学习

机器学习是人工智能的一个核心技术研究领域，它是计算机具有智能的根本途径。学习是人类智能的主要标志和获取知识的基本手段。机器学习的本质就是一个计算机系统能够通过执行某种过程而改进它的性能，也就是计算机从一系列原始数据中提取人们可以识别的特征，然后通过学习这些特征，最终产生一个模型，之后应用这个模型来实现未发生但类似数据场景的预测结果与解决方案的生成。直白地说，就是让机器自己做主，而不是告诉计算机具体要做什么，试图让计算机通过已有的数据和场景学会"察言观色"，最终对后续的类似数据场景给出人类满意的处理与解决方案。例如，现在电商领域的客户智能推荐引擎就是机器学习的落地应用案例，它就是通过机器学习为客户智能推荐引擎提供了动力，增强了客户体验并能提供个性化推荐服务，即通过机器学习算法处理过往的客户数据信息，如购买记录、公司库存等，从而让机器通过学习实现后续对该客户的产品与服务推荐。目前，很多大型电商公司使用这样的智能推荐引擎来增强客户的个性化需求与提高购物体验。这种智能推荐引擎还可以应用到流媒体娱乐服务领域：根据客户的观看历史、具有类似兴趣客户的观看历史、有关个人节目的信息和其他数据点，向客户提供个性化的推荐；在线视频平台使用推荐引擎技术帮助客户快速找到适合自己的视频。

4. 计算机视觉技术

计算机视觉技术运用由图像处理操作及其他技术所组成的序列来将图像分析任务分解为便于管理的小块任务。比如：一些技术能够从图像中检测到物体的边缘及纹理；分类技术可被用作确定识别到的特征是否能够代表系统已知的一类物体。这些都需要应用人工智能的算法模型并经过大量数据训练得到正确进行视觉分类的计算系统。计算机视觉技术有着广泛的细分应用，其中医疗成像分析被用来提高疾病的预测、诊断和治疗，人脸识别被移动支付系统或者网上一些自助服务用来自动识别照片里的人物；同时该技术在安防及监控领域也有很多的应用。

人工智能的技术领域没有一个严格的分类界限，很多技术领域存在交叉与融合，并且这些互相交叉、融合的技术领域又会综合性地应用在很多落地场景中。

3.1.5　应用场景

人工智能技术的应用已经渗透到人们生产生活与社交的方方面面，形成很多应用场景，大致可以分成以下三大类应用场景。

1. 智慧城市

人工智能在智慧城市这一类的应用场景上涉及交通、教育、医疗、零售等与用户生活息息相关的场景，各类场景互联互通，最终达到提升城市运维效率、提升资源管理效率和提升人们生活品质的目的。典型智慧城市应用场景包括智慧养老、智慧教育、智慧建筑、智慧园区、智慧社区、智慧安防、智慧能源、智慧物流、智慧医疗和智慧交通。整个智慧城市的典型应用场景如图 3-2 所示。

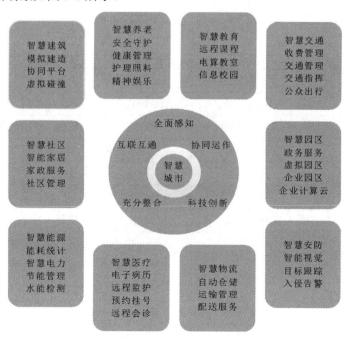

图 3-2　智慧城市的典型应用场景

2. 智慧生产

人工智能在智慧生产上的应用场景体现在形成由"产品生产导向"向"需求生产导向"转变的智慧生产流程体系中，具体体现在智能制造、智能供应链和基于用户行为的个性化生产等方面。整个智慧生产应用场景的导向变化如图3-3所示。

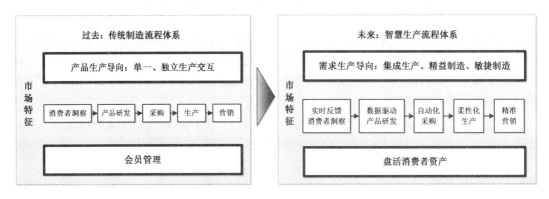

图 3-3 智慧生产应用场景的导向变化

3. 智慧生活

人工智能在智慧生活上的应用场景涵盖了智慧居住、饮食、健康监护管理和家庭管理等。例如：智慧居住中的智能照明、智能家电、智能窗帘和智能影音等；智慧监护管理中的智能床垫、智能服装、智能安防和一键呼叫器等；智慧家庭管理中的自我感应智能设备、提升生活品质和保障居住安全的安防设备等；智慧饮食中饮食检测和智能手环等。智慧生活的细化类别和应用案例说明如表3-1所示。

表 3-1 智慧生活的细化类别和应用案例说明

序号	智慧生活细化类别	相关应用案例	说　　明
1	智慧生活	智能照明	如起夜地灯、智能感应灯
		智能家电	可以无线遥控、远程控制，便捷方便
		智能窗帘	自动遮阳
		智能影音	如一键式电影情景、无线控制
2	智慧监控管理	智能床垫	监测睡眠时心脉、呼吸、体动、离床等状况
		智能服装	进行运动数据记录、健康体征记录、异常健康警报
		智能安防	预防非法入侵，监控护理人员行为
		一键呼叫器	异常情况呼救
3	智慧家庭管理	自我感应智能设备	通过感应光线、温度等，进行家居硬件自我控制
		提升生活品质和保障居住安全的安防设备	机器人管家看护老人、小孩，解决后顾之忧；外出离家一键布防，即通过安防设备、智能识别门禁、探测器自动开门并防未遂，检测安全隐患并自动报警
4	智能饮食	饮食检测	记录碳水化合物、蛋白质摄入量
		智能手环	检测噎呛、心脏病等突发情况，及时报警响应

从上述介绍的人工智能应用场景和具体案例应用可以看出，人工智能技术已经渗透到人们生产生活和学习的方方面面，影响着人类的生活方式和商业模式。但是，任何一种技术的发展都不是一蹴而就且完美无缺的，技术的攻关和落地应用过程中总是存在一定的不足和漏洞。这些不足和漏洞往往会被一些心存不轨的不法分子所利用，做一些攻击他人谋取自身利益，破坏社会安全和公共秩序的事情。因此，人工智能也将面临相关的安全问题，尤其是网络空间安全领域的问题，这也是本章所要探讨的主要问题。下面我们一起来看看人工智能面临的网络安全问题有哪些。

3.2　人工智能面临的网络安全问题

3.2.1　人工智能安全内涵

由于人工智能可以模拟人类智能，实现对人脑和人类行为的部分替代，因此人工智能的发展将会伴随着技术安全和伦理道德安全问题，如何促使人工智能更加安全和道德，一直是人类长期思考和不断深化的命题。随着人工智能技术与产业的快速发展，人工智能的安全显得非常重要和备受关注，具体安全需求体现在两个方面：一方面，人工智能快速发展但技术还不成熟，存在一定漏洞(如算法不可解释性、数据强依赖性等技术漏洞与局限问题)，若有人利用这些不成熟性和漏洞恶意获取隐私数据开展违法行为，将给国家和社会带来安全风险，需要做好漏洞与安全防御；另一方面，人工智能技术可应用于网络安全与公共安全领域，感知、预测、预警信息基础设施和社会经济运行的重大态势，主动决策反应，以提升网络防护能力与社会治理能力。

基于上述两个方面的人工智能安全需求，人工智能安全内涵包含以下三个方面：

(1) 降低人工智能不成熟性以及恶意应用给网络空间和国家社会带来的安全风险。这是从人工智能技术与产业对网络空间安全与国家社会安全造成负面影响的维度提出的。

(2) 推动人工智能在网络安全和公共安全领域深度应用。这是从探讨人工智能技术在网络信息安全和社会公共安全领域中具体应用的维度提出的。

(3) 构建人工智能安全管理体系。这是从安全管理的角度，为了有效管理人工智能安全风险和积极促进人工智能技术在安全领域的应用而去构建安全管理体系与机制的维度提出的。

针对上述人工智能安全的三大内涵，需要从第一个内涵维度的重要方面，即人工智能不成熟性以及恶意应用给网络空间带来的安全风险角度进一步阐述，主要包括网络设施与框架安全、人工智能恶意应用安全、智能数据安全、模型安全问题和信息安全问题。

3.2.2　网络设施与框架安全问题

人工智能发展迅速，但是却需要有一定的算法知识与计算能力去支撑机器学习算法的架构与模型的训练生成，因此往往很多个人或者企业不具备这样的软硬件条件和能力，退而求其次使用已经比较成熟的大公司的人工智能框架去直接训练生成模型，或者应用第三方已经训练完成的网络模型。然而，因为人工智能本身也处于发展期，仍然不成熟存在很多漏洞，这些漏洞恰恰成为黑客的目标和攻击对象。黑客对这些漏洞进行攻击造成了人工智能的网络设施和框架安全问题，并直接影响到应用网络设施和框架的二次应用开发人员。相比于经典计算的信息存储与交互模式，人工智能，尤其是机器学习类任务，最大的改变之一就是展现了信息处理的整体性和聚合性。比如著名的 AlphaGo，它不是对每种棋路给出固定的应对模式，而是对棋局进行预判和自我推理。它的智慧不是若干信息组成的集合，而是一个完整的"能力"。这是人工智能的优点，但很可能也是人工智能的弱点。试想如果 AlphaGo 中的某个训练模型被黑客攻击导致 AlphaGo 在该吃棋的时候偏偏就不吃，那么最终展现的将不是某个棋招运算失当，有可能是整盘棋输掉的局面。这也体现了人工智能的模型漏洞被黑客利用攻击则会导致牵一发动全身的结果。

目前，大部分的人工智能应用开发者不会从头开始开发一个深度学习应用或者系统，这是一件极其麻烦的事情；而且几乎对于应用开发者而言，其知识结构和能力使其也不具备这样的水平，因此人工智能应用开发者往往会选择一些知名的人工智能主流开发框架，基于这些框架，他们可以利用平台提供的人工智能能力，结合开源的算法与模型，训练自己的人工智能实际应用。这样速度快效率高，也可以吸收已有的最先进的技术能力为自己所用。这些主流的人工智能开发框架平台、开源的算法与模型和所依赖的基础性组件统称为人工智能网络设施与机器学习框架，所以这个框架存在的漏洞并据此带来的人工智能安全风险才格外可怕。因为 AlphaGo 系统毕竟还只是封闭的系统，即使被攻击也仅仅涉及该系统的功能不能使用，而人工智能网络设施和机器学习框架涉及的产品与应用的范围及受益面是非常广的。当前运行的大多数机器学习模型或是深度学习模型，都是基于一些底层的机器学习/深度学习框架和第三方库。尤其是深度学习模型，系统框架非常多，主流的包括 TensorFlow、PyTorch、Caffe 等。通过使用深度学习框架，算法人员可以无需关心神经网络和训练过程的实现细节，更多关注应用本身的业务逻辑。开发人员可以在框架上直接构建自己的模型，并利用框架提供的接口对模型进行训练。这些框架简化了深度学习应用的设计和开发难度，甚至仅通过几十行代码就能将一个深度学习模型构建出来。此外，算法模型和框架还强依赖于大量第三方库，如 NumPy、pandas、计算机视觉常用的 OpenCV、自然语言处理常用的 NLTK 等。因此，一旦这些深度学习框架和第三方库中存在漏洞，就会被引入模型破坏模型的可用性。图 3-4 清晰地展示了基于人工智能网络设施与机器学习框架的人工智能应用系统开发流程。

其实，这是一种"不能让造车者从开发轮子做起"的应用逻辑，人工智能网络设施和机器学习框架好比是车子的轮子，是基础，而这些基础都是知名公司通过网络平台或者第三方库提供给众多需要人工智能开展应用与决策的企业和用户的。这些人工智能网络设施和机器学习框架给应用者提供了大量的便利与智能化的应用 API 的同时，也给他们带来人工智能应用上的系统安全问题。越来越多的人工智能应用通过这些平台提供的API 被训练用来处理真实的任务，甚至极其关键的任务，一旦平台层面被攻克，将带来无法估计的危险，比如自动驾驶汽车的判断力集体失灵、IoT 体系被黑客控制、金融服务中的人工智能系统突然瘫痪、企业级服务的人工智能系统崩溃等情况，造成的后果将非常严重。

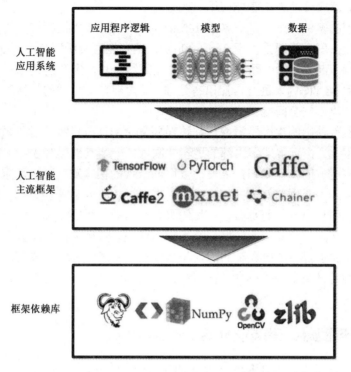

图 3-4　人工智能应用系统开发流程

上述的问题究其原因是这些开源框架和组件缺乏严格的测试管理和安全认证，本身模型存在一定的缺陷，攻击者会利用这些漏洞和缺陷，构建具有一定偏差的对抗样本或者利用漏洞在模型中植入后门。这些做法最终会造成学习框架组件的模型产生无目标性的误判或者指定特定错误结果目标的误判，无论是哪种类型的误判都将对应用人工智能网络设施和机器学习框架的产品造成不良的结果，直接影响该产品的商业用途、社会用途甚至有些国家层面的用途，危及人工智能产品和应用的完整性和可用性，从而有可能导致重大的财产损失和恶劣的社会影响。深度学习框架掩盖了它所使用的组件依赖，同时也隐藏了系统的复杂程度。深度学习框架实现基于众多基础库和组件的图像处理、矩阵计算、数据处理、GPU 加速等功能。例如，Caffe 除了自身神经元网络模块实现以外，还包括 137 个第三方动态库，例如 libprotobuf、libopencv 和 libz 等。谷歌的 TensorFlow 框架也包含对多达 97 个 python 模块的依赖，包括 librosa 和 NumPy 等。任何在深度学习框架以及它所依赖的组件中的安全问题都会威胁到框架之上的应用系统。另外，模块往往来自不同的开发者，对模块间的接口经常有不同的理解。当这种不一致导致安全问题时，模块开发者甚至会认为是因为其他模块调用不符合规范而不是自己的问题。

近年来，很多研究人员发现 Google 开源的 TensorFlow、Facebook 开源的 Caffe 和 Torch 等深度学习框架对第三方开源基础库过度依赖，这会导致其存在大量的安全威胁。安全人员在上述三个框架中发现了众多的安全漏洞，这些漏洞包括了几乎所有常见的类型，例如内存访问越界、空指针引用、整数溢出、除零异常等；这些漏洞潜在带来的危害可以导致对深度学习应用的拒绝服务攻击、控制流劫持、逃逸攻击、系统损害攻击以及潜在的数据污染攻击等。利用 TensorFlow 本身的系统漏洞，黑客还可以容易地制造恶意模型，从而控制、篡改使用恶意文件的人工智能应用。

举两个典型的案例：一个是对基于 TensorFlow 的语音识别应用进行的拒绝服务攻击。这个拒绝服务攻击安全问题是由于 TensorFlow 人工智能框架所依赖的 NumPy 库里面的一个简单逻辑漏洞引起的。另一个是目录遍历攻击。这个攻击安全问题则是由于有些人工智能应用系统使用 NLTK 包来进行自然语言处理，其内部存在相关的带漏洞的自定义函数而引起目录遍历的攻击安全问题。

由于一个投入使用的深度学习应用往往需要复杂的训练过程，因此恶意模型的攻击点很难短时间被察觉。由于智能体内部的逻辑关联性，一个点被黑客攻击很可能将会全盘受控，这种情况下造成的安全隐患，显然比互联网时代的黑客攻击更加严重。理解了这些，我们可能会达成一个并不美好的共识：我们一直在担心的人工智能失控，可能根本不是因为人工智能太聪明想夺权，而是居心不良的黑客发动的。所以，人工智能的基础设施与框架给企业与用户在人工智能应用领域带来了很多便利，减轻了他们模型设计开发的成本与难度，但是却增加了很多不可控制的因素与系统安全隐患。因为这些人工智能基础设施与框架的内部结构对外是未知的黑盒，它们本身存在的漏洞与缺陷势必造成调用它们的上层企业与用户遭受到系统安全问题。

3.2.3　人工智能恶意应用安全问题

黑客们也是一群从事计算机与相关领域的行家能手，他们也可能将人工智能技术为己所用，通过人工智能技术恶意应用实现更高维度、更智能化的攻击，从而造成更多的安全问题，尤其随着人工智能的功能日益强大，应用日益广泛，人工智能技术恶意应用将导致各类系统安全问题。主要体现在以下三个方面：

(1) 扩大现有的网络安全威胁，原来需要人力、智力和专业知识的任务现如今可利用人工智能技术快速简单地完成，攻击成本将大大降低。其结果是攻击者数量更多，攻击速度更快，能攻击更多的潜在目标，这就造成了更深层次、更广范围的系统安全问题。人工智能技术可大幅提高恶意软件编写分发的自动化程度。过去恶意软件的创建在很大程度上由网络犯罪分子人工完成，通过手动编写脚本以组成计算机病毒和木马，并利用一些工具帮助分发和执行。而现在人工智能技术可使这些流程自动化，通过插入一部分对抗样本绕过安全产品的检测，甚至根据安全产品的检测逻辑实现恶意软件自动化地在每次迭代中自发更改代码和签名形式，并在自动修改代码逃避反病毒产品检测的同时，保证其功能不受影响。人工智能技术驱动下的恶意软件还会通过一系列的自动化决策进行自繁殖，加快攻击的速度；还能根据被感染系统的参数进行智能调整，通过人工智能技术学习被攻击系统的环境知识，比如受感染设备通信的内部设备、使用的端口和协议、设置的账户信息，使得原来难度较大的攻击任务变得简单化。除了自动化攻击过程中的智能决策外，攻击者还可以利用人工智能来增加参与攻击的机器数量并加快攻击速度，从而能攻击变得更加隐秘，能攻击更多的潜在目标。网络攻击者可以使用人工智能技术驱动的恶意软件来创建强大的恶意代码，以逃避复杂的防御。

IBM 研究院曾开发了一种由人工智能技术驱动的恶意软件攻击工具，称为 DeepLocker，它能够隐藏恶意负载直到它感染特定目标群体。它将几种 AI 模型与恶意软件技术相结合,以创建一种特别具有挑战性的新型恶意软件。DeepLocker 这种人工智能技术驱动的恶意软件可以隐藏其意图,直到它触达特定受害者,一旦人工智能模型通过面部识别、地理定位、语音识别等指标识别目标,它就会释放恶意行为。DeepLocker 能够避免检测并仅在特定条件匹配后激活自身。人工智能恶意软件是高目标攻击的特权选择。恶意代码可以隐藏在有害的应用程序中,并根据各种指标选择目标,比如语音识别、面部识别、地理定位和其他系统级功能。DeepLocker 将其恶意负载隐藏在良性运营商应用程序中,比如视频会议软件,以避免被大多数防病毒和恶意软件扫描程序检测到。

DeepLocker 的独特之处在于,人工智能技术的使用让解锁攻击的"触发条件"几乎不可能进行逆向工程,只有达到预期目标才会解锁恶意软件有效负载。它通过使用深度神经网络人工智能模型来实现这一目标。一个典型的应用就是在一个良好的视频会议应用程序中伪装一个著名的勒索软件(WannaCry),以便它不被恶意软件分析工具(包括防病毒引擎和恶意软件沙箱)检测到。作为触发条件,训练人工智能模型识别特定人员的面部以解锁勒索软件并在系统上执行。想象一下,这个视频会议应用程序是由数百万人分发和下载的,这在许多公共平台上都是合理的。推出时,该应用程序会秘密地将相机快照提供给嵌入式人工智能模型,但除了预定的目标之外,所有其他用户都表现正常,当受害者坐在电脑前并使用该应用程序时,相机会将他们的脸部送到应用程序,受害者的脸就是解锁恶意软件的关键,因此也将秘密触发恶意软件有效负载的执行。

(2) 提高了网络攻击与安全威胁的效率和针对性。随着人工智能技术在网络攻击与安全领域的恶意应用越来越多,安全攻击将会效率更高、针对性更强,加剧网络攻击破坏程度。人工智能技术可生成、可扩展攻击的智能僵尸网络,这种类型网络被称为 Hivenet,是一种由被入侵设备所组成的智能集群网络。目前,人工智能技术已经被应用在机器人集群中,利用自我学习能力,以前所未有的规模自主攻击脆弱系统。与传统僵尸网络不同的是,利用人工智能技术构建的网络和集群内部能互相通信和交流,并根据共享的本地情报采取行动。被感染的设备也将变得更加智能,无需等待僵尸网络控制者发出指令就能自主执行命令,同时自动攻击多个目标,并能大大阻碍被攻击目标自身缓解与响应措施的执行;集群中的设备不仅可以创造出更具有攻击性和破坏性的攻击向量,并降低攻击者发动攻击所需要的人力财力成本,还提高了网络攻击与安全威胁的效率和针对性。

Hivenet 可以对包含漏洞的目标系统进行自我学习,而且学习效率非常高,规模也非常大;自学习型网络中的僵尸设备无需等待攻击者向其发送控制命令,就可以成倍地自发增长和扩大,势必加剧网络攻击的破坏程度。这种自学习型网络攻击能够同时对多个目标发动攻击,目前连威胁缓解以及事件响应方案都无法有效地应对这种威胁。基于 Hivenet 驱动的自学习型网络的攻击破坏力更强,它所带来的网络安全威胁也将不可预期。对于企业来说,想要缓解或者应对自学习型网络的攻击,肯定会比之前面对传统攻击要难得多,由于这种类型的攻击在人工智能技术的驱动下每时每刻都在发展进化,具有高度的自学习性和智能化,当企业设计出相应的缓解方案之后,就会发现这种攻击又升级成另一种类型的攻击了,之前所设计的方案也就没有意义了,因此造成的网络安全威胁就更复杂了。

(3) 将人工智能机器学习技术用于语音朗读、语音识别和自然语言处理之类的算法进行更智能化的社会工程攻击,或者基于验证码的破解攻击形成伪装验证,会造成更大的网络安全威胁。比如,网络钓鱼邮件在人工智能机器学习技术的驱动与恶意应用下,将变得更加聪明，机器学习能令网络钓鱼邮件更针对那些位高权重的人士，而且能自动化整个钓鱼过程。可以用真实邮件来训练这些系统，让它们学会产生看起来令人信服的邮件。网络罪犯将会更多地利用机器学习来分析大量被盗数据记录，识别出潜在受害者，编写出语境丰富、说服力强的钓鱼邮件。例如，可以利用人工智能机器学习网络向目标用户发送网络钓鱼推文，由于该机器学习网络模型经过网络钓鱼渗透测试数据训练，因此可动态运用从目标用户及其关注用户处按时间轴抽取的推文主题，来构造出更加可信的社会工程攻击，增加恶意链接的被点击率。经测验该系统相当有效，在涉及 90 名用户的测试中，此框架成功率在 30%～60%之间，相比传统网络钓鱼和群发网络钓鱼邮件可谓有了长足进步，这也足以证明人工智能机器学习技术的恶意应用所形成的伪装给网络安全造成了更大的威胁。伪装验证的代表性案例商务——电子邮件入侵(BEC)是指攻击者冒充 CEO 或其他高级经理，以完成交易或履行业务的名义，诱骗公司银行账户负责人进行错误转账。BEC 每年给公司企业造成高达数十亿美元的损失。如今，在人工智能技术的加持下，BEC 攻击借助虚假电话音频再登新高峰。2019 年第一波利用虚假音频冒充公司 CEO 来电的攻击事件，造成一家英国能源公司的员工被骗向攻击者的银行账户里转入了 24 万美元，今后将会有更多利用人工智能技术伪造 CEO 虚假音频执行 BEC 攻击。同时为了实现伪装验证和未授权访问，早在 2012 年，3 名研究人员就使用机器学习支持向量机(SVM)攻破了相关的验证码系统，并且准确率高达 82%，由此在当时触发了整个验证码机制与技术的改进及更新。但是随着人工智能技术的发展，这类人工智能技术恶意应用也在技术上不断发展更新，直到 2016 年，深度学习再次攻破改进的验证码系统，深度学习对简单验证码的攻击准确率达到 92%。

总之，人工智能本身自动化、智能化、快速计算的特点就是一把双刃剑，既可以被应用于民生与国家安全的正面用处，也会被一些不法分子与黑客所利用，成为他们攻击系统安全的手段，加速攻击的速度与强化攻击的力度，最终造成更大的由人工智能恶意应用引发的安全问题。

3.2.4　智能数据安全问题

算力、模型和数据是人工智能的三个要素。数据在人工智能技术发展与商业化落地应用中发挥着不可替代的作用，是人工智能技术开发与应用的基础。如果没有海量的、经过良好标注的数据作为支撑，就无法进行人工智能算法模型的训练，更谈不上基于人工智能算法模型的预测决策与商业应用。当模型经过训练形成可应用且具有较强泛化能力的时候，很多应用者会输入自己的相关数据进行模型的预测决策与直接商用，此时这些现场应用数据也存在大量的信息与隐私。因此，人工智能数据的质量将对模型算法的质量产生直接影响，并且应用人工智能模型进行商业应用落地时又涉及大量隐私数据的保护问题。

伴随着人工智能技术的发展与商业落地应用，人工智能技术出现在人们生产生活的方方面面。这些人工智能技术应用流程中的数据将遇到各类风险与安全问题，数据安全和隐私保护成为人工智能系统在开发和应用过程中面临的严峻安全挑战，如何兼顾数据安全和人工智能技术发展成为当下人工智能领域的一项棘手问题。图 3-5 所示为机器学习应用流程与数据依赖关系图，机器学习作为人工智能的核心技术，其应用流程中对于数据的依赖决定了人工智能数据安全的重要性。

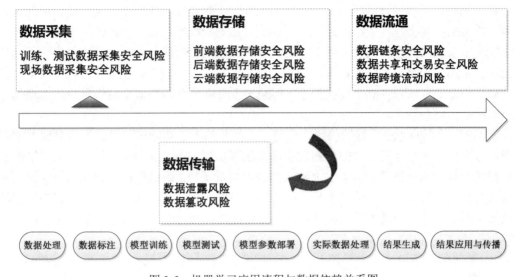

图 3-5　机器学习应用流程与数据依赖关系图

从图 3-5 中可以看出,在机器学习应用流程的各个环节数据都有可能存在风险和威胁,也派生出人工智能的数据安全问题。它主要包括三个方面,分别是人工智能的数据质量问题、人工智能的数据隐私问题和人工智能的数据保护问题。下面将从这三个方面阐述人工智能数据安全遇到的风险与问题。

1. 人工智能的数据质量问题

人工智能的数据质量对人工智能的训练过程和现场应用决策过程都起到直接作用与影响。根据这两类过程,人工智能的数据质量分为两类:第一类是训练数据质量;第二类是现场数据质量。

1) 训练数据质量问题

训练数据主要会对机器学习的训练过程起到决定性作用,整个机器学习的模型是通过大量的训练数据进行拟合形成模型参数和各类模型数据,使得整个模型具有泛化能力,才能应用到实际的现场数据的预测与决策。因此,训练数据的质量将对人工智能系统的可靠性和安全性起到举足轻重的作用,训练数据的质量问题主要表现为训练数据的规模不足、训练数据的多样性和均衡性不足、训练数据的标注质量低、训练数据遭投毒攻击等问题。

(1) 训练数据的规模不足问题。该问题是目前很多企业在实施人工智能应用遇到的瓶颈问题之一,尤其是针对监督学习模型而言,模型的泛化能力需要依赖于大量的训练数据使其拟合到正确的预测模型上,而往往训练数据集的规模太小。训练数据以孤岛形式存在和数据量较小,将直接影响人工智能模型与系统的可靠性和安全性;训练数据不足、训练数据集规模太小,将会造成模型训练的过拟合;模型对于小型训练数据集完全匹配,但是到了现场应用数据的时候预测与决策都出现问题,显然这对人工智能的应用是非常不利的。

(2) 训练数据的多样性和均衡性不足问题。该问题会使训练出来的模型对一些训练数据中存在小概率的类型数据不具备很好的分类决策效果,使得整个模型不具备全局的泛化能力，最终使得整个模型在遇到小概率同类型现场数据的时候无法精准预测正确的结果，这也将影响到人工智能技术应用的可靠性与安全性。曾经有一场基于人工智能的国际选美比赛，选美裁判其实是一个经过训练过的选美人工智能模型，在对全球的参选人员进行分类后发现，选出来的人中白种人居多，而黄种人和黑人的比例甚少，造成这个评判不准确的原因就是用于训练模型的原始训练数据大部分的样本是白种人，使得整个模型在多样性和均衡性不足的训练数据集上得到拟合，但是对于概率分布均衡的全球人种现场数据却产生不太准确的评判结果。

(3) 训练数据的标注质量低问题。目前，大部分的人工智能机器学习模型是监督学习模型，该模型的训练数据都是需要通过正确标注真实值(Ground-truth)的标注数据，这些标注数据集的真实值标签对于模型的训练与拟合非常重要。正确的标注数据能够拟合出正确的参数与模型，最终对该模型现场数据的应用与决策起到决定性的作用。如果训练数据的标注质量过低，整个经过训练的模型不具备泛化能力，面对现场应用数据的真实值标签无法得到正确的决策结果，将对人工智能应用的可靠性和安全性产生不利的影响。

(4) 训练数据遭投毒攻击问题。人工智能训练数据污染可导致人工智能决策错误。训练数据遭投毒是指通过在训练数据里加入伪装数据、恶意样本等可破坏训练数据的完整性，进而导致训练出来的人工智能算法模型参数看似正确高效，但对特定现场数据却作出错误判断，连续引发误导性决策且难以在使用中被察觉和验证，在一些高度依赖人工智能的场景中将有可能造成重大损失。当下很多恶意软件检测技术与算法是基于人工智能技术实现的，如果在这个恶意软件检测模型训练阶段对训练数据进行投毒注入恶意的数据，将会影响训练的模型，使模型最终无法识别恶意软件入侵，以致恶意软件能够绕过基于这个模型的安全防护系统。还有通过给智能汽车输入经过投毒的被污染的训练样本，经过这些训练样本数据训练出来的智能汽车人工智能模型就可以把"禁止通行"的交通标志牌识别为"可以通行"，从而造成交通事故和人员伤亡。

2) 现场数据质量问题

现场数据的质量直接影响了人工智能的决策与安全运行。现场数据可以被篡改，加入细微的搅动或者噪声，形成对抗性样本，这些对抗性样本在人类视听范围内是无法察觉到与真实样本的区别的，但是就是这些细微的搅动的差别却对训练好的人工智能模型算法产生重大影响，影响其决策输出的结果，造成错误分类或者误判。例如，智能门禁系统应用了已经训练好的人工智能算法进行身份图像的识别与验证，不具备认证人脸的人员是无法通过门禁系统认证进入的，但是通过一些对抗攻击手段，即在非认证人脸图像上添加搅动的对抗样本，欺骗人工智能模型算法使其识别为认证人脸，最终通过智能门禁系统进入，这些都是身份盗用和欺骗认证系统等非法行为，对基于人工智能模型算法的认证系统造成了安全威胁。利用对抗样本让攻击者可在很多应用场景上对人工智能模型本身发起攻击，由于人工智能模型在业务系统中往往处于核心决策地位，而现场数据的质量得不到保障，从而引发了重大的人工智能决策安全问题。与以往的网络安全攻击相比，这类攻击对实际业务运行造成的后果往往会更加严重。

2. 人工智能的数据隐私问题

随着大数据的使用、算力的提高和算法的突破，人工智能正变得无处不在。由此带来的问题是，人们一方面享受人工智能带来的"红利"，另一方面则面临隐私被当作"资源"过度和非法使用的困境。如何应对人们隐私"裸奔"的挑战变得越来越严峻。人工智能机器学习应用流程的不同环节需要应用或获得的数据多少都存在隐私问题，主要存在隐私问题的数据包括训练和测试数据、模型参数数据、现场数据、模型决策分析结果数据等，不同类型的数据存在着不同的隐私安全问题。下面对这几类数据的隐私安全问题和相关案例进行说明。

1) 训练和测试数据的隐私安全问题

人工智能模型训练的过程中需要大量的数据，而在模型训练后进行参数调整优化的时候则需要大量的测试数据，才能使模型的参数得到优化，才能使模型具有更高的泛化和拟合能力。因此，无论是训练数据集还是测试数据集，目前都是企业在运用人工智能技术开展商业应用时特别需要的，也是企业相互争夺的资源。也就是说，谁拥有了大规模的准确的优质的训练和测试数据集，谁就能在人工智能模型训练和泛化后的商用上占有了先机。比如，电商购物网站的智能推荐和用户行为分析都是人工智能技术的典型应用，需要具备一个优质的人工智能分析模型才能做好电商购物的智能推荐，并对电商营销起到正面的导向与引流作用，实现电商购物消费量的提升。其中如何得到优质的智能推荐人工智能模型和参数，则需要在前期具备大量的用户过往购买记录信息和用户浏览行为记录信息作为训练和测试数据，然后去训练模型才能得到泛化能力较高的智能推荐人工智能模型和相关参数。这些用户过往购买记录信息和用户浏览行为记录信息内包含了大量个人隐私信息，比如一些个人隐私兴趣爱好和个人私密购买记录等，如果这些隐私数据被泄露或者被第三方的个人或者组织窃取并做他用将会造成很多社会问题。目前，基于人工智能模型算法的人脸识别技术在很多领域得到应用，很多人脸识别模型算法都是基于大量的已经存在的人脸数据训练出来的。例如，企业商用的人脸识别模型算法都是基于一些大厂如 Google、百度公司对外公布的成熟的人脸识别算法 API，这些算法的产出势必经历过前期大量真实人脸数据的训练和测试过程。然而，这些原本确定作为科研产出优化模型的人脸数据库却在商机面前发生了应用动机的变质，之前学术研究人员通常通过图片分享网站的授权或者其他一些途径获取大量的图片，以供训练或测试人脸识别算法。授权的协议显示这些图片数据仅用于学术研究或者内部模型优化生成，并不对外泄露。但随着微软、IBM、Facebook、谷歌、百度、腾讯和阿里等公司将自己的未来押在人工智能上，人脸识别正越来越多地走出实验室，进入大型企业的领域。大量个人照片被用于商业领域，将引发隐私冲突。例如，2019 年 3 月，IBM 被爆出使用互联网上的照片作为人脸识别的"养料"，其中包含了图片分享网站上近 100 万张照片，但未获得用户许可，因此引发了媒体的高度关注和用户对隐私的广泛担忧。目前，在人工智能训练和测试数据获取的方法和途径方面出现了众多可能侵犯用户隐私的事件，引发了公众对个人数据被非法滥用的普遍担忧。

2) 模型参数数据的隐私安全问题

训练好的人工智能模型具有优化的参数数据，这些参数数据决定了现场数据输入的正确决策结果，往往该模型的参数数据是对外隐藏的，属于黑盒状态，这样才能保证模型的内部完整性和不被侵犯性。但是，目前很多黑客则是去盗用模型的内部结构，通过各种技术手段将模型由黑盒变成白盒，并盗取模型的内部结构和相关的参数数据，如使用一些逆向工程技术从黑盒模型中盗取出模型参数和推导出训练模型的数据关键性信息，实现模型参数这些隐私数据的窃取。

3) 现场数据的隐私安全问题

在人工智能应用下，为了使模型计算分类预测的结果准确高效，往往在很多场景例如无人驾驶、智能家居、智慧城市中，采集终端可能会过度采集用户敏感信息，这些用户敏感信息的隐私没有得到很好的保护，甚至作为一些商用数据被反复售卖和二次使用，直接违背了个人信息安全规范中数据采集的最少必须原则，侵犯了用户的合法权益。甚至有些人工智能人脸识别算法模型的应用到了过度使用的程度，比如有些动物园检票系统并非需要人工智能人脸识别算法进行入园检测，但还是使用了相关的模型，造成不必要的人脸和个人信息的采集与使用。日前，国内某城市在动物园使用人脸识别人工智能算法模型进行匹配和应用的时候就遭受到游客的投诉告上法院，表示个人隐私被过度采集和应用，最后该动物园败诉。从这件事情也看出，随着国民素质的提升，人工智能现场数据的隐私安全问题越来越被大众所重视。

4) 模型决策分析结果数据的隐私安全问题

现在各行各业都在运用人工智能模型从事商业或者其他领域的应用，例如电商平台的智能推荐功能、互联网线上诊疗以及心理测试平台等。它们的背后往往由人工智能模型决策分析来支撑，模型决策分析的结果显示了一个人的兴趣爱好、个人购物习惯、疾病诊断结果、心理健康问题等，这些信息对于个人而言是隐私，或许有些信息是很多个人不愿意暴露在公众的眼光下的。但是，这些模型决策分析的结果数据往往被黑客窃取或者被模型供应商以盈利的方式售卖给第三方，购买者出于挖掘隐私和精准营销的目的，但其实却侵犯了个人隐私，引起人工智能模型决策分析结果数据的隐私安全问题。

人工智能的开发和运行过程中不仅涉及个人数据和隐私安全问题，还涉及企业数据、工业数据、商业秘密、知识产权以及社会安全、国家安全的多种重要数据，这些数据的安全保护同样和隐私问题一样面临着重大风险。

3. 人工智能的数据保护问题

在人工智能开发和应用场景中，我们所要关注的数据安全保护问题并不仅仅是"人工智能模块"本身，而且是包含人工智能模块的整个应用系统的数据安全问题，以及人工智能产业链上下游中的数据安全问题，包括数据采集、流通、存储以及传输等数据生命周期的各个环节(见图3-5)，因此在每个流程环节中都会遇到数据保护的安全问题。在人工智能场景中，数据采集环节的数据保护问题主要涉及合规管控问题，例如训练数据、测试数据和现场数据的采集行为的合规性。数据传输环节的数据保护问题涉及数据泄露、数据篡改等安全风险。数据存储分为本地存储(前端存储)、后端数据存储和云端存储，在许多人工智能应用场景中，需要在现场对数据进行实时分析和处理，例如自动驾驶、人脸识别安防系统等；也有许多场景会把数据传回云端，在云端进行处理和存储；此外在有些场景下，既有存储在现场和前端的数据，也有存储在云端的数据。当前，无论是在前端还是后端，数据存储的安全管控都面临重大挑战。一方面，前端和设备终端的数据存储环境安全性差，安全防护能力弱，给数据存储带来安全风险；另一方面，云端数据库安全问题突出，数据泄露风险大。在人工智能的开发和应用中，数据处理、数据标注、模型训练、模型测试、模型参数部署、实际数据处理等环节都涉及数据的使用(见图 3-5 的底部)，其中存在众多安全问题。例如，亚马逊公司曾被爆出，用户家中的智能音箱 Echo 在未经用户授权的情况下，私自将家人间的聊天记录发送给了联系人列表中的人。再如，智能手机、智能音箱、智能汽车等智能设备回传给企业的数据在处理和使用过程中也存在敏感数据泄露问题。此外，数据挖掘分析过程中可能会分析得到危害国家安全、企业安全和个人安全的结果，造成数据价值泄露风险。这些都是人工智能系统在使用数据过程中产生的数据保护安全问题。

数据集的采集和标注是人工智能模型训练之前的重要步骤。当前，受人工智能技术热潮的驱动，国内外涌现了众多规模不等的数据采集、标注公司以及一些众包平台，人工智能企业大多通过众包市场的方式实现海量数据的采集和标注。然而，在数据的采集、标注等环节中，数据链条中所涉及的多方主体的数据保护能力参差不齐，当涉及敏感数据的处理和数据在多方主体之间流动时，面临数据泄露等安全风险。此外，数据在流通、共享和开放过程中才能实现价值，各地都在积极推动数据开放和共享，但数据安全是其中面临的重要问题。如何保证数据在流通和共享过程中的安全使用、安全存储、安全销毁将是一大挑战。而且，涉及数据跨境流动的场景也会对国家安全和个人信息保护造成不可控的安全风险。例如在自动驾驶场景下，车辆产生的路况、地图、车主信息等大量数据可能回传境外的汽车制造商，进行处理和再利用，这将给重要数据和敏感数据带来数据保护的安全风险。表 3-2 对人工智能数据安全问题进行了分类罗列。

表 3-2　　人工智能数据安全问题分类罗列表

人工智能数据安全	人工智能数据质量问题	训练数据质量问题
		现场数据质量问题
	人工智能数据隐私问题	训练和测试数据的隐私安全问题
		模型参数数据的隐私安全问题
		现场数据的隐私安全问题
		模型决策分析结果数据的隐私安全问题

3.2.5　模型安全问题

人工智能模型安全就是人工智能模型本身的安全问题，算法模型的设计和实施有可能无法实现设计者的预设目标，导致决策偏离预期甚至出现伤害性结果。例如，自动驾驶汽车因机器视觉系统未及时识别出路上突然出现的行人，导致与行人相撞致人死亡。人工智能模型安全问题就是人工智能模型算法面临的所有安全威胁，包括人工智能算法模型在训练与测试(应用)阶段遭受到来自攻击者的功能破坏威胁，以及由于算法模型自身鲁棒性欠缺所引起的安全威胁。

1. 模型训练完整性威胁

攻击者通过对训练数据进行修改，对算法模型注入隐藏的恶意行为，训练完整性威胁破坏了人工智能模型的完整性。人工智能模型的决策与判断能力来源于对海量数据的训练和学习过程，模型训练数据的全面性、无偏性、纯净性很大程度上影响了模型判断的准确率。一个全面的、无偏的、纯净的大规模训练数据可以使模型很好地拟合数据集中的信息，学习到接近人类甚至超越人类的决策与判断能力。目前，破坏模型训练完整性的攻击方法主要为数据投毒和后门攻击两种。这两种攻击方法会造成模型训练完整性威胁的人工智能模型算法安全问题。

(1) 数据投毒攻击。这类攻击就是在模型的训练集中加入少量精心构造的毒化数据，使模型在测试阶段无法正常使用，即破坏模型的可用性为无目标攻击；或协助攻击者在没有破坏模型准确率的情况下入侵模型，即破坏模型的完整性为有目标攻击。破坏人工智能模型可用性的典型例子之一是逃避垃圾邮件分类器的检测，垃圾邮件分类器是一个人工智能模型分类算法的典型应用，通过数据投毒攻击使得垃圾邮件分类器不可用，无法检测异常的垃圾邮件，以达到异常邮件逃避检测的目的。破坏模型完整性的投毒攻击则相对破坏模型可用性的情况具有更强的隐秘性，属于针对特定数据的攻击，被投毒的模型对干净数据表现出正常的预测能力，只对攻击者选择的目标数据输出错误结果。这种使人工智能模型在特定数据上输出指定错误结果的攻击其实会导致巨大的危害，在某些关键的场景中会造成严重的安全事故。例如，一些对抗样本对原始图形加入一些人眼不能识别的搅动，造成模型针对这些样本的分类判定结果错误则是一种典型的破坏模型完整性的攻击，而且这些被破坏的模型针对正常数据的预测结果和正确率却丝毫没有影响。

(2) 后门攻击。后门攻击相对于对传统数据投毒破坏模型可用性和对抗样本攻击破坏模型完整性的攻击方法而言，它的聪明程度和产生的误判精准性更高。其特征是通过训练数据的修改在模型中植入后门程序，该后门程序只有加入特定搅动改变的触发器数据才会启动异常后门程序执行，并造成整个模型对该数据进行误判，导致出现指定目标的错误分类结果。后门攻击是使用模型被毒化后加入了攻击者选定的后门触发器，使得最终数据分类为攻击者的目标类别，而不影响模型的正常性能。攻击者将一些带有特殊形式数据(比如图像的特殊图案)添加在毒化数据中，并在训练阶段进行训练，这样会产生后门攻击的特殊损失函数，同时这些特殊形式数据将成为后门攻击的触发器前提，不被人察觉，然后使用静态搅动和目标自适应搅动生成攻击所需的后门触发器。一般，静态搅动是攻击者预先选择的噪声，而目标自适应搅动则是通过一些通用对抗搅动生成的噪声。与传统的数据投毒目标一样，基本上这样的模型攻击是保证标签不变的，从而提高了攻击的隐秘性。更加高级的后门攻击不是在正常使用模型的时候被触发，而是在使用者对模型进行微调改进的时候被触发，这样的后门更加隐蔽且难以防御。

2. 测试(应用)完整性威胁

模型测试(应用)阶段是指模型训练完成之后，模型参数被全部固定，模型输入测试(应用)样本并输出预测结果的过程。在没有任何干扰的情况下，人工智能模型的准确率超乎人们的想象，有些图像分类任务的识别准确率甚至超过了人类。但是，近些年来在模型测试(应用)阶段，人工智能模型很容易受到测试(应用)样本的欺骗从而输出不可预计的结果，甚至被攻击者操纵。这种攻击者通过对输入的样本进行恶意修改，从而达到欺骗甚至操纵人工智能模型的威胁，统称为测试(应用)完整性威胁。目前，破坏模型测试(应用)完整性的攻击主要包括对抗样本攻击和伪造攻击两种。这两种攻击方法会造成模型测试(应用)完整性威胁的人工智能模型算法安全问题。

(1) 对抗样本攻击。这类攻击指利用对抗样本对模型进行欺骗的恶意行为。对抗样本是指在数据集中通过故意添加细微的干扰所形成的恶意输入样本，在不引起人们注意的情况下，可以轻易导致机器学习模型输出错误预测。错误判断的类型既包括单纯造成模型决策出现错误的无目标攻击误判，也包括受到攻击者操纵导致定向决策的有目标攻击误判。对抗样本攻击最早是在图像分类人工智能应用任务中，向测试(应用)阶段的分类图像像素中加入微小的扰动，使得分类模型的准确率严重下降，同时对抗样本具有很强的隐蔽性，攻击者作出的修改往往并不会引起人们的察觉甚至人的肉眼无法察觉到。对抗样本攻击之所以能够产生模型安全威胁在于人工智能模型本身存在缺陷，人工智能模型其实是一种知其然不知其所以然的模型，模型本身内部的不足和缺陷造成了这种对抗样本攻击变成了现实威胁，并且广泛存在于人工智能技术应用的各个领域。例如在自动驾驶中，对交通标志的误识别会造成无人汽车作出错误决策引发安全事故。对抗样本的攻击严重阻碍着人工智能技术的广泛应用与发展，尤其是对于安全要求严格的领域。因此，近些年来对抗样本攻击以及其防御技术吸引了越来越多的目光，成为了人工智能安全领域的热点之一。对抗样本攻击的基本原理就是对正常的样本添加一定的扰动，从而使得模型出现误判。以最基本的图像分类任务为例，攻击者拥有的测试(应用)数据集中某个数据 x_i 是一个正常的测试(应用)样本，y_i 则是 x_i 的正确人工智能判定结果类别，N 为数据集的样本数量。将用于分类的目标函数表示为 $f(\cdot)$，则 $f(x)$ 表示样本 x 输入模型目标函数 $f(\cdot)$ 得到的判定分类结果。攻击者应用对抗样本攻击的方法对正常样本 x 进行修改得到对应的对抗样本 x'，该对抗样本 x' 可以造成模型出现误判，同时对抗样本 x' 与原样本 x 应该较为接近，具有同样的语义信息，为了使修改的样本能够保持语义信息不造成人类的察觉，两者之间的距离应该足够小但是能造成最后模型判断出现错误，即对抗样本的人工智能判定分类结果不同于原样本的正确类别。根据攻击意图，对抗样本攻击可以分为有目标攻击和无目标攻击，一般的对抗样本攻击属于无目标攻击，上述的原理定义就是针对无目标攻击的。也就是说，一般对抗样本攻击的原始样本被攻击修改为异常样本，而这类异常样本会造成人工智能模型结果判定错误，使得分类结果为不正确。然而，这种错误的分类结果并不是固定的，只要和原始结果造成的服务不同即可。这种类型就是无目标攻击，目前无目标攻击是主流。但是随着技术的不断发展，对抗样本攻击的有目标攻击类别也逐步增加，就是攻击者根据需要对样本进行修改，使得模型的分类结果变为特定的攻击者所预期的错误分类结果。

(2) 伪造攻击。这类攻击是向生物识别系统提交伪造信息以通过身份验证的一种攻击方式，是一种人工智能测试完整性威胁。生物验证技术包括指纹核身、面容核身、声纹核身、眼纹核身、掌纹核身等。以声纹核身为例，攻击者有很多种方法来进行伪造攻击声纹识别系统、声纹支付系统、声纹解锁系统等。例如，攻击者对声纹解锁系统播放一段事先录制或者人工合成的解锁音频通过验证。在这类音频伪造攻击中，攻击者可以通过手机等数码设备直接录制目标人物的解锁音频，也可以通过社交网络检索目标账号获取解锁音频，甚至可以从目标人物的多个音频中裁剪合成解锁音频，或者通过深度语音合成技术来合成目标人物的解锁音频。

3. 模型鲁棒性欠缺威胁

该问题并非来自于恶意攻击，而是来源于人工智能模型结构复杂、缺乏可解释性，在面对复杂的现实场景时可能会产生不可预计的输出。人工智能模型鲁棒性要求人工智能模型对于异常和存在微小扰动的输入样本，能够保持输出稳定、准确的预测结果。目前，人工智能模型鲁棒性缺乏主要原因有两种：一种是环境因素多变，人工智能模型在现实使用的过程中表现不够稳定；另一种是人工智能模型可解释性缺乏。人工智能技术中广泛使用的深度学习模型是由多层神经网络模块连接组合而成的，模型参数数量巨大、体系结构复杂，是一个结构复杂、难以使用清晰解析式来表达的非凸函数，因此，即便是在没有遭遇恶意攻击的情况下，也可能出现预期之外的安全隐患。环境因素多变是模型的鲁棒性欠缺的一大原因，在现实场景下，人工智能模型往往存在鲁棒性不足的问题，投入使用后的准确率不及训练、测试时候良好，甚至会出现一些预料之外的错误结果。这种现象的主要原因是训练数据不够充足，人工智能模型难以学习到真实场景中的全部情况。在现实场景下，正常的环境因素变化也会对模型的可靠性产生影响。例如光照强度、视角角度距离、图像仿射变换、图像分辨率等环境因素会对模型产生不可预测的影响。人工智能模型可解释性缺乏是模型的鲁棒性欠缺的另一大原因，可解释性是指在得到模型输出结果的基础上，解释人工智能模型所作决策背后的逻辑以及使人相信其决策准确性的能力。换句话说，就是回答一个"为什么"的问题，即可以解释为什么模型可以通过输入的信息来进行相应的决策，以及在构建人工智能模型的过程中为什么当前的模型设计可以获得良好的性能。模型可解释性的发展可以帮助我们更好地理解模型本身，了解模型输入数据是如何影响输出结果，这对于揭示攻击的原理和增强模型的安全性有着重要帮助。可解释性的缺乏在实际使用中可能会引起很多负面影响，负面影响之一是模型行为难以预测，由于无法直接理解模型的决策机理，因此当模型在面对复杂多样的现实场景时，就难以对模型的一些意料之外的行为进行预估，进而导致严重的安全隐患。这在自动驾驶等领域会产生难以挽回的后果。负面影响之二是人们对人工智能技术信任感的缺失，由于无法理解人工智能算法的决策逻辑，人们很难对不透明的人工智能算法产生认同感，这严重阻碍了人工智能技术在金融、医疗、交通等攸关人身财产安全，对安全性、可靠性要求较高的领域中的发展。负面影响之三是人工智能算法设计时缺乏理论根据，如果不理解模型的决策机理以及模型各种架构对性能的影响，构建者在设计相关人工智能算法时就会陷入盲目而混乱的尝试之中，最终得到的算法很有可能来源于有限的性能测试，其性能是如何得到的却无法解释。这不仅仅限制了人工智能模型在多种场景下的泛化能力，还使得模型进行调整、功能迁移、安全加固等操作的缺乏指导方向。表 3-3 对人工智能模型安全问题进行了分类罗列。

表 3-3　人工智能模型安全问题分类罗列表

人工智能 模型安全	模型训练完整性威胁	数据投毒攻击
		后门攻击
	测试(应用)完整性威胁	对抗样本攻击
		伪造攻击
	模型鲁棒性欠缺威胁	环境因素多变
		人工智能模型可解释性缺乏

人工智能模型安全问题对人工智能的技术应用与发展产生了重大的挑战，同时在信息安全领域人工智能的安全威胁也不容忽视。

3.2.6　信息安全问题

信息安全是指为数据处理系统建立而采用的技术、管理上的安全保护，是保护计算机硬件、软件、数据不因偶然和恶意的原因而遭到破坏、更改和泄露。信息安全领域也逐步因为人工智能技术的应用而产生了新的威胁与问题。人工智能应用是信息化的集大成者，如果将人工智能在一个产业的应用比喻为一棵大树，某种程度上可以认为，这棵树是以信息为土壤，以信息为养分，乃至其枝叶和果实也是以信息的形式存在和发挥作用的。有了信息，就有了信息安全。信息安全要求保持信息的秘密性、完整性和可用性，防止非授权的信息公开和使用，防止信息篡改和破坏，并保证授权用户和程序可以及时、正常使用信息。人工智能产业应用中的信息安全并没有发生内涵上的本质变化，但同时应该看到，人工智能在上述产业中的应用推广，必将导致信息的产生、传输和存储发生量的飞跃和特征的变化，信息安全也随之有新的特点和问题。具体体现在以下三个方面：

(1) 连接数空前增大导致信息安全触点增多。

人工智能的广泛应用，将导致摄像头、拾音器、定位设备、感温器、人体体征检测设备、感光器等无数个各式各样的传感器遍布于人们的工作和生活的各个角落。梅特卡夫定律认为，网络价值与网络中的用户数量的平方成正比。人工智能、万物互联将这一定律诠释得淋漓尽致。仅就物联网而言，IDC 预测，2020 年全球物联网连接数将达到 281 亿个，GSMA(Global System of Mobile Communication Association，全球移动通信系统协会)更预估将超 300 亿个。这些都将成为人工智能体系的一部分。连接密集，节点增多，导致非法入侵的触点也大大增加，"后门"无处不在，信息安全风险因之增大。黑客不只是可以通过侵入网络系统中的计算机来获取数据，还可以将智能电表、智能手环、家庭婴儿监控镜头、智能冰箱等作为进攻目标。众多的节点同时还使得信息安全遭到破坏的隐蔽性进一步增强，破坏者利用某个环节非法获取信息或破坏信息后，系统的运作丝毫不受影响，而破坏者已经从其破坏行为中大受其益。

(2) 数据空前密集导致信息安全产生的影响更加显著。

如同流淌于人体血管中的血液一样，智能体系产生的数据流淌于整个体系的每一寸肌肤。联入网络的人工智能设备，无时无刻不在产生、传输和存储个体数据和行业数据。而且，数据的范围大大延伸，包含文本、图像、视频等多种形态，信息量也大大增加。智能体系中的每一个人、每一个智能设备都成为信息化社会的信息单元，他们在接收信息的同时，也在产生信息，充当着信息的利用者和被利用者的双重角色。数据密集导致信息量增大，随之而来的是，一旦发生信息安全问题，产生的后果也更为严重，将从碎片化变为立体化，从局部影响变为综合影响。

(3) 云体系化增强了个体对信息的不可控性。

人工智能产业应用的云体系化正在表现出不可逆转且加速的趋势。云体系包括云平台(云计算和云存储)、云网络、云终端、云服务等多个方面，通过云化，数据存储、计算服务等资源更具共享性，整体社会效益得以提升，但同时也增加了信息安全方面的风险。这里不妨引用"信息孤岛"的概念来说明问题。信息孤岛通常被用来描述功能上缺乏互动、信息上缺乏共享及业务流程相互脱节的计算机应用系统。从更大范围来讲，信息孤岛不仅在企业内存在，也在企业间、产业间、政府间存在。云体系化将大幅改善信息孤岛现状，在科学规划和管控的前提下，企业间、产业间、政府间的信息得以充分流动和共享。然而，问题也正是在这里。信息孤岛一般是被当作负面概念来使用的，但不能否认的是某种意义上信息孤岛对信息隔离和信息安全起着积极的作用。云体系化使得来自不同机构、不同产业的数据存储在少数几家提供云服务的"独角兽"企业，虽然减弱了"信息孤岛"效应，但数据高度集中使得系统一旦被入侵，产生的灾难性后果也是跨机构和跨行业的。而且，由于数据在云端存储，数据的产生者、所有者对其信息的不可控性也大大增加。

人工智能应用中的信息安全风险可以分为两大类型：一类是个体数据泄露和被盗用引发个人信息安全问题，使隐私暴露于公众视线；另一类是智能系统的整体性安全遭到威胁。对前者而言，人工智能得以广泛应用后，个人隐私泄露不再局限于身份、账号、联系方式等数据，而是更为综合、立体的全方位"人物刻画"数据信息。从健康状况、经济状况到出行轨迹、交往圈、消费明细、个人活动等，心怀叵测的人或机构可以利用合法或不合法的途径获取这些数据信息，用于这些数据产生之初的原本意图之外的用途，"被刻画者"将毫无隐私。对后者而言，在人工智能体系中，大量智能设备摆脱人的直接控制，通过"端—管—云"的方式受控于智能系统，许多云端系统本身就是无人值守的智能系统，一旦停摆或遭到攻击，整个信息链上的设备、人、产业、社会都会受到严重影响，甚至使公共秩序遭受破坏，个人财富蒙受损失。表 3-4 对人工智能信息安全问题进行了分类罗列。

表 3-4　人工智能信息安全问题分类罗列表

人工智能信息安全	个人信息安全	身份、账号、联系方式等信息泄露
		健康状况、经济状况、出行轨迹等人物刻画数据泄露
	智能系统整体性安全	智能设备安全
		无人值守智能系统安全

例如智能推荐系统在电商行业的应用非常广泛，由于其应用的普遍与广泛性，反而被攻击者所利用，被应用后可加速不良信息的传播。个性化智能推荐融合了人工智能相关算法，依托用户浏览记录、交易信息等数据，对用户兴趣爱好、行为习惯进行分析与预测，根据用户偏好推荐信息内容。当前，个性化智能推荐已经成为解决互联网信息内容过载的一种必要手段。智能推荐一旦被不法分子利用，将使虚假信息、涉黄涉恐言论、违规言论等不良信息内容的传播更加具有针对性和隐蔽性，在扩大负面影响的同时减少被举报的可能。

例如，很多攻击者利用人工智能技术制作虚假信息内容，用以实施诈骗等不法活动，在拥有足够训练数据的情况下，人工智能技术可制作媲美原声的人造录音，还可以基于文本描述合成能够以假乱真的图像，或基于二维图像合成三维模型，甚至根据声音片段修改视频内人物表情和嘴部动作，生成口型一致的音视频合成内容。目前，运用人工智能技术合成的图像、音视频等已经达到以假乱真的程度，可被不法分子用来实施诈骗活动。2017年，我国浙江、湖北等地发生多起犯罪分子利用语音合成技术假扮受害人亲属实施诈骗的案件，造成恶劣社会影响。未来通过合成语音和视频及多轮次对话的诈骗技术成为可能，基于人工智能的精准诈骗将使人们防不胜防。谷歌在某一年的 I/O 开发者大会上展示的聊天机器人，在与人进行电话互动时语言自然流畅、富有条理，已经完全骗过了人类。这种以假乱真的问题则从一个侧面看到了人工智能信息安全威胁的可怕性与严重性，如果不做好防护后果将不堪设想。

3.3　人工智能网络安全问题对策

3.3.1　人工智能安全对策概述

人工智能技术给全人类带来了一次发展机遇，同时也带来了挑战。因此，"抢抓机遇，乘势而上"则是当下人类应对人工智能的发展和遇到的安全问题的对策原则。我国作为世界大国，在面对人工智能安全问题方面更需要慎重考虑，一方面不能因为它存在安全问题和各种技术与伦理层面的漏洞而选择止步不前，遏制它的发展；另一方面也不能因为它正面的高效率智能化与促进生产力大发展而选择毫无保留地放任实施。

事实上，人工智能导致的安全问题已经影响到人们的生产生活和学习，在前面的人工智能网络安全问题中已经从多个方面进行了阐述，也对人工智能安全问题进行了分类和细致的说明。人类需要用辩证的思维去对待它，积极发展人工智能的正面作用，同时也要发现其存在的安全问题并采取一定的措施与对策解决人工智能网络安全问题。这也是本章节的重点内容。

人工智能的安全问题涉及技术层面、伦理道德层面和国家安全层面，因此整个人工智能安全对策自然包括网络安全层面的技术对策、伦理道德层面的约束设计对策和国家安全层面的法律法规对策三个方面。

首先，网络安全层面的技术对策。在前面重点阐述过人工智能网络安全问题很多都源于人工智能技术的漏洞、人工智能技术被反向应用等方面同类型的安全问题，自然需要通过技术手段实施相关的对策。

其次，伦理道德层面的约束设计对策。当人工智能发展到一定阶段，势必会遇到智能化的机器人或者其他设备在与人进行交互、互动，如何做到使智能机器人和设备具有人类常规的道德判断和行为判断能力。这需要在人工智能应用的时候加大对于道德和行为准则的约束设计，并采取一定的对策，使人工智能技术在应用上不会逾越道德的界限，使其具备较高的道德素质，从而降低人工智能滥用、危害人类的概率。

最后，国家安全层面的法律法规对策。在人工智能技术的辅助下，机器的智能化程度越来越高，当其达到了一定程度，很可能使国家发展出现较大的变革。有专家学者认为，新一代人工智能会成为重要的战略威慑力量，类似于"拥核自重"。如果国家被人工智能所控制，那么这个国家可能会出现一些问题。兰德公司曾经发布报告《人工智能对核战争风险的影响》，该报告预言，在 2040 年，人工智能甚至有可能超过核武器的威力。另外，如果人类对人工智能技术进行滥用，那么极有可能出现失控的情况，人们获得人工智能技术较为容易，但是对其管理和控制难度较大，滥用人工智能技术的后果非常严重，很有可能对国家政权产生威胁，甚至诱发社会动荡的产生，因此在国家安全层面上需要对人工智能应用范畴、应用界限和应用结果进行有效的约束，并以法律法规的方式出台制定形成有效的对策。

本章重点阐述人工智能网络安全技术层面的安全对策，给出了相关的对策、防御与防护手段，主要包括漏洞与后门安全对策、应用人工智能技术安全防御、隐私保护与数据质量安全对策、模型自身安全防御和内容信息安全防护。

3.3.2　漏洞与后门安全对策

围绕在我们身边的很多人工智能应用更多的是体现在人工智能基础设施与机器学习框架的应用上，如 Google、Facebook、百度和阿里等提供的基础技术，这好比制造汽车，不需要连轮胎都得自己制造，人工智能应用的底层模型是通过调用基础框架 API 而实现的，但是这些人工智能基础设施与学习框架同样依赖于很多第三方的组件库，存在着很多系统安全漏洞和后门。这些漏洞和后门被黑客所捕获和利用，继而容易产生拒绝服务攻击、控制流劫持、逃逸攻击、系统损害攻击以及潜在的数据污染攻击等安全风险。

1. 技术对策

针对这些人工智能框架的漏洞与后门，目前主要采用漏洞挖掘修复、模型文件校验和框架平台安全部署这三类技术对策来实现。

1) 漏洞挖掘修复

漏洞挖掘修复对策主要是通过代码检测与测试将人工智能框架的漏洞挖掘出来，最后通过框架所有者的安全响应反馈跟踪修复机制将问题解决。具体的流程包括代码审计、模糊测试和安全响应机制三个步骤。

(1) 代码审计。通过静态代码审计技术可以检测机器学习框架平台代码中的安全漏洞及编码不规范等问题，及时发现框架平台中存在的安全风险。例如，CodeFlow、CodeQL 等自动化工具可以实现基于多种漏洞匹配的代码静态安全分析。

(2) 模糊测试。模糊测试是目前主流漏洞挖掘技术之一。通过对机器学习框架平台中文件解析、模型加载等模块进行模糊测试，可以提前发现并修复框架中的安全漏洞。例如，TensorFlow 框架中包含了基于 libfuzzer 实现的模糊测试工具，可以实现对部门框架代码的模糊测试。此外，360 公司的人工智能安全研究院研制了面向云端机器学习框架的模糊测试工具 QSand 以及面向终端机器学习框架的模糊测试工具 FBFuzz，并使用这两项工具发现了 24 个 TensorFlow 框架的安全漏洞。

(3) 安全响应机制。通过建立快速安全响应机制，借助白帽子、安全研究团队等社区力量发现安全问题，以降低机器学习框架的安全风险。目前，一些主流机器学习框架厂商都具有相应的安全响应机制，例如谷歌为 TensorFlow 框架项目设置了专门的邮箱，及时接收安全研究人员提交的安全问题，并快速作出响应和反馈。此外，TensorFlow 项目还建立了单独的漏洞详情描述页面，用于对外公布最新漏洞详情，提醒广大人工智能框架应用开发者及时升级版本，防止漏洞造成严重的安全危害。

2) 模型文件校验

通过对模型文件格式、大小、参数范围、网络拓扑、节点名称、数据维度等关键信息进行检测校验，可以在模型文件加载前发现模型文件中存在的安全问题，防止恶意人工智能算法模型文件被加载。目前，多数主流的机器学习框架在模型解析、加载过程中采用了模型文件校验功能。例如，TensorFlow 的 lite 功能中专门提供了模型文件验证相关的 API，用于检查 TensorFlow lite 模型文件是否合法。又如，有些公司的人工智能框架使用哈希字段对模型文件进行校验，在一定程度上可以防止模型文件被篡改。

3) 框架平台安全部署

框架平台安全部署即可信环境部署，其实质是在可信环境中部署机器学习框架，以增强机器学习框架运行环境的稳定性，隔断可能对框架造成的危害。特别是在无法保证机器学习框架输入安全的情况下，建议在沙箱环境中运行，并尽可能小地提供系统权限。例如，TensorFlow 框架中算法模型通常被编码为计算图的性质，模型参数可以决定计算图的行为，如果有恶意模型被加载，可能导致任意代码执行的严重后果。

2. 规范对策

除了上述三大类技术对策之外，还需要在使用规范上提供正确的规范对策。具体包括以下三方面的规范对策。

1) 开源框架及软件规范调用

人工智能应用开发人员在使用开源框架以及软件的时候，应该详细阅读官方文档，严格遵守相应 API 的使用规范；在调用依赖包的时候，应对其版本与更新进行较为全面的了解，避免版本分歧细节导致的功能错误甚至程序崩溃；应该了解软件底层原理，避免在编写人工智能应用时造成算法范畴外的错误，增强代码的可扩展性、可鲁棒性，保证人工智能应用安全。

2) 框架应用权限分级管理

设置多级安全架构。对于各级使用人员进行严格的权限分级管理，根据职责授权，遵守数据可用不可见、任务与数据分离、授权进入的规章制度，保证执行授权边界清晰，确保系统安全；对于核心的模型数据进行加密，保证模型数据只能被可信任的程序访问调用。

3) 人工智能框架与系统平台操作行为可溯源

对于核心数据的活动，采取持续可追溯的管控措施，其生命周期内的操作要保留记录、生成记录事实和支持决策的审计跟踪、系统日志等；同时对于整个系统也要配备安全记录模块，将数据采集、输入样本、运行状态、系统输出等信息写入日志，方便在出现问题的时候回溯诊断追责。

3.3.3　应用人工智能技术安全防御

人工智能技术是一把双刃剑，其反向面是被黑客和攻击者所利用，加速各类原有需要通过人力投入进行数据收集和内容进攻的恶意攻击行为的效率、深度和广度，例如恶意软件扫码分发的自动化与智能化、智能僵尸网络和智能化的钓鱼软件等，即人工智能恶意应用造成的系统安全问题。针对上述安全问题的一个最直接的对策就是以其人之道还治其人之身，即这类问题的防御与解决方法可利用人工智能技术的应用。

针对恶意软件、僵尸网络和网络钓鱼等系统安全问题的传统检测方式一般是人工定制的安全检测方案，通过对输入的数据进行研判，进而得到检测结果。新的人工智能检测方式是通过输入数据和已知结果训练模型，再由模型去做检测，利用这类方法可以防御大规模自动化的恶意软件扫码分发攻击。但人工智能技术并不是万能的，需要将传统的检测方式与人工智能检测方式综合应用。主要对策包括以下三个方面：

(1) 可以将传统的检测方式和人工智能的检测方式形成叠加效应，防止被单点突破。

(2) 传统检测方式提供的检测结果可为人工智能模型训练提供不错的数据源。对于模型自身的鲁棒性，要引入一些提升鲁棒性的方法，如主动将对抗样本引入到训练集里形成对抗性训练、使用防御性的增流等方法。

(3) 对于传统经典的检测方案要持续检测，训练数据要进行很好的清洗和提纯，足够有表征意义和纯净的训练数据才能将人工智能检测模型训练得更好。在此基础上还要保证模型的安全性和加密性，模型本身需要建立多种叠加效果，引入专家系统并作兜底策略。

除了上述三个方面外，针对不同的典型人工智能恶意攻击的案例，研究人员则开展有针对性的安全对策去防御。这里列举针对恶意软件自动分发、自动化鱼叉式网络钓鱼与智能僵尸网络这三类人工智能恶意应用的安全问题的对策。

1. 恶意软件自动分发的安全对策

恶意软件攻击人员为逃避检测将人工智能技术应用在抵抗检测方面，出现了对抗性恶意样本生成和注入新型技术。针对上述对抗性逃避检测的人工智能恶意应用案例，国内的一些科研团队采用了面向人工智能对抗性恶意样本的检测技术的安全对策，其主要利用人工智能分类器对恶意软件进行分类，以恶意软件作为输入样本，并将样本分为训练数据集和测试数据集两部分。在训练阶段，训练多个人工智能分类器的集合，在每个分类器中都将所提出的原则系统化地加以运用；在测试阶段，将样本输入每个分类器，最后根据所有分类器的投票结果确定样本是否为对抗性恶意软件。这种方式的关键在于训练阶段，它创新地提出了一些设计和规避的原则，用于恶意软件分类的设置，增强智能分类器对抗逃避攻击的可靠性和安全性。

2. 自动化鱼叉式网络钓鱼的安全对策

鱼叉式网络钓鱼是一种基于社会工程学的攻击，鱼叉式网络钓鱼攻击成效显著，传统的安全防御机制目前还无法完全防御这类社会工程学的攻击，因此也成为大众化攻击者关注的目标。目前在这方面攻击者恶意应用人工智能，产生了自动化地鱼叉式网络钓鱼。很多社交媒体平台包含大量个人隐私信息、开放平台 API 接口，而且内容多有字数限制(短文)、语言不规范、常用短地址服务等特点，决定了其容易被攻击者利用并学习构造虚假信息，让攻击目标不引起怀疑而自愿上钩。某一年的美国黑帽大会上就提出了一种基于 Twitter 的端到端自动化鱼叉式网络钓鱼方法，其实就是利用了人工智能技术去恶意应用于鱼叉式网络攻击。针对上述自动化鱼叉式网络攻击，目前的安全对策包括以下三种策略：

(1) 利用人工智能模型学习并分析给定公司特有的通信模式，标记不符合基线的行为。人工智能的本质在于会随着时间流逝变得更强大、更聪明、更有效，可实时隔离攻击，并识别出企业内高风险人员。人工智能模型可自动分类攻击第一阶段中的邮件，将之标记为鱼叉式网络钓鱼，甚至能检测出被黑账户中的异常活动，从而封阻后续的进一步攻击。人工智能还可以阻止域名欺骗和授权行为，以防攻击者冒充公司内部员工欺骗客户、合作伙伴和供应商以盗取凭证，染指他们的账户。

(2) 实现多因子身份验证(MFA)。上述攻击中，如果多因子身份验证启用，罪犯就无法登录账户。用于多因子身份验证的有效方法很多，包括短信验证码或手机呼叫、加密狗、生物特征识别指纹、视网膜扫描，甚至人脸识别等。

(3) 用户培训雇员应接受经常性的培训和测试，增加他们对最新、最常见攻击的认知；安排出于训练目的的模拟攻击，可防止入侵和提升雇员警惕性；对负责财务交易的员工或高风险雇员，有必要对他们进行欺诈模拟测试以评估他们的安全意识。最重要的是，培训应在全公司方位展开，而不应仅针对高管。

通过上述三个安全策略可以有效应对自动鱼叉式网络钓鱼。

3. 智能僵尸网络的安全对策

人工智能技术可以应用到"僵尸"网络上，可以使"僵尸"网络变得更聪明，能够在没有"僵尸网络牧人"的指导下行动，即使用群技术构建的智能攻击设备集群，取代传统的僵尸网络，以创建更有效的攻击。2018 年，超过 1/3(37.9%)的互联网流量来自机器人，即自动化程序。这意味着网站的部分访问者不是人类，而是机器人。在这种情况下，蜂巢网络和机器人集群将变得更为普遍。其中，机器人集群可以将单个物联网设备从"奴隶"转变为自给自足的机器人，以便在最小的监督下作出自主决策。蜂巢网络能够使用集群的受感染设备或机器人来同时识别和处理不同的攻击媒介。此外，蜂巢网络能够相互通信，并根据共享的本地情报采取行动。而被感染设备也将变得更加智能，无需等待僵尸网络控制者发出指令就能自动执行命令。因此，蜂巢网络能够像"蜂群"一样呈爆炸式增长，提高其同时攻击多个受害者的能力，并大大阻碍缓解与响应措施起作用。人工智能技术可能使这些蜂巢网络能够从过去的行为中学习，使僵尸网络能够自动化快速扩展。针对这类人工智能恶意应用的安全问题目前可以应用多智能体人工智能模型去有效防御智能化的僵尸网络，也可以应用基于正负样本的数据监测技术与算法去采集僵尸网络大量的数据并通过人工智能模型训练得到有效防御的检测模型。因此，大数据量的智能化僵尸网络的安全对策可以依靠人工智能技术手段去建立检测模型有效检测和应用多智能体在网络中调和破坏僵尸网络达到防御的目的。

3.3.4　隐私保护与数据质量安全对策

1. 隐私保护与数据质量安全对策

人工智能技术的发展是建立在大数据基础上的，因此引发各类人工智能中的隐私保护和数据质量的问题。面向人工智能数据的恶意攻击，需要相关技术层面的解决对策和防御手段，才能在一定程度上缓解上述的风险。相关的隐私保护与数据质量的安全对策主要体现在以下几点：

(1) 应用基于隐私的机器学习技术解决人工智能数据隐私保护的安全问题。基于隐私的机器学习技术可以从根本上解决人工智能发展中的隐私问题。目前，国际上致力于此类技术研究的行业实验室主要包括 Visa Research、Vector Institute、Google Brain、DeepMind、Microsoft Research、Intel AI、Element AI 等，此外，斯坦福大学、麻省理工学院等学术机构也在开展此类技术研究。具体比较主流的对策技术包括以下几种：

① 基于同态加密的隐私保护技术。目前，在利用加密技术有效保护深度学习中的隐私和敏感数据方面已经取得一定的技术进展。例如，同态加密技术允许对加密训练数据进行计算，当应用于机器学习时，它能够让数据所有者在获得数据价值信息的同时不暴露其基础数据，可有效解决训练数据的隐私问题。当前已经可以实现基于加密敏感训练数据集对深度学习模型进行训练，在模型运行过程中也可以基于加密的输入数据进行决策，同时反馈的结果也是密文，从而有效保护用户隐私。

② 基于差分隐私的隐私保护技术。在许多场景下机器学习涉及基于敏感数据进行学习和训练，例如个人照片、电子邮件等。理想情况下，经过训练的机器学习模型的参数代表的应该是一般模式，而不是关于特定训练示例的事实。为了确保训练数据中的隐私得到有效保护，可以使用差分隐私技术。差分隐私是一种被广泛认可的隐私保护技术，通过对数据添加干扰噪声的方式保护数据中的隐私信息。当对用户数据进行训练时，差分隐私技术能够提供强大的数学保障，保证模型不会学习或记住任何特定用户的细节。研究者提出基于差分隐私的深度学习算法，可利用随机梯度下降过程中对梯度增加扰动来保护训练敏感数据。但在某些情况下，由于添加了噪声，差分隐私技术可能会导致精度受到影响。

③ 安全多方计算。安全多方计算是密码学的一个子领域，能够支持非公开的分布式计算。它可以解决一组互不信任的参与方之间保护隐私的协同计算问题。安全多方计算要确保输入的独立性、计算的正确性、去中心化等特征，同时不将各输入值泄露给参与计算的其他成员。安全多方计算运用到机器学习中，可有效解决训练过程中的隐私保护问题。使用非公开的多方机器学习，不同的参与方可以相互发送加密数据，并在不查看彼此数据的情况下获得各方想要计算的模型。

④ 联邦学习。联邦学习允许基于分散数据对机器学习模型进行训练，以解决隐私保护的问题。在联邦学习中，训练数据分散在每个节点上，然后由一个中央服务器协调各个节点组成的网络。每个节点都基于各自的数据训练一个本地模型，各个节点再将训练得到的模型共享给中央服务器，数据则仍然保留在每个节点，不被共享。这种方式可以有效解决数据被集中带来的隐私和数据安全问题。谷歌发布了应用于移动设备的联邦学习算法，可以将模型训练引入移动设备中，同时确保用于模型训练的所有用户数据保存在设备上。

通过上述各类技术的应用从一定程度上解决了人工智能数据隐私保护的安全问题。

(2) 应用数据偏见检测技术解决人工智能数据偏见的安全问题。训练数据的不足和偏见会导致人工智能系统产生偏见。当前，许多企业和学术机构开始研究如何检测和解决训练数据中的偏见问题，并已取得了一定成果。例如，麻省理工学院的研究人员开发了一种算法来减轻训练数据中隐藏的、潜在未知的偏见。这种算法将原始学习任务与变分自编码器相融合，以学习训练数据集中的潜在结构，然后自适应地使用所学习到的潜在分布，在训练过程中重新加权特定数据点的重要性。通过无监督的方式学习潜在的数据分布可以有助于发现训练数据中隐藏的偏见(例如训练数据集中代表性不足的数据种类)，再通过增加算法采样这些数据的概率来避免偏见被引入人工智能系统中。研究人员通过该技术有效解决了人脸识别系统中的种族和性别偏见问题。通过上述对策从一定程度上解决了人工智能数据质量的安全问题。

(3) 应用数据生成技术解决人工智能数据不足的安全问题。数据生成技术包括数据增强技术和合成数据技术，用于解决人工智能数据不足的安全问题。

① 数据增强技术。数据增强技术是指通过多种方式增加训练数据样本的数量以及多样性。例如，可以通过旋转原始图像，调整亮度、对比度、饱和度和色调以及以不同的方式裁剪图片等方式，生成不同的子样本数据，以此方式来扩大数据集的大小。每个通过增强得到的图像都可以被认为是一个"新"图像，因此可以为模型不断提供新的训练样本。应用数据增强技术还可以有助于减轻过拟合，提高模型的准确率。

② 合成数据技术。合成数据是指由算法生成的数据，而不是来自真实世界的数据。这些数据可以用来训练机器学习模型，或者作为验证模型的测试数据集。利用合成数据技术训练模型，将其应用于真实的加密数据，不仅可以更好地理解训练数据与模型之间的关系，还可以避免隐私数据的使用。合成数据应包含与真实数据相同的模式和统计特征。

(4) 应用减少数据需求技术解决人工智能数据质量的安全问题。通过迁移学习和小数据可以对人工智能数据质量的安全问题进行针对性的解决。

① 迁移学习。迁移学习是指把为一个任务开发的模型作为起始点，重新用于为第二个任务开发模型的过程。这种机器学习方法使用从第一个学习任务中获得的知识来改进该模型在另一个相关任务上的性能。通过重用这些已开发模型的部分模块，可以加快开发和训练模型所需的时间。同时，迁移学习技术还可以减少模型开发所需的训练数据数量。当训练数据不足时，可以考虑采用这种方法来获得所需的模型。

② 小数据(小样本)。当前普遍使用的机器学习算法需要大量数据用于模型训练，并且数据的量越多越好，这带来了数据安全、隐私和偏见问题。目前已有许多研发人员开始研究基于小数据(小样本)的人工智能算法。这种方式不仅使人工智能更加智能、决策更加准确、算法更加具有可解释性，同时也能解决数据难获取和数据安全问题。例如，通过高斯过程构建的概率模型可以基于少量数据模拟人类的推理过程，处理广泛的不确定性，并从经验中学习。

(5) 应用数据投毒防御技术解决人工智能数据污染的安全问题。通过防御训练数据集污染和防御对抗样本攻击的对策解决人工智能数据污染的安全问题。

① 防御训练数据集污染。针对通过污染训练数据集以达到影响算法决策的攻击类型，目前存在三种技术可以防御此类攻击，包括训练数据过滤、回归分析和集成分析方法。其中，训练数据过滤是通过检测和净化的方法实现对训练数据集的控制，防止训练数据集被注入恶意数据；回归分析是基于统计学方法，检测数据集中的噪声和异常值；集成分析是通过采用多个独立模型构建综合人工智能系统，来减少综合人工智能系统受数据污染的影响程度。

② 防御对抗样本攻击。针对现场数据的对抗样本攻击可采用的防御技术包括网络蒸馏、对抗训练、对抗样本检测、输入重构、深度神经网络模型验证等。其中，对抗训练技术是指在模型训练阶段，使用已知的攻击方法生成对抗样本对模型进行重训练，以改进模

型的抗攻击能力；对抗样本检测技术是指在模型运行阶段，通过特殊的检测模型对现场数据进行判断，检测现场数据是否包含对抗样本；输入重构技术是指在模型运行阶段，对样本进行重构转化，以抵消对抗样本的影响。

2. 优秀对策的落地案例

针对上述人工智能数据安全问题的各类对策，目前各大公司都在应用上述对策并落地应用。优秀对策的落地案例如下：

(1) 英特尔公司推出 HE-Transformer 用于处理加密隐私数据。英特尔公司发布开源版 HE-Transformer，这是英特尔神经网络编译器 nGraph 的同态加密后端，能够处理加密的隐私数据。HE-Transformer 基于微软开发的开源 SEAL 简单加密算法函数库，来实现底层加密功能。HE-Transformer 可以使开发人员在开源框架(如 TensorFlow)上开发神经网络模型，然后轻松地将它们部署到加密数据上进行操作。当前，设计深度学习同态加密模型需要同时具备深度学习、加密和软件工程方面的专业知识。HE-Transformer 提供的抽象层，能够综合各个领域的技术进步，使用户获益。HE-Transformer 允许开发人员基于开源框架(如 TensorFlow、MXNet 和 PyTorch)直接部署经过训练的模型，而无需将模型集成到同态加密库中。研究人员可以利用 TensorFlow 快速开发新的同态加密深度学习拓扑结构，有效解决人工智能数据隐私保护的安全问题。

(2) 谷歌公司推出 TensorFlow Privacy 用于提升 AI 中的隐私保护。谷歌公司推出了一个基于机器学习框架 TensorFlow 的新模块 TensorFlow Privacy，可以让开发人员只需添加四五行代码和通过一些超参数调整就可以为人工智能模型添加隐私保护功能。运用 TensorFlow Privacy 时，开发人员不需要具备隐私或数据方面的专业知识，也不需要改变模型架构和训练过程。TensorFlow Privacy 模块基于差分隐私技术，在训练过程中通过采用改进的随机梯度下降法对模型进行优化，保证模型不会学习或记住任何特定用户的细节，从而实现对隐私训练数据的保护。这种学习方式对每个训练数据示例的效果设置了最大限度，并确保没有任何一个这样的示例本身由于添加了噪声而受到影响。

(3) 谷歌公司推出 TensorFlow 联邦学习(Federated learning)，在用户设备上进行模型训练。通常标准的机器学习方法需要将训练数据集中到一台机器或数据中心中。针对基于用户与移动设备的交互进行训练的机器学习模型，谷歌推出了另外一种方法，即联邦学习。联邦学习可以将模型训练引入移动设备中，使移动设备能够以协作的方式学习一个共享的预测模型，同时确保所有用于训练模型的用户数据保存在设备上，从而将训练机器学习的能力与将数据存储在云上的需求解耦开。目前，联邦学习算法已经被应用在谷歌输入法上。联邦学习的工作原理为：用户设备下载当前的机器学习模型，通过学习手机上的用户数据来改进模型，然后将模型进行更新；通过加密通信将对模型的更新发送到云端，并立即与其他用户发送的模型更新进行平均，以改进共享模型。通过这种方式所有的训练数据都会保存在用户设备上，并且每个用户产生并上传的模型更新也不会存储在云端。联邦学习能够同时实现更智能的模型、更低的延迟和更少的功耗，同时确保用户的隐私。另外，这种方法的一个直接的好处是：除了提供对共享模型进行更新以外，改进后的模型也可以立即在用户的设备上使用，即利用用户使用移动设备的方式为个性化体验提供支持。为了实现联邦学习的目标，谷歌公司在移动设备的模型训练中使用了一个微型版本的 TensorFlow；

同时谷歌公司确保模型的训练只在设备空闲、充电和免费无线连接时进行，因此不会影响设备的性能，有效解决了人工智能数据隐私保护的安全问题。

(4) 苹果公司利用差分隐私技术保护用户设备数据安全。苹果公司非常注重用户的隐私安全。在提升用户体验的同时，苹果公司通过差分隐私技术保护用户共享给苹果公司的信息。具体而言，苹果公司分析用户数据之前，利用差分隐私技术为数据添加随机信息，使得苹果公司无法将这些数据与用户设备进行关联。只有当单个用户的数据与大量其他用户的数据相结合且平均随机添加的信息时，相关的模式才会显现。而这些模式，能够帮助苹果公司深入了解人们如何使用他们的设备，同时避免收集与个人相关的信息。此外，苹果公司会利用机器学习提升用户体验，并保护用户隐私。苹果公司在多个方面运用了机器学习技术，包括在照片 App 应用中实现图像和场景识别，在键盘中加入文本预测功能等。当前，苹果公司允许开发者使用其架构，例如 Create ML 和 Core ML，来创造强大的 App 应用体验，而且无需将数据从设备上转移出去。这意味着各类 App 应用能分析用户情绪、分类场景、翻译文本、识别手写文字、预测文本、标记音乐以及实现更多功能，但不会危及用户隐私，有效解决了人工智能数据隐私保护的安全问题。

(5) IBM 公司开发 AI Fairness 360 开源工具包检测数据偏见。为有效检测和消除机器学习模型和数据集中的偏见，IBM 公司开发了一个开源工具包 AI Fairness 360。这个可扩展的开源工具包可以帮助用户在整个人工智能应用生命周期中检查、报告和减轻机器学习模型中的歧视和偏见。该工具包包含 70 多个用于测试偏见的数据集和模型度量指标，以及 10 个用于减轻数据集和模型中偏见的算法。在 10 个算法中，有 4 个算法是用来消除数据集偏见的，包括 Reweighing、Optimized Preprocessing、Disparate Impact Remover 和 Learning Fair Representations。其中，Reweighing 算法通过改变不同训练样本的权重来消除训练数据集中的偏见；Optimized Preprocessing 算法通过改变训练数据的特征和标签来消除数据集中的偏见，有效解决了人工智能数据偏见的安全问题。

(6) 英伟达公司利用合成数据训练深度神经网络。为了解决深度学习模型训练数据的获取和标注问题，英伟达公司的研究人员开发了一个结构化域随机化系统，可以使开发人员通过合成数据训练以完善他们的深度神经网络模型。为了处理真实数据中的可变性，该系统依赖于域随机化技术，在该技术中，模拟器的参数(如光照、姿态、对象纹理等)以非现实的方式随机化，从而迫使神经网络学习目标对象的基本特征。他们分析了这些参数的重要性，表明仅使用合成数据就可以生成具有出色性能的神经网络。通过对实际数据进行额外的微调，神经网络的性能比单独使用实际数据更好。这一结果为使用廉价的合成数据训练神经网络提供了可能，同时避免了收集大量手工标注的真实数据。此外，英伟达公司和医院数据科学中心的科研人员还开发了一种基于 GAN 的深度学习模型，能够自主合成训练数据(脑肿瘤 3D MRI 图像数据)，用于训练医疗影像分析人工智能系统，有效解决了人工智能数据不足的安全问题。

(7) 阿里巴巴集团运用机器流量防控体系对抗数据投毒攻击。机器流量产生的网络爬虫不仅会导致数据泄露风险，还会故意采用一些策略影响防御软件模型的训练数据分布，使模型偏离正常的运算目标，最终产生失焦的运算行为，引发一系列网络安全风险。针对机器流量产生的数据投毒攻击，阿里巴巴集团安全开发了机器流量防控系统，能够有效防止机器行为造成的数据中毒。阿里巴巴安全机器流量防控系统由三部分组成，分别为检测模块、分类模型和辅助系统。其中，检测模块主要的功能包括：准确区分机器行为和正常行为；检测方对被检测方尽量做到无感知；检测未知的新攻击行为；检测结果是无偏的。分类模型主要的功能是通过包括流量信息、生态数据、情报数据、专家经验在内的输入信息，运用特征提取方法计算各种维度的相似度，识别出的结果可以用在离线识别服务和在线识别服务中。辅助系统拥有的功能包括持续检测、多模型防控、分场景防守以及报警响应，有效解决了人工智能数据投毒的安全问题。

3.3.5　模型自身安全防御

人工智能自身的模型面临的威胁与安全包括模型训练完整性威胁(主要是训练阶段的数据投毒攻击与后门攻击)、测试(应用)完整性威胁(主要是测试或应用阶段的对抗样本攻击和伪造攻击)以及人工智能模型本身存在的鲁棒性欠缺威胁(主要是模型所处环境因素多变和模型可解释性缺缺乏问题)。需要通过对模型自身进行安全防御，才能解决模型自身面临的威胁。具体包括以下几方面的对策。

1. 面向训练数据的防御对策

面向训练数据的防御试图保护模型在使用不信任来源的有毒数据训练后，不受到攻击的影响。研究人员通过研究得到训练集中如果同时含有干净数据和毒化数据，毒化数据中的后门会在分类过程中提供一个很强的信号，只要这个信号足够大，就可以使用频谱特征进行奇异值分解来区分毒化数据和干净数据。防御者正是利用这个频谱特征的奇异值分解方法来区分毒化数据和干净数据，从而分离出干净数据并重新训练得到正确模型，以校正模型在训练阶段被毒化的错误，解决了模型在训练完整性威胁的投毒攻击问题。

面向训练数据的后门攻击防御是针对后门数据毒化问题采用的对策，是基于激活值聚类的方法来检测含有后门的数据。含有后门的任意类别样本与不含后门的目标类别样本若能得到相同的分类结果，会在神经网络的激活值中体现出差异。在使用收集的数据训练得到模型后，研究人员将数据输入到模型并提取模型最后一层的激活值，然后使用独立成分分析将激活值进行降维，最后使用聚类算法来区分含有后门的数据和正常的数据。研究人员提出使用 STRIP 算法来检测输入数据中是否含有后门，对输入数据进行有意图的强扰动(将输入的数据进行叠加)，即利用含有后门的任意输入都会被分类为目标类别的特点(若模型含有后门，含有后门的输入数据在叠加后都会被分类为目标类别，而正常数据叠加后的分类结果则相对随机)，通过判断模型输出分类结果的信息熵来区分含有后门的输入数据，解决了模型在训练完整性威胁的后门攻击问题。

2. 面向模型的防御对策

面向模型的防御试图检测模型中是否含有后门，若含有则将后门消除。

(1) 使用剪枝、微调以及基于微调的剪枝三种方法来消除模型的后门。利用后门触发器会在模型的神经元上产生较大的激活值使得模型误分类的现象，通过剪枝的操作来删除模型中与正常分类无关的神经元的方法来防御后门攻击。提取正常数据在模型神经元上的激活值，根据从小到大的顺序对神经网络进行剪枝，直到剪枝后的模型在数据集上的正确率不高于预先设定的阈值为止。然而，若攻击者意识到防御者可能采取剪枝防御操作，将后门特征嵌入到与正常特征激活的相关神经元上，这种防御策略将会失效。应对这种攻击，可以继续通过使用干净数据集对模型进行微调便可以有效消除模型中的后门,因此结合剪枝和微调的防御方法能在多种场景下消除模型中的后门,不乏是一种面向模型的训练完整性威胁安全问题的有效对策。

(2) 根据含有后门的任意输入都会被分类为目标类别的特点,通过最小化使得所有输入都被误分类为目标类别的扰动来逆向模型中存在的后门,将逆向得到的后门触发器添加在数据上,并将这些数据的类别标记正确,最后使用这些数据对后门模型进行训练。这种对策使用一个干净的数据集对模型进行白盒查询来逆向后门,并且上述的后门逆向操作需要对每一个类别进行,这将导致该方法无法应用到类别较多的模型中。因此需要进一步在黑盒场景下(模型和训练数据未知)发现并消除模型中后门,首先通过模型逆向得到替代的训练数据集;然后通过条件对抗生成网络 cGAN 来模拟可能存在的后门触发器的分布;再根据得到的后门触发器分布,使用基于假设检验的异常检测技术来判断输入样本中是否含有后门;最后消除模型中可能存在的后门。逆向方法在不同随机种子下会得到不同的后门触发器,甚至有些后门触发器的攻击效果要比原本的后门触发器好,因此上述的防御方法在某些情况下效果并不好。基于上述的观察,提出由一组生成模型集成得到的最大熵阶梯近似器来近似模型中后门的分布。采用阶梯近似使用一组生成模型来学习后门的分布,每一种子生成模型只需要学习部分分布即可,这降低了对高维度数据建模的复杂度,也避免了直接从原始的后门触发器分布中进行采样,因为防御者无法知道后门触发器的分布。由于后门攻击的本质是利用模型的冗余性来嵌入攻击者指定的后门特征,因此他们通过对模型神经元的激活值进行不同程度的修改,观察模型输出的差异,这样便可以找到后门特征所嵌入的神经元从而逆向得到攻击者嵌入的后门,并通过对含有后门的模型进行重新训练,消除其中的后门。以上几种方法具有一定的同类性和改进性,但是都是从模型本身角度对训练完整性威胁的安全问题进行解决的有效对策。

3. 模型的对抗训练

对抗训练其实是针对人工智能模型的训练数据的,因此在前面的人工智能数据安全问题的对策中已经提到过,对抗训练技术可通过在模型训练阶段使用已知的攻击方法生成的对抗样本,对模型进行重训练,改进模型的抗攻击能力。对抗训练又是一种重要的改进模型本身安全问题的方法,是针对模型对抗攻击的最为直观防御方法。它使用对抗样本和良性样本同时作为训练数据对神经网络进行训练,训练获得的人工智能模型可以主动防御对抗攻击。内部的最大化损失函数的目的是找出有效的对抗样本;外部的最小化优化问题目的是减小对抗样本造成的损失函数升高,通过模型的对抗训练的对策实施。这是一种模型训练数据完整性威胁的安全问题对策。

4. 模型输入数据预处理

针对测试或应用阶段的模型输入数据,通过对输入数据进行恰当的预处理,以消除输入数据中存在的对抗性扰动。预处理后的输入数据将代替原输入样本输入网络进行分类,使模型获得正确的分类结果。输入预处理防御是一种简单有效的防御方法,它可以很容易地集成到已有的人工智能系统中。例如,图片分类系统中的预处理模块与分类模型通常是解耦的,因此很容易将输入预处理防御方法集成到预处理模块中。

一类数据预处理技术使用 JPEG 压缩、滤波、图像模糊、分辨率调整等方法来对输入图像进行预处理。例如，将图片压缩到随机大小，然后再将压缩后的图片固定到随机位置并向周围补零填充的预处理防御方法。输入预处理除了可以直接防御对抗攻击，还可以实现对抗样本的检测。研究人员分别利用位深度减小和模糊图像两种压缩方法对输入图像进行预处理，以减少输入样本的自由度，从而消除对抗性扰动。通过比较原始图像和被压缩图像输入模型后的预测结果的差异大小，可以辨别输入数据是否为对抗样本。如果两种输入的预测结果差异超过某一阈值，那么将原始输入判别为对抗样本。

另一类输入预处理技术是输入清理技术。与传统的基于输入变换的输入预处理技术不同，输入清理技术利用机器学习算法学习良性样本的数据分布，利用良性样本的数据分布精准地去除输入样本中的对抗性扰动。首先尝试基于生成对抗网络 GAN 学习良性样本的数据分布，并使用 GAN 进行输入清理。学习了良性样本数据分布的生成器，输入数据在输入神经网络进行分类前，会预先在学习到的数据分布中搜索最接近于原输入数据的良性样本；该良性样本将替代原样本，输入神经网络进行预测，使模型输出正确的预测结果。研究人员进一步提出使用扰动消除生成对抗网络进行输入清理，其生成器的输入可能为对抗样本的源数据，输出是清除对抗性扰动后的良性样本。

基于输入预处理的防御把防御的重点放在样本输入网络之前，通过输入变换或输入清理技术消除了对抗样本中的对抗性扰动，处理后的样本对模型的攻击性将大幅减弱。这是一种模型测试(应用)数据完整性威胁的安全问题对策。

输入预处理防御可以有效地防御黑盒和灰盒攻击，然而对于在算法和模型全部暴露给攻击者的白盒攻击设置下，这些算法并不能保证良好的防御性能，因此还需要有针对性的特异性防御算法来作为对策。

5. 特异性防御算法

除了对抗训练和输入预处理，很多工作通过优化深度学习模型的结构或算法来防御对抗攻击，这称为特异性防御算法。越来越多的启发式特异性对抗防御算法被提出作为模型安全问题的解决对策，其中有一些具有代表性的算法，包括之前在人工智能数据安全对策中提到的蒸馏算法。其实，蒸馏算法是从数据安全的角度解决模型的安全问题，它可以从复杂网络到简单网络进行知识迁移。最新的是防御性蒸馏算法，即防御性蒸馏模型的训练数据没有使用硬判别标签，而是使用代表各类别概率的向量作为标签，这些概率标签可由早期使用硬判别标签训练的网络获得。防御性蒸馏模型的输出结果比较平滑，基于优化的对抗攻击算法在攻击这种模型时较难获取有效的梯度，因此防御性蒸馏网络获得了较好的对抗攻击的鲁棒性。防御性蒸馏算法可以有效防御 FGSM 对抗攻击。

对深度学习网络进行特征修剪可以有效防御传统的对抗攻击手段。例如，随机特征剪枝算法，该算法随机修剪每一特征层中部分被激活的特征，其中特征值大的激活项具有更大的概率被保留，特征剪枝后会根据被保留的特征重新对该特征层进行正则化操作。

向深度学习网络中加入随机化操作可以有效防御黑盒模型下的对抗攻击。例如，向深度学习网络中加入噪音层来减弱对抗性扰动特征的影响，并将其命名为随机自集成算法(Random Self-Ensemble，RSE)。RSE 算法通过向卷积层前添加高斯噪音层，预防基于梯度的扰动攻击，并将在模型预测阶段集成多次的预测结果作为最终的分类结果，以稳定模型的性能。向网络中加入随机的高斯噪音层对黑盒攻击以及常规的对抗攻击具有较好的防御效果。

以上特异性防御算法都是从模型本身出发优化深度模型结构或算法来对模型安全问题进行解决的。

6. 鲁棒性增强

鲁棒性增强对策是指在复杂的现实场景下,增强人工智能模型面对环境干扰以及多样输入时的稳健性的对策。目前,人工智能模型仍然缺乏鲁棒性,当处于复杂恶劣的环境条件或面对非正常输入时,性能会出现一定的损失,可能会作出不尽如人意的决策。鲁棒性增强就是为了使模型在上述情况下依然能够维持其性能水平,减少意外的决策失误,可靠地履行其功能。构建高鲁棒性的人工智能模型不仅有助于提升模型在实际使用过程中的可靠性,同时能够从根本上完善模型攻防机理的理论研究,是人工智能模型安全研究中重要的一部分。为了增强模型的鲁棒性,可以从数据增强和可解释性增强两个方面说明如何进行模型安全问题解决的鲁棒性增强对策。

1) 数据增强

数据增强技术其实在人工智能数据安全问题对策中提到过,是针对人工智能数据安全存在数据不足的问题提出的,但是数据增强技术同样可以解决人工智能模型鲁棒性问题,因为提高数据的数量和质量,能够实现模拟真实环境,提高模型的泛化能力。当今,人工智能技术仍然处于大规模数据驱动的学习阶段,训练数据的质量是决定模型性能的关键因素之一。然而,这些训练集仍然不能涵盖现实场景中出现的所有情况,导致模型可能出现预料之外的结果。因此,通过数据增强对已有的训练集进行大量的扩充是提高模型鲁棒性和泛化能力的重要手段之一。

以计算机视觉领域为例,我们可以通过对图像作适当调整模拟现实场景下的环境因素进行数据增强,例如:对图片进行仿射变换、光照调节、翻转、裁剪、注入噪声、随机擦除或滤波等。除了基于模拟环境因素的数据增强,还可以基于深度学习算法进行数据扩充。例如:对抗训练中可以利用对抗攻击算法生成对抗样本对数据集进行补充,弥补模型薄弱的部分,从而增强模型面对恶意攻击时的鲁棒性;还可以通过对抗生成网络的对抗训练方式,因为生成器可以很好地模拟训练集的数据分布生成逼真的样本,这样通过对抗生成网络就可以对缺少的数据集进行补充,最终通过增强数据集来提高人工智能模型的鲁棒性。

2) 可解释性增强

可解释性增强一方面从机器学习理论的角度出发,在模型的训练阶段,通过选取或设计本身具有可解释性的模型,为模型提高性能、增强泛化能力和鲁棒性保驾护航;另一方面要求研究人员能够解释模型有效性,即在不改变模型本身的情况下探索模型是如何根据样本输入进行决策的。模型可解释性主要分为两种类型:集成解释和后期解释。

(1) 集成解释。集成解释是指在模型的训练阶段,通过选取和设计本身具有可解释性的模型来增强模型的可解释性,其主要目的在于研究模型是如何进行学习表达。神经网络可解释性的增强,有助于帮助模型获得更好的泛化能力,启发更多原理清晰和运行可靠的模型设计方法。根据设计目标的不同,集成解释可以分为功能性增强和泛化能力增强。功能性增强是指对模型进行设计,使模型的决策过程、模块功能以及特征学习等部分更加令人易于理解。泛化能力增强是建立在对泛化能力的理解基础上，泛化能力是衡量 AI 模型性能的重要指标，用于评判 AI 模型在训练数据集之外的真实数据集上的预测效果。研究人员在传统的机器学习研究中发现，过高的模型复杂度可能会引起模型过拟合等问题，导致泛化误差增大。泛化能力增强方法是经常限制模型的非零参数数量和显式正则化等手段以降低模型复杂度，使模型工作过程容易令人理解，从而增强泛化能力。

(2) 后期解释。后期解释是指在模型训练完成之后，尝试理解深度学习模型，即在具体问题的背景下，尝试去剖析模型对于真实输入样本的解释和刻画，解释模型为什么作出相应的决策，而不是仅仅留给使用者一个简单的结果。许多代表性工作围绕预测过程中的数据特征对预测结果的影响展开，试图掌握在数据集层面上样本中哪些部分的特征对模型决策起重要作用。这些样本具有高重要分数，或者说具有显著性，因此有很多工作致力于寻找样本中影响决策的显著性特征。

通过上述针对人工智能模型安全问题进行分类阐述具体的对策，我们对如何去解决人工智能模型安全存在的问题有了大致的了解，下面来阐述人工智能信息安全问题的应对措施与方法。

3.3.6　内容信息安全防护

人工智能的产业应用越普及，人们将越依赖人工智能，人工智能的信息安全问题就越容易对社会造成伤害和损失。着眼未来，必须未雨绸缪，在技术、机制、立法等方面强化跟进，做好人工智能产业应用中的信息安全应对策略。

首先，应重视技术保障。技术本来不是问题，但只有重视和强调，才会在必要的领域得以加强。人工智能信息依赖于承载它的信息技术系统而存在，因此需要特别重视在技术层面部署完善的基础设施和控制措施，杜绝技术层面的漏洞和风险。可喜的是，人工智能技术本身在信息安全领域大有用武之地，未来，利用人工智能技术，可以帮助人类开展侦测和清除僵尸智能设备、识别和阻止恶意软件和文件执行、提高安全运营中心运营效率、量化风险评估等信息安全保障行为。

其次，强化机制保障。人工智能和云体系化等是信息安全的双刃剑，在利用的同时，要采用合理的机制最大程度抑制和避免其负面影响，包括在数据的集中与分散之间取得适度均衡、强化灾备系统和信息安全应急响应机制等。国家和政府强调要建立健全公开透明的人工智能监管体系，实行设计问责和应用监督并重的双层监管结构，实现对人工智能算法设计、产品开发和成果应用的全流程监管，促进人工智能行业和企业自律，切实加强管理等，这些都是未来需要大力加强的方面。

最后，人工智能产生于人，其行业应用服务于人，人工智能时代的信息安全的关键要素也仍然是人。一方面，信息安全问题的制造者仍将是人，而不是人工智能本身(现在担心人工智能产生意识，反过来与人类为敌，为时尚早)，务必采取多种手段在人工智能产业应用中可能产生信息安全问题的各个环节加强对人的约束和管控。另一方面，人工智能时代的信息安全问题的解决者也是人，说到底，信息安全的对抗是人员的知识、技能和素质的对抗，这个对抗将伴随着信息安全的存在而始终存在。具体的技术对策包括以下几个方面。

1. 早期检测

许多黑客使用被动的方式，在不破坏系统的情况下潜入系统窃取信息，想要发现这些被动攻击，可能需要几个月甚至几年的时间。但有了人工智能，企业可以在黑客进入系统时就侦测到网络攻击。网络威胁的数量是巨大的，特别是很多黑客可以自动完成这些攻击。不幸的是，由于攻击过多，使用人工方式无法进行对抗。而人工智能则是目前最好的多任务处理工具，能够立即发现恶意威胁，并向运维人员发出警报或将攻击者拒之门外。

2. 预测和预防

在攻击发生之前进行预测是检测的一部分。即便是对人工智能以及其他形式的自动化软件来说，时刻保持高度警惕也是困难的。通过威胁预测，系统可以在攻击发生前创建特定的防御。使用这种技术，系统可以在不牺牲安全性的情况下以尽可能高的效率运行，特别是在任何时候都有适当措施的情况下。

3. 加密

虽然对进入系统的威胁进行检测是不错的防御手段，但最终目标是确保攻击无法进入系统。可以通过许多方式建立防御墙，其中之一就是完全隐藏数据。当信息从一个来源转移到另一个来源时，特别容易受到攻击和盗窃。因此，业务过程中需要加密。加密只是把数据变成一些看起来毫无意义的东西，比如代码，然后系统在另一边解密。与此同时，任何浏览这些信息的黑客都会看到一些没有明显意义的随机文本。

4. 密码保护与认证

密码是网络安全的底线。虽然它们很常见，许多黑客可以很容易地绕过它们，但如果不使用密码就等于要求别人窃取数据。幸运的是，应用人工智能可以使密码更加安全。以前，密码是一个单词或短语，现在的密码是使用动作、模式和生物识别技术来解锁信息的。生物识别技术是指利用人体特有的生物特征进行身份认证的一种技术，比如视网膜扫描和指纹识别。

5. 多因素身份验证

如果对一组密码不放心，还可以拥有许多密码。但是，多方面因素会改变这些密码的工作方式。有时，在不同的位置需要用户输入唯一的密码。为配合人工智能的检测系统，这些角色甚至可以改变，即通过允许动态和实时工作，访问可以修改自己的攻击事件。多方面因素不只是建立多重安全壁垒，还可以聪明地决定谁能够进入，并能够了解进入网络的人，根据他们的行为和习惯模式与恶意内容进行交叉引用，确定他们的访问权限。

通过以上技术对策可以有效应对人工智能信息安全问题。近年来，在基于人工智能技术进行文本、图像和视频识别的应用日益成熟以及全球信息内容安全管理日趋加强的双轮驱动下，面向违法信息的信息内容安全审查成为了人工智能在安全领域落地应用的前沿领域。美国互联网巨头 Facebook 不仅利用人工智能技术对互联网内容进行标记，而且利用机器学习开发了一款对用户的视频直播内容进行实时监控识别的工具，自动对直播中涉黄、涉暴或者自杀类别的视频内容进行标记。但从效果看，违法内容判定原则仍较为简单，误判情况较多。如对色情内容的识别，主要通过裸露的皮肤来进行判断，使得一些具有历史意义和艺术性的图片被误判。与国外公司相比，国内互联网企业在信息内容安全审查的自动化技术研发和产业化应用起步更早，特别是阿里、腾讯、百度、网易为代表的大型互联网企业，通过基于自身业务安全管理过程中所积累的海量标准样本库，开展对淫秽色情、涉恐涉暴等违法信息识别的建模训练，纷纷推出了基于人工智能的违法信息检测服务。据相关企业调研反馈，企业内部利用人工智能对图片和视频类违法有害信息进行识别的准确率达 99%，语音和文本类的识别准确率也高达 90%。

习　题

一、选择题

1. 2006 年，知名人工智能领域专家(　　)意识到专家学者在研究算法的过程中忽视了"数据"的重要性，于是开始带头构建大型图像数据集——ImageNet。

A. 李飞飞　　　　　　　　　　B. 比尔·盖茨

C. 李开复　　　　　　　　　　D. 皮埃罗·斯加鲁菲

2. 以下(　　)不是人工智能流行的框架。

A. TensorFlow　　　　　　　　B. PyTorch

C. Caffe　　　　　　　　　　D. Vue

3. 以下(　　)允许对加密训练数据进行计算，当应用于机器学习时，它能够让数据所有者在获得数据价值信息的同时不暴露其基础数据，可有效解决训练数据的隐私问题。

A. 网络钓鱼技术　　　　　　　B. 同态加密技术

C. 对抗网络技术　　　　　　　D. 深度学习技术

4. 通过(　　)技术和小数据的减少数据需求技术可以对人工智能数据质量的安全问题进行针对性的解决。

A. 联邦学习　　　　　　　　　B. 对抗学习

C. 迁移学习　　　　　　　　　D. 强化学习

5. 以下(　　)技术不是人工智能模型后门防御所使用的技术。

A. 剪枝　　　　　　　　　　　B. 微调

C. 逆向工程触发器　　　　　　D. 数据增强

二、填空题

1. (　　)是应用人工智能技术实现人类与计算机系统之间用自然语言进行有效通信的各种理论和方法，主要体现在实现(　　)与人类之间应用自然语言进行交互的人工智能技术。

2. 通过(　　)可以检测机器学习框架平台代码中的安全漏洞及(　　)等问题。

3. 通过对模型文件格式、大小、(　　)、网络拓扑、节点名称、(　　)等关键信息进行检测校验，可以在模型文件加载前发现模型文件中存在的安全问题。

4. 联邦学习允许基于(　　)对机器学习模型进行训练，以解决(　　)的问题。

5. 生物识别技术是指利用(　　)特有的东西来打开某样东西，比如视网膜扫描和(　　)等。

三、问答题

1. 人工智能技术的应用已经渗透到人们生产生活与社交的方方面面，形成很多应用场景，请根据教材学习和拓展学习的知识列举人工智能技术应用案例 5 个。

2. 人工智能模型安全问题就是人工智能模型算法面临的所有安全威胁，包括人工智能算法模型在训练与测试(应用)阶段遭受到来自攻击者的功能破坏威胁，以及由于算法模型自身鲁棒性欠缺所引起的安全威胁，具体包含哪些模型安全问题类型，并阐述每种类型具体安全问题 1、2 个。

3. 请阐述人工智能在信息安全领域产生的新问题有哪些。

参 考 文 献

[1]　中国信通院. 人工智能安全白皮书(2018 年). http://www.199it.com/archives/774218.html.

[2]　浙江大学-蚂蚁集团金融科技研究中心数据安全与隐私保护实验室. 人工智能安全白皮书(2020 年). https://www.sohu.com/a/441366624_653604.

[3]　陈宇飞，沈超，王骞，等. 人工智能系统安全与隐私风险. 计算机研究与发展，2019，56(10)：2135-2150.

[4]　盘冠员. 人工智能发展应用中的安全风险及应对策略. 中国国情国力，2019，000(002)：65-67.

[5]　余来文. 智能时代：人工智能、超级计算与网络安全. 北京：化学工业出版社，2018.

[6]　中国信通院. 人工智能数据安全白皮书(2019 年). https://www.sohu.com/a/332624765_735021.

[7]　徐纬地. 军用人工智能与网络安全. 网信军民融合，2019，000(010)：24-28.

[8]　王晓兰，徐艳，张庆芳，等. 人工智能的潜在风险及预防对策研究.电脑知识与技术，2018，14(27)：188-190.

[9]　孙佳华. 人工智能安防. 北京：清华大学出版社，2020.

[10]　易楷凡，邵倩，陈敏. 人工智能安全：对抗攻击分析. 计算机科学与应用，2019，9(12)：10.

[11]　江中宇，刘旭钊，张旺. 人工智能时代下网络安全的实践. 信息记录材料，2020，021(004)：198-199.

[12]　方滨兴. 人工智能安全. 北京：电子工业出版社，2020.

第4章　大数据安全技术

4.1　大数据技术概述

大数据(Big Data)是指无法在一定时间范围内用常规软件工具进行捕捉、管理和处理的数据集合。大数据是经过新的处理模式后，具有更强的决策力、洞察发现力和流程优化能力，海量的、高增长率的和多样化的信息资产。当今社会，随着移动互联网、物联网等技术应用的迅猛发展，数据量呈指数式爆炸增长的态势。根据国际数据公司IDC(International Data Corporation)发布的《2019年数据及存储发展研究报告》显示，新数据时代下表现出的新数据特征之一就是数据海量增长，预计到2025年全球新创建的数据将达到175 ZB。

移动互联网是指移动通信终端与互联网相结合成为一体，是用户使用手机、PDA或其他无线终端设备，通过速率较高的移动网络，在移动状态下随时、随地访问互联网以获取信息，使用商务、娱乐等各种网络服务。随着移动通信网络的覆盖，尤其是近几年4G、5G技术的发展，人们可以很方便地从互联网中获取相应的资讯。移动互联网的飞速发展，使得手机网民规模不断扩大，根据《中国移动互联网发展报告(2021)》显示，截至2020年12月，中国手机网民规模已达9.86亿，与此同时，2020年我国移动互联网接入流量消费达1656亿GB。目前，移动互联网正逐渐融合到人们日常工作和生活之中，诸如微信、支付宝、微博等丰富多彩的移动互联网应用，正在深刻改变着信息时代的社会生活。因此，移动互联网的快速发展带来了用户的海量数据的持续增长。

物联网(Internet of Things，IoT)是指通过信息传感设备，按约定的协议，将任何物体与网络相连接，物体通过信息传播媒介进行信息交换和通信，以实现智能化识别、定位、跟踪、监管等功能。物联网需要感知的数据种类非常多，如声音、电、位置、图像、视频等；其产生和搜集的数据量非常庞大，如智能交通中的遍布于街道上的摄像头，每天都会产生大量的数据。另外，联网的终端数量也在不断地增加。根据智研咨询发布的报告显示，预计2022年中国物联网终端总数达到44.8亿部。因此可以预见，物联网提供大数据的来源，而大数据将助力物联网的应用。

4.1.1　技术框架

面对海量数据，传统常规处理方法已经无法对其进行捕捉、管理和处理，因此迫切需要一种新的处理模式，于是大数据技术应运而生。大数据技术是指对海量数据进行处理，并获得分析和预测结果的一系列数据处理技术。大数据技术框架图主要包括数据源、数据采集、数据存储、数据处理和数据应用，如图 4-1 所示。

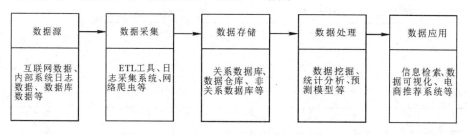

图 4-1　大数据技术框架图

数据源：为整个系统提供数据，如互联网数据、内部系统日志数据、数据库数据等。

数据采集：主要负责对数据进行抽取、清洗、转换、校验、加载等处理。常用的数据采集方式包括 ETL 工具、日志采集系统以及网络爬虫等。

数据存储：实现平台采集和产生的大数据存储。例如，利用关系数据库、数据仓库和非关系数据库等软件或工具存储结构化数据、半结构化数据和非结构化数据。

数据处理：可通过批处理或实时处理等技术对大数据进行分析、处理，如数据挖掘、统计分析、预测模型等。

数据应用：是大数据技术应用的目标，如信息检索、数据可视化、电商推荐系统等。

4.1.2　平台

基于大数据技术框架，通常有两种常用的大数据处理平台：Hadoop 和 Spark。

1. Hadoop 平台

Hadoop 平台技术起源于 Google 在 2004 年前后发表的三篇论文，即分布式文件系统 GFS，大数据分布式计算框架 MapReduce 和 NoSQL 数据库系统 BigTable。其中，GFS 解决了数据大规模存储的问题；MapReduce 解决了数据大规模计算的问题，让大数据处理成为可能；BigTable 解决了在线实时查询的问题，即使数据量很大，用户也能快速查询到数据。

2005 年，雅虎公司基于此技术建立了第一个大数据技术框架 Hadoop，并将其开源。最初的 Hadoop 框架中建立了分布式文件系统 HDFS 和分布式计算框架 MapRedce。随后，各个组织和企业在应用过程中不断地扩展和完善 Hadoop 模块。如 Facebook 公司推出了 Hive 数据仓库，它通过内部的关系型元数据库，将存储在 HDFS 中的文件有效地管理起来，并提供类 SQL 的数据库操作语言，以满足大数据集的统计分析工作。目前，Hadoop 最新版本已经到 3.0，且已形成技术生态、用户生态和商业生态。

1）HDFS

HDFS 是一种分布式文件系统，可对集群节点间的存储和复制进行管理，并且确保节点出现故障后数据的可用性。HDFS 可用于数据来源、中间处理数据以及最终运算数据的存储。HDFS 通过目录树来定位文件，可广泛应用于一次写入、多次读出的场景，尤其适合数据分析功能。HDFS 主要由四个部分组成，分别为 HDFS Client、NameNode、DataNode 和 Secondary NameNode。图 4-2 为 HDFS 的组成架构图。

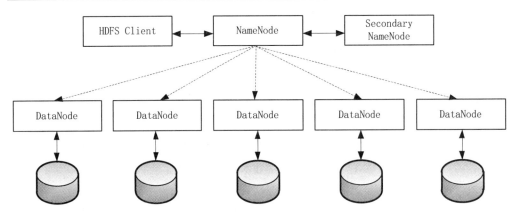

图 4-2　　HDFS 组成架构图

· HDFS Client：客户端，主要负责文件的切分。当文件上传至 HDFS 时，Client 将文件切分为一个一个的数据块 Block，然后进行存储。

· NameNode：主管理员，负责管理 HDFS 的名称空间、管理数据库 Block 的映射信息以及处理 Client 的读写请求。

· Secondary NameNode：主要用于辅助 NameNode，分担其工作量，并在紧急情况下，可恢复 NameNode。

· DataNode：用于数据库 Block 的物理存储，可对数据库 Blcok 进行读写操作。

2）MapReduce

MapReduce 是 Hadoop 的原生批处理引擎，是一个并行计算的框架。MapReduce 采用分而治之的思想，对所有数据进行分块并行处理。MapReduce 核心分为 Map 和 Reduce 两部分。当 MapReduce 框架收到一个计算作业时，首先把计算作业分割为若干个 Map 任务，然后再分配到不同的节点上运行，每个 Map 只处理输入数据的一部分；当 Map 任务完成后，它会生成一些中间数据，这些中间数据将会作为 Reduce 任务的输入数据，Reduce 任务再把前面若干个中间数据进行汇总并输出整个计算结果。图 4-3 展示了 MapReduce 的数据处理过程。

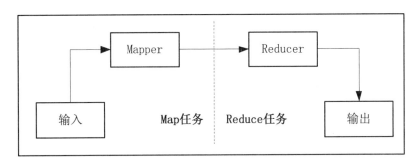

图 4-3　　MapReduce 数据处理过程

MapReduce 具有以下优点：

（1）易于编程：可利用一些简单的接口实现分布式程序功能。

（2）良好的扩展性：如果计算资源不够时，可通过简单的增加机器数量实现计算能力的扩展。

(3) 高容错性：若在运算过程中出现某些计算机故障，则这些计算机上进行的计算任务可转移至其他正常计算机上继续进行，无需人工参与。

(4) 适合 PB 以上数据的离线处理：可实现上千台计算机集群并发工作。

3) YARN

YARN 是资源调度平台，负责为运算程序提供服务器运算资源。YARN 主要由 ResourceManager、NodeManager、ApplicationMaster 和 Container 等组件构成。图4-4 为 YARN 架构图。

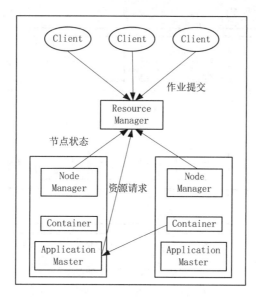

图 4-4　YARN 架构图

- ResourceManager：负责处理客户端的请求、ApplicationMaster 的启动以及资源的分配与调度。

- NodeManager：负责管理每个节点的资源，并且处理来自 ResourceManager 和 ApplicationMaster 的命令。

- ApplicationMaster：负责对数据进行切分，并为应用程序申请资源且分配任务。

- Container：YARN 中的资源抽象。它封装了节点上的资源，如 CPU、磁盘等。

4) HBase

HBase 是 Hadoop Database 的简称，它是一个分布式、面向列的开源数据库系统。HBase 可通过大量廉价计算机解决海量数据的高速存储和读取的需求。HDFS 为 HBase 提供可靠的底层数据存储服务，MapReduce 为 HBase 提供高性能的计算能力。HBase 由 Client、Zookeeper、HMaster、HRegionServer、HDFS 等多个组件组成。

- Client：定义了访问 HBase 的接口，同时利用 Cache 来加速 HBase 的访问。

- Zookeeper：负责 Master 的高可用、RegionServer 监控以及集群配置维护等工作。

- HMaster：负责为 RegionServer 分配 Region，维护整个集群的负载均衡。

- HRegionServer：负责对接用户的读写请求。

- HDFS：为 HBase 提供最终的底层数据存储服务。

2. Spark 平台

2009 年，Spark 诞生于伯克利大学 AMPLab，起初属于伯克利大学的研究性项目，后来在 2010 年正式开源，并于 2013 年成为 Apache 基金项目。目前，Spark 已经更新至 3.0 版本。Spark 是一种基于内存的快速、通用、可扩展的大数据分析引擎，也是基于内存计算的大数据并行计算框架，除了扩展了 MapReduce 计算模型之外，还支持更多的计算模式，如批处理、迭代算法、交互式查询、流处理。相比于 Hadoop，Spark 可将 Hadoop 集群中的应用在内存中的运行速度提升 100 倍，甚至能将应用在磁盘上的运行速度提升 10 倍。图 4-5 展示了 Spark 系统架构。

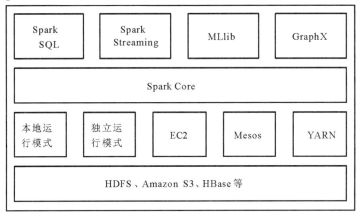

图 4-5　Spark 系统架构

(1) Spark Core。Spark Core 实现了 Spark 的基本功能，包含任务调度、内存管理、错误恢复、与存储系统交互等。Spark Core 还包含了对弹性分布式数据集(Resilient Distributed Dataset，RDD)的 API 定义。

RDD 是 Spark 中最基本的数据抽象。其本质是一种具有容错机制的数据集合，这些数据集合可以分布在集群节点上，并存于内存之中，此举极大地提升了访问速度。图 4-6 展示了 RDD 分区存储。

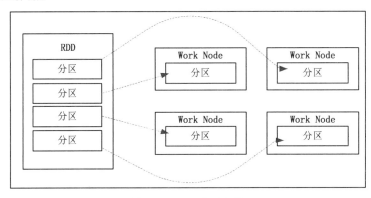

图 4-6　RDD 分区存储

(2) Spark SQL。Spark SQL 是 Spark 用来操作结构化数据的程序包。通过 Spark SQL 可以使用 SQL 或者 Apache Hive 版本的 SQL 语言(HQL)来查询数据。另外，Spark SQL 支

持多种数据源，如 Hive 表、Parquet 以及 JSON 等。

(3) Spark Streaming。 Spark Streaming 是 Spark 提供的对实时数据进行流式计算的组件。Spark Streaming 还定义了操作数据流的 API 接口。

(4) MLlib。MLlib 提供常见的机器学习(ML)功能的程序库，包括分类、回归、聚类、协同过滤等，另外还提供了模型评估、数据导入等额外的支持功能。

(5) GraphX。GraphX 提供了控制图、并行图操作和计算的一组算法与工具的集合。GraphX 扩展了 RDD API，如支持控制图、创建子图、访问路径上所有顶点的操作等。

(6) EC2。EC2 是亚马逊(Amazon)公司提供的、可扩展的云计算产品和服务，如服务器、数据库等。

(7) Mesos。Mesos 是 Apache 旗下的开源分布式资源管理框架，它可以将整个数据中心的资源(包括 CPU、内存、存储、网络等)进行抽象和调度，使多个应用同时运行。

4.1.3　国内外研究现状

目前，全球已进入大数据时代，大数据已经成为世界各国极为重要的战略资源。2012年 3 月，美国政府推出"大数据研究和发展倡议"，其中对于国家大数据战略的表述如下："通过收集、处理庞大而复杂的数据信息，从中获得知识和洞见，提升能力，加快科学、工程领域的创新步伐，强化美国国土安全，转变教育和学习模式。"作为响应，2012 年 5月，奥巴马政府发布了"构建 21 世纪数字政府"战略规划，通过 Data.gov 平台的建设吸引更多参与者加入，同时以行政管理和预算局牵头推进政府自身的公共数据开放。2015 年3 月，联邦总务管理局公民服务与科技创新办公室旗下的 18F 创新小组，会同联邦数字服务中心、白宫科技政策办公室联名发布了关于政府网站的数字化分析仪表盘，协助大众实时、便捷地了解美国联邦政府网站提供的社会公共服务。欧盟及其成员国已制定大数据发展战略，主要包括：数据价值链战略计划、资助"大数据"和"开放数据"领域的研究和创新活动、实施开放数据政策、促进公共资助科研实验成果和数据的使用及再利用等。2012年 9 月，欧盟委员会公布"释放欧洲云计算服务潜力"战略，旨在把欧盟打造成推广云计算服务的领先经济体。

我国自从 2014 年"大数据"首次出现在《政府工作报告》中以来，国务院常务会议一年内 6 次提及大数据运用，李克强总理也曾多次强调大数据应用的重要性。2015 年 10月，党的十八届五中全会正式提出"实施国家大数据战略，推进数据资源开放共享"。这表明中国已将大数据视作战略资源并上升为国家战略，期望运用大数据推动经济发展，完善社会治理，提升政府服务和监管能力。2018 年 5 月，国家主席习近平在向中国国际大数据产业博览会的致贺信中指出，我们秉持创新、协调、绿色、开放、共享的发展理念，围绕建设网络强国、数字中国、智慧社会，全面实施国家大数据战略，助力中国经济从高速增长转向高质量发展。

4.2　大数据中网络安全问题

大数据时代下，越来越多的政府机关、企事业单位意识到海量数据的价值，纷纷部署和应用了大数据系统来处理、分析海量数据。然而，由于这些海量数据中包含大量的个人敏感信息，因此数据安全、网络安全以及隐私保护的问题逐渐突显出来。例如：2020 年 3 月，新浪微博系统的用户查询接口被恶意调用，导致 5 亿用户数据遭泄露，泄露数据包括用户绑定的手机号、用户 ID、昵称、头像、粉丝数、所在地等；2020 年 5 月，江苏南通、如东两级公安机关破获了一起特大"暗网"侵犯公民个人信息案，抓获犯罪嫌疑人 27 名，查获被售卖的公民个人信息数据 5000 多万条；2020 年 6 月，由于工作人员缺乏保密意识，郑州西亚斯学院近两万学生个人信息被泄露，相关信息包括姓名、身份证号、年龄、专业及宿舍门牌号等；2020 年 6 月，黑客利用植入于谷歌浏览器扩展程序中的间谍软件，造成用户上网信息的泄露。

　　大数据技术由于涵盖了数据采集、数据存储、数据分析、数据应用等方面，同时，数据的分布式、协作式、开放式处理也加大了大数据技术应用的安全风险，因此现有的网络安全手段已不能满足大数据时代的安全要求，安全威胁将逐渐成为制约大数据技术发展的瓶颈。下面将从技术平台和数据应用两个角度来讨论当前大数据发展面临的安全挑战。

4.2.1　技术平台安全问题

　　由于早期的大数据技术平台如 Hadoop 平台，在设计之初主要是应用在内部环境下，没有考虑安全方面的影响，因此如今的大数据生态系统中存在着许多安全隐患。

1. 传统安全措施难以适配

　　传统网络安全是基于网络边界的防护，重点在于保护内部网络的安全，如保护内部数据库、内部服务器、内部主机以及内部网络设施等。然而，由于大数据具有海量、多源、异构、动态性等特征，使得其与传统封闭环境下的数据应用安全环境有较大区别。大数据应用一般采用底层复杂、开放的分布式计算和存储架构为其提供海量数据分布式存储和高效计算服务，这些新的技术和架构使得大数据应用的网络边界变得模糊，传统基于边界的安全保护措施将不再有效。同时，新形势下的高级持续性威胁(APT)、分布式拒绝服务攻击(DDoS)、基于机器学习的数据挖掘和隐私发现等新型攻击手段的出现，也使得传统的防御、检测等安全控制措施暴露出严重不足。

　　所谓 APT 攻击，是高级持续威胁攻击，也称为定向威胁攻击，指某组织对特定对象展开的持续有效的攻击活动。这种攻击活动具有极强的隐蔽性和针对性，通常会运用受感染的各种介质、供应链和社会工程学等多种手段实施先进的、持久的且有效的威胁和攻击。根据腾讯发布的《全球高级持续性威胁(APT)2019 年研究报告》显示，高级持续性威胁依然处于持续高发状态，无论是 APT 组织数量还是 APT 攻击频率，相比往年均有较大的增长。

　　APT 攻击具有以下特点：

　　(1) 攻击行为特征难以提取：APT 普遍采用 0day 漏洞获取权限，通过未知木马进行远程控制。

　　(2) 单点隐蔽能力强：为了躲避传统检测设备，APT 更加注重动态行为和静态文件的隐蔽性。

　　(3) 攻击渠道多样化：目前被曝光的知名 APT 事件中，社交攻击、0day 漏洞利用、物理摆渡等方式层出不穷。

(4) 攻击持续时间长：APT 攻击分为多个步骤，从最初的信息搜集到信息窃取并外传往往要经历几个月甚至更长的时间。

所谓 DDoS 攻击，是指处于不同位置的多个攻击者同时向一个或数个目标发动攻击，或者一个攻击者控制了位于不同位置的多台机器并利用这些机器对受害者同时实施攻击。由于攻击的发出点是分布在不同地方的，这类攻击称为分布式拒绝服务攻击，其中的攻击者可以有多个。根据阿里云的《2019DDoS 攻击态势报告》显示，2019 年 DDoS 攻击的数量虽然与 2018 年持平，但 DDoS 攻击的攻击强度变化更为激烈。如百吉(G)以上攻击成倍增长，TB 级别流量、千万级并发攻击的出现。

根据 DDoS 的危害性和攻击行为，可以将 DDoS 攻击方式分为以下几类：

(1) 资源消耗类攻击：通过发送大量请求来消耗正常的带宽和协议栈处理资源的能力，从而达到服务端无法提供正常工作的目的，如 SYN Flood、ACK Flood、UDP Flood 攻击等。

(2) 服务消耗型攻击：主要是针对服务的特点进行精确定点打击，往往不需要太大的流量，如 Web 的 CC 攻击、数据服务的检索、文件服务的下载等。

(3) 反射类攻击：主要应用于请求回应的流量远远大于请求本身流量的场景。攻击者利用流量被放大的特点以较小的流量带宽就可以制造出大规模的流量源，从而对目标发起攻击，如 DNS、NTP、ICMP 等反射攻击。

2. 平台安全机制亟待改进

现有大数据应用中多采用通用的大数据管理平台和技术，如基于 Hadoop 生态架构的 HBase/Hive、Cassandra/Spark、MongoDB 等。这些平台和技术在设计之初，主要考虑是在可信的内部网络使用，对大数据应用用户的身份鉴别、授权访问、密钥服务以及安全审计等方面考虑较少。即使有些软件作了改进，如增加了 Kerberos 身份鉴别机制，但整体安全保障能力仍然比较薄弱。

此外，在大数据系统中，各个生态系统都是通过组合使用来完成对数据的抽取、存储、处理、计算等任务，这些技术使得大数据平台可被访问和利用，但这些访问都缺乏基本的安全特性。同时，在大数据集群部署场景中，各生态之间的安全配置也会出现不一致的情形，这将导致更多的安全漏洞产生。例如：Kafka 的话题操作可以被恶意删除、恶意创建造成拒绝服务，通过访问描述和配置造成信息泄露；Hive 用户体系可能出现针对关系型数据库的表和字段的恶意访问、增删查改等；Docker 组件利用 Linux 没有输入过程的认证，并通过 Docker 命令伪造 root 身份，对 Hadoop 进行全线账户的提权，从而实现对整个操作系统的权限控制。表 4-1 展示了部分高危漏洞。

表 4-1 Hadoop 高危漏洞

漏洞 CVE 编号	漏洞组件	漏洞等级
CVE-2020-13937	Apache Kylin	高
CVE-2020-13926	Apache Kylin	高
CVE-2020-1956	Apache Kylin	高
CVE-2020-7196	HPE BlueData EPIC HPE Ezmeral Container Platform	高

续表

漏洞 CVE 编号	漏洞组件	漏洞等级
CVE-2020-10992	Azkaban	高
CVE-2019-12397	Apache Ranger	高
CVE-2019-0212	Apache Hbase	高
CVE-2019-0204	Apache Mesos	高

3. 应用访问控制愈加复杂

由于大数据数据类型复杂、应用范围广泛，它通常要为来自不同组织或部门、不同身份与目的的用户提供服务。一般，访问控制是实现数据受控访问的有效手段。但是，由于大数据应用场景中存在大量未知的用户和数据，因此预先设置角色及权限十分困难。即使可以事先对用户权限分类，但由于用户角色众多，难以精细化和细粒度地控制每个角色的实际权限，从而导致无法准确为每个用户指定其可以访问的数据范围。

1) 非授权访问

非授权访问即没有预先经过同意，就使用网络或计算机资源。例如，有意避开系统访问控制机制，对网络设备及资源进行非正常使用，或擅自扩大使用权限，越权访问信息。非授权访问主要攻击形式有假冒身份攻击、非法用户进入网络系统进行违法操作以及合法用户以未授权方式进行操作等。如在 2018 年，攻击者利用 Hadoop YARN 资源管理器系统 REST API 中存在的未授权漏洞对服务器进行攻击，实现未授权的远程代码的执行。

2) 缺乏访问控制机制

目前，大数据平台只有简单的认证模式，没有完整的授权与访问控制机制，任何人都可以提交代码并执行。恶意用户可以冒充正常用户对数据或者提交的任务进行攻击。另外，大数据平台不能控制不同用户角色具有不同访问权限，这也使得大数据平台极易被攻击者操控。如在 2015 年，攻击者利用 Hadoop RPC Authentication 存在的安全绕过漏洞，通过中间人攻击即可获得敏感信息的访问权限。

4.2.2　数据应用安全问题

大数据的一个显著特点是其数据体量巨大，而其中又蕴含着巨大的价值。数据安全保障是大数据应用和发展中必须面临的重大挑战。

1. 数据安全保护难度加大

大数据拥有巨大的数据，使其更容易成为网络攻击的显著目标。在开放的网络化社会，蕴含着海量数据和潜在价值的大数据更受黑客青睐，近年来也频繁爆发信息系统邮箱账号、社保信息和银行卡号等数据大量被窃的安全事件。分布式的系统部署、开放的网络环境、复杂的数据应用和众多的用户访问，都使得大数据在保密性、完整性和可用性等方面面临更大的挑战。根据国家互联网应急中心 2020 年发布的《2019 年中国互联网网络安全报告》显示，针对我国境内 MongoDB、ElasticSearch、MySQL 以及 Redis 等数据库进行排查，发现大量存在数据泄露隐患，其中因未授权访问漏洞存在泄露风险的数据有 1.77 万亿余条，因弱口令漏洞存在泄露风险的数据有 96 亿余条。表 4-2 展示了我国境内存在数据泄露隐患的数据库排查情况。

表 4-2　　我国境内存在数据泄露隐患的数据库排查情况

数据库	漏洞类型	数据表数量/个	数据量大小	数据条数/条
MongoDB	未授权访问	10190	37.6TB	8121 亿
ElasticSearch	未授权访问	9611	1123TB	9518 亿
MySQL	未授权访问	574	11.7TB	87 亿
MySQL	弱口令	3019	2TB	96 亿
Redis	未授权访问	15006	148GB	5900 万
Redis	弱口令	2320	8GB	48 万

2. 个人信息泄露风险加剧

在如今的大数据系统中存在着大量的个人信息，若大数据未被妥善处理将会对用户的隐私造成极大的侵害，如发生数据滥用、内部偷窃和网络攻击等。如在 2018 年，华住酒店 5 亿条用户数据泄露；又如 2019 年，央视 315 晚会报道的通过探针盒子盗取用户手机号码事件。根据中国互联网络信息中心(CNNIC)发布的第 47 次《中国互联网络发展状况统计报告》显示，截至 2020 年 12 月，23.3%的网民表示遭遇过个人信息泄露。

在整个大数据生命周期过程中均有可能存在着隐私泄露，在数据存储的过程中对用户隐私权造成的侵犯，如海量数据存储、数据类型繁杂处理、低延迟读写速度等；在数据传输的过程中对用户隐私权造成的侵犯，如数据泄露、数据篡改、数据失真、数据流攻击等；在数据处理的过程中对用户隐私权造成的侵犯，如虚拟化技术的脆弱性、数据加密措施的失效、未授权的数据访问、密钥失效等。另外，根据泄露内容的不同，个人信息泄露风险还可分为位置隐私泄露、连接关系隐私泄露和加密个人信息泄露等。

大数据的优势本来在于从大量数据的分析和利用中产生价值，但在对大数据中多源数据进行综合分析时，分析人员更容易通过关联关系挖掘出更多的个人信息，从而进一步加剧了个人信息泄露的风险。大数据平台中不论是对存储于各节点上的数据，还是节点间交互的数据，都缺少必要的安全保护措施，同时对于敏感信息也没有特殊的访问控制手段，这些都极易造成个人隐私的泄露。

3. 数据真实性保障更加困难

大数据系统中的数据来源广泛，可能来源于各种传感器、主动上传者以及公开网站。除了可信的数据来源外，同时存在大量不可信的数据来源。甚至有些攻击者会故意伪造数据，企图诱导数据分析结果。因此，对数据进行真实性确认、来源验证等非常重要。然而，由于采集终端性能限制、技术不足、信息量有限、来源种类繁杂等原因，对所有数据进行真实性验证存在很大困难。

4. 数据所有者权益难以保障

大数据应用过程中，数据会被多种角色用户所接触，会从一个控制者流向另外一个控制者，甚至会在某些应用阶段挖掘产生新的数据。因此，在大数据的共享交换、交易流通过程中，会出现数据拥有者与管理者不同、数据所有权和使用权分离的情况，即数据会脱离数据所有者的控制而存在，从而带来数据滥用、权属不明确、安全监管责任不清晰等安全风险，将严重损害数据所有者的权益。而今，我们会使用多个平台的服务，每个平台都存有我们的隐私数据，这样每个平台其实都是一个风险点，一旦某个平台出现数据泄露，意味着我们的数据隐私可能已被全盘泄露。在实际中，此类攻击最为常见的方式为撞库攻击，撞库攻击是黑客通过收集已泄露的用户和密码信息，然后使用这些信息登录其他应用系统，得到一系列可以正常登录的用户。由于很多用户在不同应用系统中使用相同的账号密码，因此黑客可以通过获取用户在 A 系统的账户从而尝试登录 B 系统。2020 年 7 月，负责提供安全数字化体验的智能边缘平台阿卡迈技术公司(简称 Akamai)发布了《Akamai 2020 年互联网状况/媒体行业中的撞库攻击》报告，报告指出，在 2018 年 1 月到 2019 年 12 月间，观察到的 880 亿起撞库攻击中，有 20%针对的是媒体公司，整个媒体行业共遭受了 170 亿次撞库攻击。

4.3　大数据网络安全问题对策

进入大数据时代后，各类数据将陆续开放，数据应用会越来越多，数据交叉共享会越来越复杂，复杂的数据流动会给数据安全防护带来极大挑战。由于对数据系统的入侵没有时间和地域的限制，而且途径和手段呈多样化，因此大数据所面临的安全问题将更为复杂。隐蔽、单一的数据安全技术或产品无法整体提升数据安全管控能力，也无法适应数据应用场景的快速变化，因此需要数据安全防护体系化，让数据安全体系覆盖数据全生命周期及重要的数据场景，以保证数据安全性。大数据的安全防护体系需要结合静态防御和动态防护，以"深度防御"为原则进行构建，并融合多种安全防护技术，加快安全防护响应和系统恢复。基于大数据的安全保护现状以及大数据所面临的挑战与威胁，人们在数据安全防护技术方面进行了针对性的实践与探索。下面从平台安全、数据安全技术两个方面阐述大数据安全问题对策。

4.3.1　平台安全机制

随着互联网和大数据的应用普及，数据泄露、滥用、诈骗事件时有发生，从而也导致了一系列社会问题。基于市场对大数据安全需求的急剧增加，大数据平台安全愈发引起人们关注，大数据安全问题已经成为制约平台部署和建设发展的重要原因。APT 攻击是大数据时代面临的最复杂的信息安全问题之一，而大数据分析技术又为对抗 APT 攻击提供了新的解决手段。随着 Hadoop 技术的不断发展，越来越多的公司和企业开始利用 Hadoop 技术搭建自己的大数据平台，并且基于大数据平台实现各式各样的大数据应用。为了保障基于 Hadoop 的大数据平台的安全性，基于 Hadoop 开源社区增加了身份认证、访问控制、数据加密等安全机制。商业化 Hadoop 平台增加了更多的安全组件如集中化安全管理、细粒度访问控制等，进一步保障平台的安全性。此外，基于通用的大数据平台安全加固技术及产品的大量涌现，进一步保障了平台的安全。

1. APT 攻击检测与防范策略

APT(高级可持续)攻击的一般流程包括：信息侦查，持续渗透，长期潜伏，窃取信息。信息侦查即在入侵前使用技术和社会工程学手段对特定目标进行侦查；持续渗透是利用目标人员的疏忽、不执行安全规范，以及利用系统应用程序、网络服务或主机的漏洞，攻击者使用定制木马等手段，不断渗透以潜伏在目标系统，进一步在避免用户觉察的条件下取得网络核心设备的控制权；长期潜伏是指攻击者在目标网络长期潜伏以获取有价值的信息；窃取信息是指攻击者窃取目标组织的机密信息。基于 APT 的攻击步骤，目前的 APT 检测方案主要有沙箱方案、异常检测、全流量审计、基于深层次协议解析的异常识别、攻击溯源等。

1) 沙箱方案

针对 APT 攻击，攻击者往往使用了 0day 的方法，导致特征匹配不能成功，因此需要采用非特征匹配的方式来识别，即智能沙箱技术就可以用来识别 0day 攻击与异常行为。智能沙箱技术最大的难点在于客户端的多样性，智能沙箱技术与操作系统类型、浏览器的版本、浏览器安装的插件版本都有关系，在某种环境中检测不到恶意代码，或许另外一种环境下就能检测到。

2) 异常检测

异常检测的核心思想是通过流量建模识别异常；核心技术包括元数据提取技术、基于连接特征的恶意代码检测规则以及基于行为模式的异常检测算法。元数据提取技术是指利用少量的元数据信息，检测整体网络流量的异常；基于连接特征的恶意代码检测规则是指检测已知僵尸网络、木马通信的行为；基于行为模式的异常检测算法包括检测隧道通信、可疑加密文件传输等。

3) 全流量审计

全流量审计的核心思想是通过对全流量进行应用识别和还原，检测异常行为；核心技术包括大数据存储及处理、应用识别、文件还原等。全流量分析面临的问题是数据处理量非常大，全流量审计与现有的检测产品和平台相辅相成，互为补充，构成完整防护体系。在完整防护体系中，传统检测设备的作用类似于"触发器"，可以检测到 APT 行为的蛛丝马迹，再利用全流量信息进行回溯和深度分析。可用一个简单的公式说明：全流量审计 + 传统检测技术 = 基于记忆的检测系统。

4) 基于深层协议解析的异常识别

基于深层协议解析的异常识别，可以仔细查看并一步发现是哪个协议，如对一个数据进行查询，寻找有什么地方出现了异常，直到发现异常点为止。

5) 攻击溯源

通过已经提取出来的网络对象，可以重建一个时间区间内可疑的 Web Session、E-mail、对话。

在 APT 攻击检测中会存在以下问题：攻击过程包含路径和时序；大部分攻击过程与正常操作类似；无法检测所有的异常操作；不能保证在 APT 过程的早期被检测到异常。基于记忆的检测可以有效缓解上述问题。现在，对抗 APT 的思路是以时间对抗时间，基于 APT 发生的时间跨度较长，对抗也需要在一个时间窗内来进行，对长时间、全流量数据进行深度分析。针对 A(高级) 问题，可以采用沙箱方式、异常检测模式来解决特征匹配的不足；针对 P(可持续)问题，可将传统基于实时时间点的检测转变为基于历史时间窗的检测，通过流量的回溯和关联分析发现 APT 模式。流量存储与现有检测技术相结合，构成了新一代基于记忆的智能检测系统。此外，利用大数据分析的关键技术信息将这些事件自动排列，可以帮助分析人员快速发现攻击源。

虽然目前有多重 APT 攻击检测方式，但是现有的防御技术、防御体系很难有效应对 APT 攻击，导致很多攻击直到很长时间后才被发现甚至未被发现。为了实现有效的防护，需要转换思维，重点保护关键数据资产，在传统的纵深防御的网络安全防护基础上，在各个可能的环节上部署检测和防护手段，建立一种新的安全防御体系。这种新的安全防御体系包括：

(1) 防范社会工程。木马侵入社会工程是 APT 攻击的第一个步骤，防范社会工程需要一套综合性措施，既要根据实际情况完善信息安全管理策略，如禁止员工在个人微博上公布与工作相关的信息，禁止在社交网站上公布私人身份和联络信息等，又要采用新型的检测技术，提高识别恶意程序的准确性。社会工程是利用人性的弱点针对人员进行的渗透过程，因此提高人员的信息安全意识，是防止社会工程攻击的最基本的方法。传统的办法是通过宣讲培训的方式来提高安全意识，但是往往效果不好，不容易对听众产生触动；而比较好的方法是社会工程测试，这种方法已经是被业界普遍接受的方式，有些大型企业都会授权专业公司定期在内部进行测试。绝大部分社会工程攻击是通过电子邮件或即时消息进行的，通过上网行为管理设备可以阻止内部主机对恶意 URL 的访问。通过垃圾邮件的彻底检查对可疑邮件中的 URL 链接和附件作细致认真的检测。有些附件表面上看起来就是一个普通的数据文件，如 PDF 或 Excel 格式的文档等；恶意程序嵌入在文件中，且利用的漏洞是未经公开的，通常仅通过特征扫描的方式，往往不能准确识别出来的。比较有效的方法是用沙箱模拟真实环境访问邮件中的 URL 或打开附件，观察沙箱主机的行为变化，可以有效检测出恶意程序。

(2) 全面采集行为记录，避免内部监控盲点。对 IT 系统行为记录的收集是异常行为检测的基础和前提。大部分 IT 系统行为可以分为主机行为和网络行为两个方面，更全面的行为采集还包括物理访问行为记录采集。主机行为采集一般是通过允许在主机上工作的行为监控程序来完成，有些行为记录可以通过操作系统自带的日志功能实现自动输出。为了实现对进程行为的监控，行为监控程序通常工作在操作系统的驱动层，如果在实现上有错误，很容易引起系统崩溃。为了避免被恶意程序探测到监控程序的存在，行为监控程序应尽量工作在驱动层的底部，但是越靠近底部，稳定性风险就越高。网络行为采集一般是通过镜像网络流量，将流量数据转换成流量日志。以 Netflow 记录为代表的早期流量日志只包含网络层信息。近年来的异常行为大都集中在应用层，仅凭网络层的信息已难以分析出有价值的信息。应用层流量日志的输出，关键在于应用的分类和建模。

(3) IT 系统异常行为检测。从前述 APT 攻击过程可以看出，异常行为包括对内部网络的扫描探测、内部的非授权访问、非法外联。非法外联即目标主机与外网的通信行为，可分为以下三类：下载恶意程序到目标主机，这些下载行为不仅发生在感染初期，在后续恶意程序升级时还会出现；目标主机与外网的 C&C 服务器进行联络；内部主机向 C&C 服务器传送数据，其中外传数据的行为是最多样、最隐蔽，也是最终构成实质性危害的行为。

2. Hadoop 开源社区增加基本安全机制

Hadoop 开源系统中提供了基本安全功能，包括身份认证、访问控制、安全审计和数据加密。

1) 身份认证

Hadoop 支持两种身份认证机制：简单机制和 Kerberos 机制。简单机制只能避免内部人员的误操作，是默认设置，主要是根据客户进程的有效 UID 确定用户名；Kerberos 机制支持集群中服务器间的认证和客户端到服务器的认证，运行性能更高，安全性相对更强。基于 Kerberos 的认证方式对于操作系统用户来说，可以实现对系统外部的强安全认证，但无法支持系统内组件之间的身份认证。

简单机制采用了 SAAS 协议。用户提交作业时，说自己是 XXX(在 JobConf 的 user.name 中说明)，则在 JobTracker 端进行核实。其包括两部分核实：一是用户到底是不是这个人，即通过检查执行当前代码的人与 user.name 中的用户是否一致。二是检查 ACL(Access Control List)配置文件(由管理员配置)，看用户是否有提交作业的权限。一旦用户通过验证，会获取 HDFS 或者 MapReduce 授予的 delegation token(访问不同模块有不同的 delegation token)，之后的任何操作，比如访问文件，均要检查该 token 是否存在，且使用者跟之前注册使用该 token 的人是否一致。用户名/密码认证就是这种常用方式。

Kerberos 是一种基于可信任第三方的网络认证协议，其设计目标是解决在分布式网络环境下，服务器如何对某台工作站接入的用户进行身份认证的问题。除了服务器和用户以外，Kerberos 还包括可信任第三方密钥发放中心(KDC)。KDC 包括两部分：认证服务器(AS)和凭据发放服务器(TGS)。认证服务器用于在登录时验证用户的身份；凭据发放服务器发放"身份证明许可证"。

Kerberos 协议的前提条件是：用户与 KDC、KDC 与服务器在协议工作前已经有了各自的共享密钥。Kerberos 协议的工作流程如图 4-7 所示。

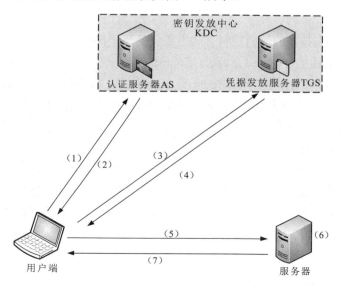

图 4-7　Kerberos 协议的工作流程

(1) 用户端向 KDC 发送 TGT(Ticket-Granting Ticket)请求信息，其中包含自己的身份信息。

(2) KDC 从 TGS 得到 TGT，并用协议开始前用户端与 KDC 之间的密钥将 TGT 加密回复给用户端。

(3) 用户端将之前获得 TGT 和要请求的服务信息发送给 KDC，TGS 为用户端和服务器端之间生成一个 Session Key 用于服务器端对用户端的身份鉴别，生成 Ticket 用于服务请求。

(4) KDC 将密文的 Session Key 和服务 Ticket 发送给用户端。

(5) 用户端将刚才收到的 Ticket 和密文的 Session Key 转发到服务器端。

(6) 服务器端验证用户端的身份。

(7) 如果服务器端有返回结果，那么将其返回给用户端。

Kerberos 协议主要包括 Ticket 的安全传递和 Session Key 的安全发布，结合时间戳的使用，很大程度上保证了用户鉴别的安全性，并且利用 Session Key 在通过鉴别之后，用户端和服务器端之间传递的消息也可以获得机密性和完整性的保证。同时，Kerberos 也存在如下局限性：

(1) 以对称加密算法作为协议的基础给密钥的交换、密钥存储和密钥管理带来了安全隐患；

(2) 利用字典攻击对 Kerberos 系统进行攻击是简单有效的，但 Kerberos 防止口令猜测攻击的能力很弱；

(3) Kerberos 协议最初设计是用来提供认证和密钥交换的，它不能用来进行数字签名，也不能提供非否认机制；

(4) 在分布式系统中，认证中心星罗棋布，域间会话密钥的数量惊人，密钥的管理、分配和存储都是很严峻的问题。

2) 访问控制

大数据安全开源技术的访问控制方式主要包括基于权限的访问控制、访问控制列表、基于角色的访问控制(Role-Based Access Control，RBAC)、基于标签的访问控制、基于操作系统的访问控制等。HDFS、MapReduce、HBase 都支持 POSIX 权限和访问控制列表方式，Hive 支持基于角色的访问控制，HBase 和 Accumulo 提供基于标签的访问控制。基于权限的访问控制和基于角色的访问控制是大部分企业选用的访问控制方式，但其安全能力不一定能满足现实需求。

基于角色的访问控制的基本思想是在用户和访问权限之间引入角色的概念，将用户和角色联系起来，通过对角色的授权来控制用户对系统资源的访问。数据库系统采用基于角色的访问控制策略，建立角色、权限与账号管理机制。首先根据用户的工作职责设置若干角色，不同的用户可以具有相同的角色，在系统中享有相同的权力；同一个用户又可以同时具有多个不同的角色，在系统中行使多个角色的权力。RBAC 的基本概念包括：许可就是允许对一个或多个客体执行操作；角色是许可的集合；一次会话是用户的一个活跃进程，代表用户与系统交互。每次会话是一个映射，是一个用户到多个角色的映射；当一个用户激活他所有角色的一个子集的时候，建立一次会话；一次会话构成一个用户到多个角色的映射，即会话激活了用户授权角色集的某个子集，这个子集称为活跃角色集。RBAC 的基本模型如图 4-8 所示。

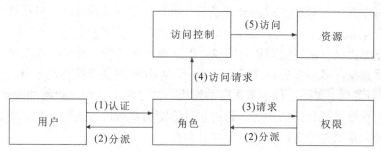

图 4-8　RBAC 的基本模型

　　RBAC 的关注点在于角色与用户及权限之间的关系，左右两边都是多到多的关系，用户可以有多个角色，角色可以包括多个用户。由于基于角色的访问控制不需要对用户一个一个地进行授权，而是通过对某个角色授权来实现对一组用户的授权，因此简化了系统的授权机制，可以很好地描述角色层次关系，能够很自然地反映组织内部人员之间的职权、责任关系。利用基于角色的访问控制可以实现最小特权原则。RBAC 机制可被系统管理员用于执行职责分离的策略。

　　由于大数据场景下用户角色及用户需求具有多样化及复杂性，如果使用基于角色的访问控制，很难实现对每个角色的权限进行精准控制，那么对于用户所能够访问的数据范围就很难界定，因此很难实现细粒度的访问控制。不仅如此，大数据的应用场景特征不仅包括访问控制的多样化，还包括不同系统之间的数据共享，因此需要通过集中统一的访问控制对控制策略和部署进行简化。

　　3) 安全审计

　　Hadoop 开源系统还提供了安全审计功能，各组件均能提供日志和审计文件，通过记录数据访问过程进行数据分析，可以追踪数据流向和发现违规数据操作。由于 Hadoop 系统各组件各自记录日志进行审计并存储在内部，很难实现全系统的安全审计，因此要通过外部的日志聚合系统获取集群中所有节点的审计日志并放入集中化的位置进行存储和分析。

　　4) 数据加密

　　数据包括静态数据和动态数据。静态数据是指文档、报表、资料等不参与计算的数据；动态数据则是指需要检索或参与计算的数据。当数据以明文的方式存储时，面对未被授权入侵者的破坏、修改和重放攻击显得很脆弱，对重要数据的存储加密是必须采取的技术手段。大数据环境下需要实现数据在静态存储及传输过程的加密保护，数据加密机制包括数据加密算法、密钥管理方案等；然而"先加密再存储"的方法只能适用于静态数据，对于需要参与运算的动态数据则无能为力，因为动态数据需要在 CPU 和内存中以明文形式存在。

　　(1) 静态数据加密算法：包括对称加密算法和非对称加密算法。对称加密算法是它本身的逆反函数，即加密和解密使用同一个密钥，解密时使用与加密同样的算法即可得到明文。常见的对称加密算法有 DES、AES、IDEA、RC4、RC5、RC6 等。非对称加密算法使用两个不同的密钥，一个公钥和一个私钥。在实际应用中，用户管理私钥的安全，而公钥则需要发布出去，用公钥加密的信息只有私钥才能解密，反之亦然。常见的非对称加密算法有 RSA、基于离散对数的 ElGamal 算法等。对称加密算法速度快，但在通信前双方需要建立一个安全信道来交换密钥；而非对称加密算法事先不需要交换密钥就可实现保密通信，且密钥分配协议及密钥管理相对简单，但运算速度较慢。在数据挖掘过程中采用加密算法隐藏敏感数据，多用于分布式应用环境中，如分布式数据挖掘、分布式安全查询、几何计算、科学计算等。实际工程中常采取的解决办法是将对称和非对称加密算法结合起来，利用对称加密算法进行数据的加密，利用非对称密钥系统进行密钥分配，尤其是在大数据环境下，加密大量的数据时，这种结合尤其重要。

静态数据加密范围：在大数据系统中，不是所有数据都是敏感数据，不敏感的数据并不需要加密，可以根据数据敏感性对数据进行有选择性的加密，减少对系统性能造成的损失。如在一些高性能计算环境中，数据量庞大的计算源数据通常敏感程度并不高，敏感的关键数据主要是计算任务的配置文件和计算结果，这部分数据比重较低，只对该部分数据进行加密，就可以保证系统的高性能。

(2) 密钥管理方案：密钥管理是数据加密机制的难点所在，包括密钥粒度的选择、密钥管理体系以及密钥分发机制。密钥是数据加密不可或缺的部分，密钥数量的多少与密钥的粒度直接相关：密钥粒度较大时，方便用户管理，但不适合于细粒度的访问控制；密钥粒度小时，可实现细粒度的访问控制，安全性更高，但产生的密钥数量大且难于管理。适合大数据存储的密钥管理办法主要是分层密钥管理，即"金字塔"式密钥管理体系。这种密钥管理体系就是将密钥以金字塔的方式存放，上层密钥用来加/解密下层密钥，只需将顶层密钥分发给数据节点，其他层密钥均可直接存放于系统中。考虑到安全性，大数据存储系统需要采用中等或细粒度的密钥，因此密钥数量多；而采用分层密钥管理时，数据节点只需保管少数密钥就可对大量密钥加以管理，效率更高。可以使用基于 PKI 体系的密钥分发方式对顶层密钥进行分发，用每个数据节点的公钥加密对称密钥，发送给相应的数据节点，数据节点收到密文的密钥后，使用私钥解密获得密钥明文。

HDFS 从 Hadoop 2.6 开始就支持原生静态加密——应用层加密，该方法是一种基于加密区的透明加密方法，加密目录被分解为若干加密区，当数据写入加密区时被透明加密，客户端读取数据时被透明解密。对于动态传输数据，为了保证客户端与服务器传输的安全性，Hadoop 提供了对应 RPC、TCP/IP 和 HTTP 的不同的动态加密方法。Hadoop 开源技术还支持基于硬件的加密方案，该方案能够大幅提高数据加解密的性能，实现端到端和存储层加密的低损耗。安全灵活的密钥管理和分发机制能够保证加密的有效使用，但目前在开源环境下没有很好的解决方式，需要借助商业化的密钥管理产品。

3. 商业化大数据平台解决方案完善安全机制

Cloudera 公司的 CDH(Cloudera Distribution Hadoop)、Hortenworks 公司的 HDP (Hortonworks Data Platform)、华为公司的 FusionInsight、星环信息科技的 TDH(Transwarp Data Hub)等都是商业化的大数据平台。上述公司在平台安全机制上都作了优化。在集中安全管理和审计方面，商业化大数据平台通过专门的集中化的组件如 Manager、Ranger、

Guardian 等，形成大数据平台总体安全管理视图，从而实现集中的系统运维、安全策略管理和审计；通过统一的配置管理界面，解决了安全策略配置和管理繁杂的难题。在身份认证方面，主要通过边界防护来保证 Hadoop 集群入口的安全，通过集中身份管理和单点登录等方式对认证机制进行简化，通过界面化的配置管理方式启用基于 Kerberos 的认证并进行管理。在访问控制方面，为了降低集群管理的难度，采用集中角色管理和批量授权等机制，并通过基于角色或标签的访问控制策略来实现资源的细粒度管理，如文件、目录、表、数据库、列族等各种资源的访问权限的管理。在加密和密钥管理方面，提供灵活的加密策略，保障数据传输过程及静态存储都是以加密形式存在，也可以实现对 Hive、HBase 的表或字段加密，同时提供更好的密钥存储方案，并能提供和企业现有的 HSM(Hardware Security Module)集成的解决方案。商业化大数据的安全方案及技术成熟度较高，经过了大量的测试验证，有众多部署实例，已经大量运行在各种生产环境中。但是，该类安全方案的安全机制只针对特定平台开发，安全保障组件仅适用于该平台，并不适合其他大数据平台进行平台安全加固。

4. 商业化通用安全组件进行安全加固

通用安全组件一般是通过在 Hadoop 平台内部部署集中管理节点，负责整个平台的安全管理策略设置和下发，从而实现对大数据平台的用户和系统内组件的统一认证管理和集中授权管理，是一种适用于原生或二次开发的 Hadoop 平台的安全防护机制。该机制提供身份认证、访问控制、权限管理、边界安全等功能，主要实现通过在原功能组件上部署安全插件，对数据操作指令进行解析和拦截，从而实现安全策略的实施。在身份认证方面，基于兼容平台原有的 Kerberos+LDAP 认证机制，支持口令、手机、PKI 等多因素组合认证方式，还支持用户单点登录，能够实现外部用户认证和平台内部组件之间的认证。在访问控制方面，引入 DAC、MAC、RBAC、DTE 等多种访问控制模式，实现 HDFS 文件、计算资源、组件等细粒度的访问控制，支持安全、审计、操作三权分立。通过平台安全配置基线检查，提高大数据平台自身的安全性。该机制还实现了敏感数据的动态模糊化管理等功能。通用安全组件不仅易于部署和维护，适合对已建大数据系统进行安全加固，还可以在不改变现有系统架构的前提下，解决企业的大数据平台安全需求，其灵活性强，方便与现有的安全机制集成。这类产品的提供者一般都是专业的安全服务商，专注于安全问题的解决，防护机制的完备性强、精度高，为开源大数据平台提供了较完备的安全加固方案。

平台安全方面，集中的安全配置管理和安全机制部署能够基本满足目前平台的安全需求，大数据平台的漏洞扫描与攻击监测技术相对薄弱。目前，商业化大数据平台和商业化通用安全组件为 Hadoop 生态系统增加了集中安全管理、准入控制、多因素认证、细粒度访问控制、密钥管理、数据脱敏、集中审计等安全机制，在一定程度上填补了大数据平台安全机制的空缺，基本满足目前平台的安全需求。但 Hadoop 仍处在快速发展的阶段，认证机制依赖 Kerberos，其认证中心可能会成为系统瓶颈。平台防攻击技术方面，目前大数据平台仍然使用传统网络安全的防护手段，对大数据环境下扩大的防护边界和更加隐蔽的攻击方式无法做到全面覆盖，而且行业对大数据平台本身可能的攻击手段关注较少，预防手段不足，一旦有新的漏洞出现，波及范围将十分巨大。

4.3.2　数据安全技术

　　数据是信息系统的核心资产,是大数据安全的最终保护对象。广义的数据安全技术是一切能够直接、间接保障数据的完整性、保密性、可用性的技术;而狭义的数据安全技术主要是基于数据的安全防护技术。除大数据平台提供的数据安全保障机制之外,目前所采用的数据安全技术,一般是在整体数据视图的基础上,设置分级分类的动态防护策略,降低已知风险的同时考虑减少对业务数据流动的干扰与伤害。数据可以粗略分为两类:一类是结构化的数据,主要存储于数据库中;一类是非结构化的数据,如图片、文件、图纸等。对于结构化的数据安全,主要采用数据库审计、数据库防火墙以及数据库脱敏等数据库安全防护技术;对于非结构化的数据安全,主要采用数据泄露防护(Data leakage prevention, DLP)技术。同时,细粒度的数据行为审计与追踪溯源技术能帮助系统在发生数据安全事件时,迅速定位问题,查缺补漏。

1. 敏感数据识别技术

　　敏感数据是指泄露后可能会给社会或个人带来严重危害的数据,包括个人隐私数据,如姓名、身份证号码、医疗信息等;也包括企业或社会机构不适合公布的数据,如企业的经营情况等。敏感数据的识别是数据保护的前提,在敏感数据的监控方案中,从海量的数据中挑选出敏感数据以完成对敏感数据的识别,再进一步建立系统的总体数据视图,并采取分类分级的安全防护策略保护数据安全。在需要数据共享的应用场景中,数据的分级分类显得尤为重要。共享数据提供方在进行数据分级分类时的要求包括:按照政务信息资源分级分类相关要求进行标记,并根据标记对安全等级进行识别,同时保留标记记录,作为审计依据;按照数据级别确定安全防护措施;明确使用方对共享数据的使用权限等。敏感数据的分级主要按照数据的价值、内容敏感程度、影响和分发范围不同对数据敏感级别进行划分;而敏感数据的分类主要依照数据的来源、内容和用途对数据进行划分。敏感数据的识别是指通过用户自定义规则进行敏感数据识别。敏感数据的识别与分类分级是数据安全的核心内容,通过对不同类型的数据进行鉴别,识别其中存在的敏感数据,并对这些敏感数据进行分类定级处理,实现对不同类型的数据进行分类保护。传统的数据识别方法包括关键字、字典和正则表达式匹配等方式,一般结合模式匹配算法开展。该类方法人工参与度高,自动化程度较低,但是简单实用,并随着人工智能识别技术的引入,通过机器学习可以实现大量文档的聚类分析,自动生成分类规则库,可以极大地提高自动化识别程度。

2. 数据防泄露(DLP)技术日趋智能化

　　数据防泄露(Data Loss Prevention,　DLP)是指防止用户指定的数据或信息资产以违反安全策略规定的形式流出企业的一类数据安全防护手段。日常数据泄露大体分三种途径:使用泄露、存储泄露及传输泄露。使用泄露一般是操作失误,通过打印、剪切、复制、粘贴、另存为、重命名和拍摄屏幕等方式泄露数据;存储泄露包括数据中心、服务器和数据库的数据被随意下载、共享泄露,离职人员通过U盘、光盘、移动硬盘随意复制机密资料,移动终端被盗、丢失或维修造成数据泄露;传输泄露一般通过网络监听、拦截等方式篡改、伪造传输数据。数据使用防泄露的常用技术包括内容过滤、数据加密、权限控制以及秘密分割四种;数据存储防泄露的常用技术有秘密分割和数据加密两种方式,其中数据加密技术是最常见的数据保密方式之一；数据传输防泄露技术通常采用 VPN 技术，分为基于数据加密技术的 VPN 和基于秘密分割技术的 VPN。针对使用泄露和存储泄露，DLP 通常采用多种技术手段(包括身份认证管理、进程监控、日志分析和安全审计等)，观察和记录操作员的各种操作情况，如对计算机、文件、软件和数据的各种操作，从而监控计算机中的敏感数据的使用和流动，对敏感数据的违规使用进行警告、阻断等。对于传输泄露，DLP主要是为了阻止敏感数据通过各种聊天工具、微博或论坛等方式泄露出去，一般会采取敏感数据动态识别、动态加密、数据库防火墙等技术手段对终端、服务器以及网络中动态传输的敏感数据进行监控。DLP 还引入了自然语言处理、机器学习等新技术，DLP 与人工智能的结合便于将数据管理的颗粒度进行细化，使得敏感数据和安全风险识别日趋智能化，"智能安全"将会成为 DLP 技术发展的趋势。随着大数据分析技术以及机器学习的不断发展，DLP 将更加智能化，不仅能够实现用户行为分析与数据内容的智能识别，还能进一步实现数据的智能化分层、分级保护，提供云(云端)、管(网络)、端(终端)协同一体的敏感数据动态集中管控体系。

3. 数据安全防护技术

数据安全防护技术包括结构化数据安全防护技术和非结构化数据安全防护技术。结构化数据是驻留在数据库中，并基于数据库架构和相关数据库规则被组织的信息。因此，结构化的数据安全技术是指数据库安全防护技术，主要是防止数据意外丢失和不一致数据的产生，以及当数据库遭受破坏后迅速恢复正常。要实现数据库的全方位防护，需要覆盖数据库的事前、事中、事后安全，包括数据库的应用安全、维护安全、使用安全和存储安全，可以分为事前诊断、事中安全管控和事后分析追责三类。其中，事前诊断主要是指数据库漏洞扫描技术；事中安全管控主要是指数据库防火墙、数据加密、脱敏技术；事后分析追责主要是指数据库审计技术。

数据库漏洞扫描：对数据库系统进行自动化安全评估的专业技术。对于每一条安全漏洞，制定预定义扫描策略，从而发现问题和缺陷，并根据已有知识判断漏洞的危害性且给出修复方案。数据库漏洞扫描能够让用户认识漏洞危害性和系统当前安全状态，方便用户搭建安全高效的数据库系统。

数据防火墙：通过实时分析用户对数据库的访问行为，自动建立合法访问数据库的特征模型。同时，通过访问控制和虚拟补丁等防护手段，及时发现并阻断 SQL 注入攻击和违反安全策略的数据库访问请求。

数据加密：基于加密算法和合理的密钥管理，有选择性地加密敏感字段内容，保护数据库内敏感数据的安全。敏感数据以密文的形式存储，能保证即使在存储介质被窃取或数据文件被非法复制的情况下，敏感数据仍是安全的，并通过密码技术实现三权分立，避免数据库管理员密码泄露带来的批量数据泄露风险。

脱敏技术：对某些敏感信息通过脱敏原则进行数据变换，实现敏感隐私数据的保护。当涉及客户安全数据或商业敏感数据如客户的身份证号或手机号等信息时，通过数据脱敏对真实数据进行改变的同时保证了数据有效性。

数据库安全审计：通过监控数据库的多重状态和通信内容，评估数据库所面临的风险，并可通过日志进行事后追查取证。通过 AI 威胁智能识别，超越传统安全规则库的局限性，可实现对数据库未知风险的识别。

目前，数据库安全防护技术以及产品的发展已经逐步成熟，代表性的厂家有 Imperva、IBM、Guardium、Informatica 等，但是国内产品相对国外厂家来说，还有一定的差距。

非结构化数据的管理和安全非常困难，该类数据没有严格的格式，能在任何地方、以任何格式、在任何设备上存在，并且在大数据时代能够跨越任何网络。因此在云环境和大数据环境的安全方面，针对非结构化数据的防护方案已经由一些技术领先的厂商提出，国外比较有代表性的有 Symantec 的 DLP 产品，国内也有类似产品，但是技术成熟度较低，急需加强。

4. 密文计算技术

随着信息科技的发展，人们愈发意识到数据保护的重要性，特别是随着云计算、大数据等技术的发展，积累了海量的数据，如何在海量的数据里挖掘价值，同时保证数据的安全性一直是人们的探索方向。大量的信息泄露的根本原因，就是数据库里存的是明文，如果将数据进行加密后再存入数据库，就能够有效地实现数据的机密性，但是加密后的数据可用性变差，很可能无法执行相应的修改或者删除等操作，此时就需要密文计算技术实现密文状态下的操作。多源数据计算场景会日益增多，密文计算技术在数据机密性的基础上为实现数据的流通及应用提供了解决方案。密文计算方法包括同态加密、安全多方计算等。

同态加密属于动态数据加密，是基于数学难题的计算复杂性理论的密码学技术。同态技术在加密的数据中可以进行诸如检索、比较等操作，得出正确的结果，而在整个处理过程中无需对数据进行解密。其意义在于真正从根本上解决大数据及其操作的保密问题。对经过同态加密的数据进行处理得到一个输出，将这一输出进行解密，其结果与用同一方法处理未加密的原始数据得到的输出结果一致。同态加密技术关注的是数据处理安全，使用该技术他人也可以对加密数据进行处理，而且在处理过程中不会泄露任何原始内容；而拥有密钥的用户对处理过的数据进行解密后，得到的结果与未加密数据处理后的结果一致。例如，加密操作为 E，明文为 m，加密得 e，即 $e = E(m)$，$m = E'(e)$。已知针对明文有操作 f，针对 E 可构造 F，使得 $F(e) = E(f(m))$，这样 E 就是一个针对 f 的同态加密算法。同态加密技术是密码学领域的一个重要课题，目前尚没有真正可用于实际的全同态加密算法，现有的多数同态加密算法要么只对加法同态(如 Paillier 算法)，要么只对乘法同态(如 RSA 算法)，或者同时对加法和简单的标量乘法同态(如 IHC 算法和 MRS 算法)。同态加密技术的使用不仅能够满足数据应用的需求，又能保护用户隐私不被泄露，在保证数据机密性的基础上保证了数据的可用性，在不同用户之间实现数据共享的同时保护了用户隐私，特别适合在大数据环境中应用。同态加密理论在 1978 年被首次提出，是密码学领域的圣杯之一，研究人员一直在该方向努力探索。Gentry 最先提出了完全同态加密方案，该方案由于同步工作效率有待改进而未能投入实际应用，但是实现了全同态加密领域的重大突破，即在收集和分析更多数据的同时实现了用户的隐私保护。目前，很多密码学家在该领域开展研究工作，全同态加密向实用化不断发展，但目前而言，由于同态加密算法过高的计算开销，还不能应用到实际生产中。

安全多方计算(Secure Multi-Party Computation，SMPC)是密码学研究的核心领域，该技术的研究主要是针对无可信第三方的情况下，如何安全地计算一个约定函数的问题。安全多方计算是电子选举、门限签名以及电子拍卖等诸多应用得以实施的密码学基础。该技术主要解决互不信任的参与方之间实现隐私保护的协同计算问题，SMPC 要确保输入的独立性、计算的正确性，同时不泄露各输入值给参与计算的其他成员。安全多方计算问题首先由华裔计算机科学家、图灵奖获得者姚期智教授于 1982 年提出，也就是为人熟知的百万富翁问题：两个争强好胜的富翁 Alice 和 Bob 在街头相遇，如何在不暴露各自财富的前提下比较出谁更富有？姚氏"百万富翁问题"后经 O Goldreich、Micali 以及 Wigderson 等人的发展，成为现代密码学中非常活跃的研究领域，即安全多方计算。该技术非常适用在大数据环境下的数据机密性保护。安全多方计算拓展了传统分布式计算以及信息安全范畴，为网络协作计算提供了一种新的计算模式，对解决网络环境下的信息安全具有重要价值。利用安全多方计算协议，一方面可以充分实现数据持有节点间互连合作，另一方面又可以保证秘密的安全性。通用的安全多方计算协议虽可以解决一般的安全多方计算问题，但是计算效率较低，离真正的产业化应用还有一段距离。

5. 数字水印(Digital watermarking)和数据血缘(Data Lineage)追踪技术

数据安全的全方位保护包括数据的事前、事中及事后的安全保障，敏感数据识别、密文计算、安全监控和防护等相关技术主要实现"事前"和"事中"的数据安全保障，而随着数据泄露事件的频繁发生，"事后"保障愈发重要，事后保障技术主要是指数据追踪和溯源技术。数据溯源是一个新兴的研究领域，诞生于 20 世纪 90 年代，普遍理解为追踪数据的起源和重现数据的历史状态，目前还没有公认的定义。在大数据应用领域，数据溯源就是对大数据应用周期的各个环节的操作进行标记和定位，当发生数据安全问题时，可以及时准确地定位到出现问题的环节和责任者，以便对数据安全问题进行解决。为了及时发现问题，查缺补漏，在安全事件发生后如何进行泄露源头的追查和责任的判定是关键，对于安全管理制度的执行也是一种保障。目前，常用的追踪溯源技术包括数字水印和数据血缘追踪技术。

(1) 数字水印：将特定的数字信号嵌入数字产品中以保护数字产品版权或完整性的技术。在实际应用中，数字水印被归类于隐写技术，即技术人员把版权信息、标识信息、图像等信息以可见或者不可见的方式嵌入视频、音频、图片和文本。与传统的物理水印一样，数字水印通常仅在某些条件下可感知；同时，数字水印是被动保护工具，只是标记数据，不会降低数据质量和控制数据访问。该技术主要是为了保持对分发后的数据进行流向追踪，在数据泄露行为发生后，可对造成数据泄露的源头进行回溯。数字水印的特征包括不可感知性、强壮性、可证明性、自恢复性、安全保密性。不可感知性即视觉上的不可见性和水印算法的不可推断性；强壮性是指嵌入水印难以被一般算法清除，可抵抗各种对数据的破坏；可证明性是指对于嵌有水印信息的图像，可以通过水印检测器证明嵌入水印的存在；自恢复性即含有水印的图像在经受一系列攻击后，水印信息也经过了各种操作或变换，但可以通过一定的算法从剩余的图像片段中恢复出水印信息，而不需要整改原始图像的特征；安全保密性是指数字水印系统使用一个或多个密钥以确保安全，防止修改和擦除。基于数字水印的特征，对于结构化数据，采用增加伪行、增加伪列等方法，通过在分发数据中掺杂不影响运算结果的数据，拿到泄露数据的样本，可追溯数据泄露源；对于非结构化数据，数字水印可以应用于数字图像、音频、视频、打印、文本、条码等数据信息中，在数据外发的环节加上隐蔽标识水印，可以追踪数据扩散路径。在数据发布出口可以建立数字水印加载机制，即在进行数据发布时，针对重要数据，为每个访问者获得的数据加载唯一的数字水印。当发生机密泄露或隐私问题时，可以通过水印提取的方式，检查发生问题数据是发布给哪个数据访问者的，从而确定数据泄露的源头，及时进行处理。数字水印由Andrew Tirkel 和 Charles Osborne 在 1992 年率先创造，1993 年，Andrew Tirkel 等人首次成功嵌入和提取了隐写式扩频水印。数字水印目前已广泛应用于版权保护、数据源跟踪、广播监控、视频验证、软件版本保护、身份认证、欺诈和篡改检测以及互联网内容管理等领域。但目前的数字水印方案大部分针对的是静态的数据集，对于数据量巨大、更新速度极快的数据集，数字水印方案还不是很成熟。

(2) 数据血缘：数据产生的链路关系。在数据信息时代，每时每刻都会产生庞大的数据，对这些数据进行各种加工组合、转换，又会产生新的数据，这些数据之间就存在着天然的联系，这些联系就被称为数据血缘关系。数据血缘的特征包括归属性、多源性、可追溯性以及层次性。归属性即特定的数据归属特定的组织或者个人；多源性是指同一个数据可以有多个来源，一个数据可以由多个数据加工而成，且加工过程也可以是多个；可追溯性是指数据的血缘关系体现数据的生命周期以及数据从产生到消亡的整个过程；层次性是指数据的分类、归纳、总结等对数据进行的描述信息会形成新的数据，不同程度的描述信息形成数据的不同层次。基于数据血缘的特征，数据血缘可以用于数据溯源、影响分析、数据价值评估、质量评估、安全管控等。数据血缘记载了对数据处理的整个历史，包括数据的起源和处理这些数据的所有后续过程，如数据产生、数据随着时间推移而演变的整个过程。通过数据血缘追踪可以获得数据在数据流中的演化过程；通过数据血缘分析能追踪到数据发生异常的原因，从而把风险控制在适当的水平。目前，数据血缘分析技术应用尚不广泛，大多只是基于技术的梳理，技术成熟度还未达到大规模实际的应用需求。

在数据安全防护方面，数据安全监控和防泄露技术相对成熟，数据的共享安全、非结构化数据库的安全防护以及数据泄露溯源技术亟待改进。目前，数据泄露问题在技术上可以得到较完备的解决，敏感数据自动化识别为防泄露提供了基础技术；人工智能、机器学习等技术的引入，推动数据防泄露向智能化方向演进；数据库防护技术的发展也为数据泄露提供了有力的技术保障。密文计算技术、数据泄露追踪技术的发展仍无法满足实际的应用需求，难以解决数据处理过程的机密性保障问题和数据流动路径追踪溯源问题。具体而言，密文计算技术的研究仍处在理论阶段，运算效率远未达到实际应用的需求；数字水印技术无法满足大数据环境下大量、快速更新的应用需求；数据血缘追踪技术未获得足够的应用验证，其成熟度尚未达到产业化应用水平。

4.3.3　安全标准体系

随着大数据技术的发展，大数据安全与传统的数据安全区别越来越大。在大数据时代新形势下，数据安全保障工作面临严峻挑战，在数据安全、隐私安全乃至大数据平台安全等方面均面临新威胁与新风险。基于大数据环境的复杂多变性，需要构建大数据安全保障体系来应对大数据时代日益严峻的安全问题。大数据的安全标准是应对大数据安全的重要依据，是支撑大数据安全建设及管理的基础。基于国内外大数据安全实践以及安全标准化现状，并结合大数据安全的发展趋势，可以构建相应的大数据安全标准体系架构，如图 4-9

所示。该架构体系包括五个方面：基础标准、平台和技术安全、数据安全、服务安全以及行业应用安全。通过建立完善的大数据安全标准体系，规范大数据平台建设，建立规范的大数据安全保障体系，以加强大数据的安全防护。

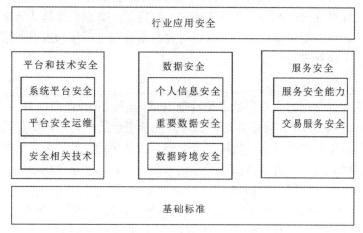

图 4-9 大数据安全标准体系架构

1. 基础标准

基础标准主要包括概念和框架、角色和模型，是指为整个大数据安全标准体系提供概述、术语、参考架构等的基础性标准。通过基础标准，可以明确大数据生态中各类安全角色及相关的安全活动或功能定义，因此，基础标准是制定其他类别标准的基础。

2. 平台和技术安全

平台和技术安全主要包括系统平台安全、平台安全运维以及安全相关技术。该类安全标准主要是面向大数据服务依托的大数据基础平台、业务应用平台及其安全防护技术、平台安全运行维护及平台管理方面，使其规范化。系统平台安全涉及多层次的安全技术防护，包括基础设施、网络系统、数据采集、数据存储、数据处理等；平台安全运维主要面向大数据系统运行维护过程中的风险管理、系统测评等；安全相关技术包括各种安全防护技术，如分布式安全计算、安全存储、数据溯源、密钥服务、细粒度审计等。

3. 数据安全

数据安全包括个人信息安全、重要数据安全以及数据跨境安全。数据安全涉及数据整个生命周期的安全性，如数据的分级分类、去标识化、数据跨境、风险评估等。

4. 服务安全

服务安全包括服务安全能力和交易服务安全。服务安全能力包括安全要求、实施安全及其评估；交易服务安全主要面向数据交易及开放共享等。服务安全标准对于大数据服务过程中涉及的活动、角色、职责、系统以及应用都提出了安全需求以及安全标准。

5. 行业应用安全

行业应用安全主要指大数据在各个领域内的应用安全。该类安全标准针对大数据在重要行业或领域如国家安全、民生、公共利益等的应用，形成安全指南，加强对相关基础设施的防护，并根据相关标准加强大数据安全防护。

4.3.4　应用安全实践

国内外大数据应用厂商和研究机构为了解决大数据应用中的数据安全和个人信息保护问题，针对大数据安全问题进行了深入研究，制定了大数据安全解决方案，应用的安全机制包括加密、访问控制和审计等。下面将对大数据开源组织和国内外一部分厂商在大数据安全方面的安全实践进行简要介绍。

1. Hadoop 大数据安全实践

大数据技术框架常用的大数据处理平台是 Hadoop 和 Spark，而以 Hadoop 为基础的应用更为广泛。Hadoop 部署在可信环境内部，因此该平台的任何用户都可以访问和删除数据。随着用户数的不断增加，平台数据安全面临巨大的风险。此外，在大数据时代还存在内网环境及数据销毁过程中管控疏漏所引起的风险，因此为了避免出现重大的数据泄露事故，需要采取相应的安全控制措施。

Hadoop 开源社区极其注重保护大数据安全，为了应对上述安全挑战，加强安全防护，引入了多重安全功能，包括身份验证、访问控制、数据加密和日志审计等。大数据平台安全机制如图 4-10 所示。

图 4-10　大数据平台安全机制

身份验证主要进行数据的访问控制，通过该机制确认访问者的身份。在身份验证方面，Hadoop 大数据开源软件以 Kerberos 为基础，确保大数据访问控制环境的安全性，而 Kerberos 也是目前唯一可选的强安全的认证方式。在身份验证的基础上，Hadoop 通过各种访问控制机制在不同的系统层次对数据访问进行控制。HDFS(Hadoop 分布式文件系统)主要有两种方式，即 POSIX 权限和访问控制列表。Hive(数据仓库)提供的是基于角色的访问控制；HBase(分布式数据库)主要提供访问控制列表和基于标签的访问控制。

数据加密技术在大数据应用系统中被广泛应用，是实现数据安全性的重要手段。网络嗅探或者物理存储介质销毁不当引起的数据泄密，可以通过数据加密有效保护数据安全。Hadoop 在数据传输方面有加密这一选项，因此各种数据传输对客户端和服务进程之间以及各服务进程之间的数据传输都能进行加密。此外，Hadoop 为保证数据以加密形式存储在硬盘上，还提供数据在存储层落盘的加密。Hadoop 生态系统还提供日志审计的安全功能，各组件都提供日志和审计文件并记录数据访问，该功能不仅可以追踪数据流向，还可以为数据过程优化及发现违规数据操作提供原始依据。

　　Hadoop 在多重安全机制的基础上构建的大数据开源环境基本满足安全功能需求，但也会面临诸多挑战。Kerberos 是被业界广泛应用的强安全认证方式，通过采用对称密钥算法实现双向认证，因此在基于 Kerberos 的分布式认证系统的大规模部署时，会面临部署和管理的双重挑战。通过采用第三方提供的工具可以简化部署和管理流程，这也是业界普遍会采用的解决方案。大数据的访问控制相对复杂，访问控制形式多样，此外，在不同系统层面还存在数据共享的需求，因此在访问控制机制上，大数据的安全需要基于集中统一的访问控制并简化控制策略及部署。大数据的数据加密可以有效保证数据的安全性，硬件加密能够极大提高数据加、解密的性能并实现端到端加密及存储层加密的低损耗，但由于开源方案对于密钥管理的灵活性及安全性并不够充分，因此需要通过商业化的密钥管理产品来实现加密的有效使用。在日志审计方面，Hadoop 提供的是基本的日志和审计记录，此类信息都存储在各个集群节点上，因此需要依靠第三方工具才能对日志和审计记录作集中管理和分析。

2. 阿里云大数据安全实践

　　阿里云大数据平台提供的安全服务包括数据采集及处理分析、机器学习及数据应用的各方面安全。基于该平台可以部署大数据网络安全态势感知系统，在智能工厂、智能交通监控以及实时预测、智能医院医疗服务等领域都有广泛应用。阿里云平台可以实现数据交换和数据共享，满足政府不同部门及政府、企业之间进行安全的数据交互的需求，通过安全机制和管控措施实现不同用户之间数据的"可用不可见"，从而保障数据共享和交换过程中的数据安全。阿里云大数据平台安全框架如图 4-11 所示。

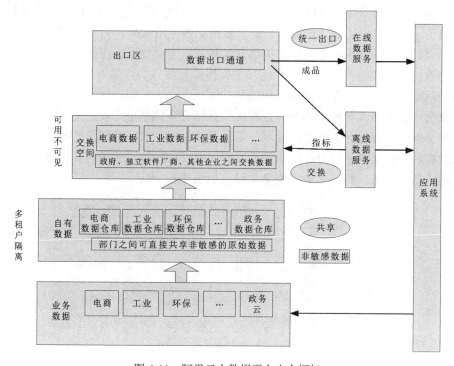

图 4-11　阿里云大数据平台安全框架

阿里云大数据平台使用统一的资源视图、统一的流程规范，提供一系列安全措施来保证数据交换和共享的安全性。该平台底层是大集群，提供可弹性分配的存储空间和计算能力，通过多租户隔离机制实现各厅局独自管理各自的数据，部门之间可以直接共享非敏感的原始数据；然后通过租户间的数据共享机制实现部门之间安全的数据交换，实现"可用不可见"。阿里云大数据平台提供的安全措施主要包括以下方面：

(1) 密钥管理和鉴权：提供统一的密钥管理和访问鉴权服务，支持多因素鉴权模型。

(2) 访问控制和隔离：实施多租户访问隔离措施，实施数据安全等级划分，并支持基于标签的强制访问控制，且提供基于 ACL 的数据访问授权模型，提供全局数据视图和私有数据视图，提供数据视图的访问控制。

(3) 数据安全和个人信息保护：提供数据脱敏和个人信息去标识化功能，并提供满足国产密码算法的用户数据加密服务。

(4) 安全审计和血缘追踪：提供数据访问审计日志，支持数据血缘追踪，跟踪数据的流向和衍生变化过程。

(5) 审批和预警：支持数据导出控制，支持人工审批或系统预警；提供数据质量保障系统，对交换的数据进行数据质量评测和监控、预警。

(6) 生命周期管理：提供从采集、存储、使用、传输、共享、发布到销毁等基于数据生命周期的技术和管理措施。

通过实施阿里云大数据安全管控体系，提供"可用不可见"的大数据交换共享平台安全环境，以保障大数据在"存储、流通、使用"过程中的安全。

3. 腾讯大数据安全实践

大数据应用是腾讯公司的重要发展战略，基于持续多年的互联网产品开发和运营经验，形成了一套完整、可靠、扩展性强的大数据业务应用框架，为用户提供大数据处理服务。腾讯大数据业务应用框架为用户提供三大基础能力：数据、连接及安全。数据主要提供海量的数据接入能力与处理能力；连接主要提供开放接口，做互联网+的连接器；安全主要是指网络安全，将其作为连接一切的防护体系。

腾讯公司在保障大数据处理服务过程中的数据安全的基础上，还关注用户的隐私保护问题，为了保障大数据业务的健康发展，采取多种安全技术机制和管理措施来进行安全保障。大数据和云计算密不可分，腾讯云通过端、主机、网络、业务的安全服务，为客户提供安全的大数据业务。腾讯大数据安全关键点如图 4-12 所示。

图 4-12　腾讯大数据安全关键点

1) 平台安全

平台安全主要关注系统自身的安全性，不仅要防止来自系统层面的攻击，还需要为更高级安全防御措施提供系统级别的支持，如权限管理、系统防御、操作审计等功能。系统防御主要防御来自系统层面的攻击，该类攻击包括漏洞攻击、嗅探攻击、流量攻击(DDoS)等；权限管理主要提供文件、设备等底层资源的权限管理能力，防止用户越权访问；操作审计主要提供文件、设备等底层资源的访问、操作历史日志，并为更高级的审计提供数据和功能支持。

2) 数据安全

数据安全主要关注数据生命周期各阶段的安全性，包括数据的产生、加工融合、流转流通、最终消亡。在整个周期过程中，保证数据安全即防止数据丢失、覆盖、篡改带来的损失。数据安全包括存储安全和抹除安全。存储安全是指采用多副本方式存储数据，防止数据非正常丢失；抹除安全即数据延迟删除，防止误操作带来的数据丢失。

3) 传输安全

传输安全主要关注数据在传输过程中的安全性，包括接口安全和中间层安全。接口安全采用安全接口设计及高安全的数据传输协议，保证在通过接口访问、处理、传输数据时的安全性，避免数据被非法访问、窃听或旁路嗅探；中间层安全使用加密等方法隐藏实际数据，保证数据在通过中间层的过程中不被恶意截获，只有数据管理者通过密钥等方式才可以在平台中动态解密并访问原始数据。

4) 管理安全

管理安全通过与技术配套的管理手段进行风险控制，保证数据的安全性，该机制主要关注对大数据分析平台进行合理、合规使用。管理安全包括认证、授权及授信管理，通过多种技术手段确保用户正常的访问权限，避免越权访问。用户的访问对象包括平台、接口、操作、资源、数据等。管理安全还包括分级管理机制，对不同级别的数据提供差异化的管理措施，如流程、权限、审批要求等；其分级依据主要是数据的敏感度，即数据安全等级越高，安全管理就越严格。审计管理也是数据管理安全的内容，通过底层提供的审计数据，在权限管理、数据使用、操作行为等多个方面对大数据分析平台进行安全审计，能为及时发现大数据分析平台中的隐患点提供保障，并根据隐患的严重程度采取不同的补救措施，如隐患排除、数据挽回、人员追责等。此外，通过该机制能够指导大数据分析平台不再重复类似的问题。

4. 京东大数据安全实践

京东集团拥有中国电商领域非常精准完善的数据链，集群规模庞大，超过万台服务器，而且数据规模海量，计算能力强，应用场景丰富多样，因此大数据在京东集团的应用非常广泛，已经渗透到京东业务的各个方面。在大数据时代，数据就是价值，海量的数据代表海量的价值，数据资源已成为战略资源。数据的共享和流通是一种常态，但在流通过程中数据资源面临着诸多制约，数据的安全性保护难度远远高于传统数据模式，特别是当数据形式特殊如数字内容产品时，发生侵权问题时的举证和追责过程难度会非常大。京东万象数据服务平台是京东集团的数据平台，通过区块链对流通的数据进行确权溯源，基于该技术数据服务平台上发生的每笔交易信息都会被区块链记录储存；数据卖家可以通过该平台获取交易凭证，通过凭证能够清楚了解该笔交易的数字证书和交易信息的存储位置，如果买家进行数据确权，可以通过用户中心登录进入查询平台，并可以通过数据交易凭证中的信息查询存储在区块链中的该笔交易信息，完成交易数据的溯源确权。京东万象数据服务平台数据安全框架如图 4-13 所示。

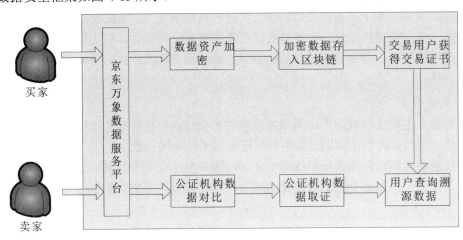

图 4-13　京东万象数据服务平台数据安全框架

京东万象数据服务平台包括两个核心模块：数据交易平台和区块链溯源平台。数据交易平台主要通过数据搜索、数据展示、数据评论等服务，以各种维度展示数据商品，并提供订单和支付系统完成用户数据交易；区块链溯源平台将用户订单信息、数据标识、交易私钥等交易信息存入区块链集群中，用户获得交易凭证，并可利用该溯源平台查询溯源数据完成数据资产确权。京东万象数据服务平台中应用的区块链起源于比特币，涉及数学、密码学、互联网、计算机编程等很多科学技术问题。从应用角度来看，区块链是一个分布式的共享账本和数据库，具有去中心化、不可篡改、全程留痕、可以追溯、集体维护、公开透明等特点，从而保证了区块链的"诚实"与"透明"，保证了区块链的可信任性。区块链在金融领域、物联网领域、公共服务领域、数字版权领域、保险领域等都有广泛应用。其中，区块链在金融领域的应用能够省去第三方中介环节，实现点对点的直接对接，降低成本的同时快速完成交易支付；在数字版权领域的应用中，通过区块链技术，可以对作品进行鉴权，证明文字、视频、音频等作品的存在，保证权属的真实、唯一性。京东万象数据服务平台为了保障数据的安全性，通过使用公安部提供的个人身份认证服务对用户身份进行识别和保护，避免了数据流通过程中的个人身份冒用问题。为了在不泄露身份信息的前提下能够在线远程识别用户身份，京东万象数据服务平台使用了公安部的 eID 技术，该技术基于密码技术，以智能安全芯片为载体，由"公安部公民网络身份识别系统"给公民签发网络身份标识。通过采用区块链溯源和 eID 技术，京东万象数据服务平台可以有效解决合法用户基于互联网开展大数据安全交易的数字产品版权保护问题，从而保障数据拥有者在数据交易中的合法权益。

4.3.5　安全发展趋势

在大数据产业链的各个环节，安全威胁无处不在。面对这一系列的安全风险，如何保障大数据安全是需要认真考虑并解决的问题。只有同时兼顾大数据应用和大数据安全，大数据才可以真正成为产业、技术发展的驱动力。根据传统信息安全领域成功经验及最新技术发展趋势，可以从以下几方面开展大数据安全工作。

1. 构建大数据环境下的信息安全体系

对大数据进行应用发展规划时，要从战略高度认清大数据安全形势的严峻性，对数据资源进行分级分类，明确重点保障对象，强化对敏感和要害数据的管理。加强数据安全顶层设计，形成从大数据采集、存储、处理到发布完整业务周期的安全防护。具体来说，大数据信息安全体系建设应包括两个部分：首先建设信息安全系统，即针对大数据的收集、整理、过滤、整合、存储、挖掘、审计、应用等过程设计与配置相应的安全产品，并组成统一的、可管控的安全系统；其次建立完善的数据安全管理制度，即严格规范大数据处理的各个操作环节，并对各类设备、各级员工进行权限设置，以便最大程度保障数据安全。

2. 加快大数据安全技术研发，完善平台安全，加强数据安全

海量数据的汇集加大了敏感数据暴露的可能性，对大数据的滥用和误用也增加了隐私泄露的风险。此外，云计算、物联网、移动互联网等新技术与大数据融合初期，也将其面临的安全问题引入到大数据的收集、处理和应用等业务流程中。目前，敏感数据识别、数据防泄露、数据库安全防护等大数据安全技术发展相对成熟，多源计算中的机密性保护、非结构化数据库安全防护、数据安全预警以及数据发生泄露事件的应急响应和追踪溯源等方面还比较薄弱。应加大对大数据安全保障关键技术研发的资金投入，提高我国大数据安全技术产品水平，推动基于大数据的安全技术研发，研究基于大数据的网络攻击追踪方法，以抢占大数据安全技术发展的制高点。针对大数据平台不断发生变化的网络攻击手段，企业也面临愈加严峻的安全威胁和挑战，传统的安全监测手段难以应对上述攻击变化，未来大数据平台安全技术的研究不仅要解决运行安全问题，还要进行理念创新，针对不断演进的网络攻击形态，设计大数据平台安全保护体系，建立适应大数据平台环境的安全防护和系统安全管理机制，构筑更加安全可靠的大数据平台。此外，要加强数据采集、运算、溯源等关键环节的保障能力建设，强化数据安全监测、预警、控制和应急处置能力，完善大数据安全技术体系，以促进整个大数据产业的健康发展。

3. 加强大数据管理

为了进一步保障大数据的安全性，不仅要大力发展安全防护技术，还需要通过科学方法进行大数据管理，从而降低各种各方面安全隐患。采取的具体措施主要包括规范大数据建设、完善大数据资产管理、建立以数据为中心的安全系统等。

(1) 规范大数据建设。大数据建设是一项系统工程，如何保证其有序性、动态可持续发展性，业务运行机制规范性是关键。规范化、标准化共享平台建设可以促进大数据管理过程的正规有序，实现各级各类信息系统的网络互联、数据集成、资源共享，在统一的安全规范框架下运行。

(2) 完善大数据资产管理。大数据时代，需要将数据转化为信息，将资源转化为资产。大数据只是原始材料，资产化才是大数据应用的开始。大数据资产管理要能够清楚地定义数据元素，如数据格式、统计表以及其他属性等；描述数据元素定义的信息来源；记录使用信息，如数据元素的产生与修改情况(人员及日期等)、访问与使用情况等。用户要能够跟踪到大数据资产在整个分析、设计及开发流程中的所有状态，如中间过渡状态。大数

资产管理不仅通过各种建模工具来记录需求、业务过程、概念、逻辑和物理数据模型，而且要能将所有模型进行合理的集成。

(3) 建立以数据为中心的安全系统。新一代数据中心需要以集成的方法来管理设备、数据、应用、操作系统和网络，内容包括资源保护、数据保护及验证机制的安全技术组合。可以通过建设一个以异构数据为中心的安全体系，从系统管理上保证大数据的安全。为了确保数据中心系统的安全，防护系统主要通过防火墙、入侵检测系统、安全审计、抵抗拒绝服务攻击、流量整形和控制、网络防病毒系统来实现全面的安全防护。同时，通过使用加密、识别管理并结合其他主动安全管理技术，贯穿于数据从使用到迁移、停用的全部过程。

4.4 大数据中的个人隐私问题

进入大数据时代后，随着物联网技术的快速发展，人们将面对更加海量的数据，大数据是一把双刃剑，给人们带来诸多便利的同时，也会使人们面临更多的风险和挑战。大数据相对于传统的数据具有生命周期长、多次访问、频繁使用的特征，大数据环境下海量数据的价值使得大量的黑客会设法窃取平台中存储的大数据以谋取利益，大数据的泄露将会对企业和用户造成无法估量的后果。此外，云服务商、数据合作厂商的引入增加了用户隐私数据泄露、企业机密数据泄露、数据被窃取的风险。数据的机制关键在于数据分析和利用，数据分析技术的发展对用户隐私产生极大的威胁，但在大数据时代，想屏蔽外部数据商挖掘个人信息是不可能的。现在的大数据时代，数据就是资源，大数据中不仅蕴含着巨大的价值，同时也面临着非常严重的隐私问题。

4.4.1 个人隐私

在大数据时代，人们可能根本不了解自己的信息何时会被泄露，因此重视数据隐私和安全已经成了世界性的趋势。隐私一般是指个人、机构等实体认为敏感而不愿意被外部世界知晓的信息。在具体数据应用中，隐私是数据所有者不愿意被披露的敏感信息，包括敏感数据以及数据所表征的特性，如用户的手机号、固话号码、公司的经营信息等。一般来说，从隐私所有者的角度而言，隐私可以分为两类：个人隐私和共同隐私。个人隐私是指任何可以确认特定个人或与可确认的个人相关但个人不愿被暴露的信息，如身份证号、就诊记录等；而共同隐私不仅包含个人的隐私，还包含所有个人共同表现出但不愿被暴露的信息，如公司员工的平均薪资、薪资分布等信息。

大数据规模庞大，应用场景多样化，个人隐私会随着诸多因素动态变化，因此大数据时代个人隐私面临诸多挑战。大数据时代的隐私是由数据融合、数据分析、数据过度收集等造成的，与传统的隐私泄露问题存在差别，大数据隐私管理要服务于数据治理的需要，其本质是要保证数据的正确使用和交易。因此，个人隐私问题在大数据背景下面临诸多挑战。

(1) 传统的隐私泄露问题主要源于数据泄露风险。目前，部分大型公司的安全漏洞较多，并且这些公司也可能存在对用户数据的违规使用情况，加上其安全协议过于宽松，一且信息泄露会给用户带来非常大的风险，如用户的地址信息甚至银行卡信息被泄露。

(2) 基于数据分析和挖掘的隐私泄露。利用大数据分析技术在分析与挖掘有价值的信息时，很有可能会分析出用户的隐私信息，不但有泄露隐私的风险，同时也可能导致隐私保护的方法失效，例如匿名。数据融合的隐私泄露主要是指通过大数据技术在数据相互融合过程中可能推理出个人所有的敏感信息。由于数据的融合使多个数据融合在一体，从而识别出相应的实体，如通过用户的购物记录、网上搜索记录作简单的数据收集，因此在数据融合的时候，非常容易地推测出一个人所有的敏感信息，甚至能推测出用户的性格，预测用户的动向，给用户的个人安全带来非常大的威胁。此外，个人隐私保护的范围很难界定。隐私的概念随着信息技术的不断发展也不在不断变化，不同人的特性和背景对于敏感数据的界定也存在差别。如在医疗领域，背景不同的病人对于自身疾病的态度可能会不同，保守的病人可能会视疾病信息为隐私，而开放的病人却不认为是隐私。

(3) 侵犯个人隐私的行为较难判断。大数据这把双刃剑带给人们便利的同时，也让人们时刻面临数据泄露的风险。在淘宝、拼多多、京东等购物平台购物时，广告窗推荐的可能就是人们想要购买的物品，即人们的购物行为、购物喜好在大数据时代无所遁形；通过百度、搜狗等浏览器浏览网页时，我们的浏览习惯也会被记录下来；微信、QQ 等社交平台能够轻而易举获取相应的社会关系。这些数据的收集其实都是在用户未知的情况下进行的，用户并不清楚自己的这些信息被用于哪些用途或者谁用了这些信息，也不清楚这些信息泄露以后是由谁来负责。根据目前的法律，对于侵犯个人隐私的行为很难有一个明确的界定，无法判定是否属于侵权行为。

(4) 个人隐私管理非常困难。大数据在各行业都有广泛应用，如教育、医疗、交通、工业等领域，场景复杂多变，给社会带来巨大经济利益的同时，也给个人隐私和团体隐私的管理带来挑战。

大数据应用除了对个人隐私造成数据泄露的危害外，大数据采集、处理、分析数据的方式和能力对传统个人隐私保护框架和技术能力亦带来了严峻挑战。

(1) 传统隐私保护技术因大数据超强的分析能力面临失效的可能。在大数据环境下，企业对多来源、多类型数据集进行关联分析和深度挖掘，可以复原匿名化数据，进而能够识别特定个人或获取其有价值的个人信息。在传统的隐私保护中，数据控制者针对单个数据集孤立地选择隐私保护技术和参数来保护个人数据，特别是利用去标识、掩码等技术的做法，无法应对上述大数据场景下多源数据分析挖掘引发的隐私泄露问题。

(2) 传统隐私保护技术难以适应大数据的非关系型数据库。在大数据技术环境下，数据呈现动态变化、半结构化和非结构化数据居多的特性。对于占数据总量 80%以上的非结构化数据，通常采用非关系型数据库(NoSQL)存储技术完成对大数据的抓取、管理和处理。非关系型数据库目前尚无严格的访问控制机制及相对完善的隐私保护工具，现有的隐私保护技术如去标识化、匿名化技术等，多适用于关系型数据库；而且非关系型数据库允许不断对数据记录添加属性，其前瞻安全性非常重要，对数据库管理也提出了新的要求。

(3) 因大数据具有多源异构性，使企业难以定位这些数据并进行保护。大数据的来源和承载方式呈多样化，如手机、平板电脑、车联网、各类传感器等，数据分散于各个角落，企业很难定位这些数据并保护所有机密信息。

4.4.2　隐私保护

大数据环境下，数据安全技术提供了机密性、完整性和可用性的防护基础，隐私保护是在此基础上，保证个人隐私信息不发生泄露或不被外界知悉。在数据应用的整个生命周期都需要考虑隐私泄露问题，从数据应用角度来看，隐私保护是将采集到的数据进行变形，以隐藏其真实含义。隐私保护技术主要保护两个方面的内容：保证数据应用过程中不泄露隐私以及更有利于数据的应用。目前，隐私保护领域的研究工作主要集中于如何设计隐私保护原则和算法以便更好地达到这两方面的平衡。当前应用最广泛的是数据脱敏技术，学术界也提出了同态加密、安全多方计算等可用于隐私保护的密码算法，但相关技术的应用尚不广泛。

1. 数据脱敏技术

数据脱敏是指对某些敏感信息通过脱敏规则进行变形，目的是实现敏感隐私数据的可靠保护，是目前应用最广泛的隐私保护技术。在涉及客户安全数据或者一些商业性敏感数据的情况下，在不违反系统规则条件下，对真实数据进行改造并提供测试使用，如身份证号、手机号等个人信息都需要进行数据脱敏。只有授权的管理员或用户，在必须知晓的情况下，才可通过特定应用程序与工具访问真实的数据，从而降低重要数据在共享、移动时的风险。数据脱敏在不降低数据安全性的基础上，使原有数据的使用范围和共享对象得以拓展，是大数据环境下最有效的敏感数据保护方法之一。

数据脱敏技术一般情况下要保证数据脱敏算法不可逆，防止使用非敏感数据推断重建敏感原始数据；脱敏后的数据应该具有原始数据的特征，即带有数值分布范围、制定格式的数据，在脱敏后应与原始信息相似；姓名和地址等字段应符合基本的语言认知，而不是无异议的字符串，甚至可能要求脱敏后数据与原始数据频率分布一致，字段唯一性；对所有可能生成敏感数据的非敏感字段都要进行脱敏处理，如病人的姓名与病情之间的对应关系，将"姓名"作为敏感字段变换，但是如果能够依靠"住址"推断出"姓名"，那么"住址"需要一并变换；要保留数据的引用的完整性。要实现脱敏过程的自动化及可重复性：自动化是指由于数据处于不断变化的过程中，脱敏过程需要在规则指导下自动化进行；可重复性是指脱敏结果的稳定性，即对同一字段脱敏的计算结果都相同或者不同。

数据脱敏技术主要有三种：第一种是加密方法，即通过加密算法对数据进行加密处理，起到保护的作用，但加密后数据会失去业务属性，不利于使用。这种方法适用于机密性要求高、不需要保持业务属性的场景。第二种是数据失真技术。数据失真技术通过扰动原始数据来实现隐私保护，它要使扰动后的数据同时满足两点：攻击者不能发现真实的原始数据，即攻击者通过发布的失真数据不能重构出真实的原始数据；失真后的数据仍然保持某些性质不变，即利用失真数据得出的某些信息等同于从原始数据上得出的信息，这就保证了基于失真数据的某些应用的可行性。该类技术主要包括随机化、数据交换、添加噪声等。例如，随机干扰、乱序等不可逆算法适用于群体信息统计或需要保持业务属性的场景。一般来说，当进行分类器构建和关联规则挖掘，而数据所有者又不希望发布真实数据时，可以预先对原始数据进行扰动后再发布。第三种是可逆的置换算法，即通过位置变换、表映射、算法映射等方法，兼具可逆和保证业务属性的特征。表映射方法应用起来相对简单，也能解决业务属性保留的问题，但是随着数据量的增大，相应的映射表同量增大，应用局限性高。算法映射方法不需要做映射表，通过自行设计的算法来实现数据的变换，这类算法都是基于密码学的基本概念自行设计的，通常的做法是在公开算法的基础上进行一定的变换，适用于需要保持业务属性或(和)需要可逆的场景。数据应用系统在选择脱敏算法时，可用性和隐私保护的平衡是关键，既要考虑系统开销，以满足业务系统的需求，又要兼顾最小可用原则，最大限度地保护用户隐私。

2. 数据匿名化

1) 数据匿名化算法

匿名化是指根据具体情况有条件地发布数据，如不发布数据的某些域值、数据泛化等。限制发布即有选择地发布原始数据、不发布或者发布精度较低的敏感数据，以实现隐私保护。数据匿名化一般采用两种基本操作：泛化和抑制。泛化是对数据进行更概括、抽象的描述，即用更一般的值来取代原始属性值，如对整数 5 的一种泛化形式是[3, 6]，因为 5 在区间[3, 6]内。抑制又称为隐藏，即抑制(隐藏)某些数据。具体的实现方法是将属性值从数据集中直接删除或者用诸如"*"等不确定的值来代替原来的属性值。采取抑制可以直接减少需要进行泛化的数据，降低泛化带来的数据损失，以保证相关统计特性达到相对比较好的匿名效果，保证数据在发布前后的一致性、真实性。数据匿名化算法可以根据具体情况有条件地发布部分数据或者数据的部分属性内容，包括差分隐私、K 匿名化、L 多样性、T 接近(T-closeness)等。

(1) 差分隐私：通过添加噪声的方法确保删除或者添加一个数据集中的记录，并不会影响分析的结果。即使攻击者得到两个仅相差一条记录的数据集，通过分析两者产生的结果相同，也无法推断出隐藏的那一条记录的信息。

(2) K 匿名化：定义准标识符(QI)是由数据集上若干个属性构成的集合，通过准标识符可以充分识别唯一的个体，如身份证号。K 匿名化通过扰动和泛化的方法使每一个准标识符都至少对应 K 个实例，当攻击者在进行链接攻击时，对任意一条记录攻击的同时都会关联到等价组中的其他 K−1 条记录，从而使攻击者无法确定与用户的特定相关记录，因此不能进行唯一识别，从而保护了隐私。

(3) L 多样性：在公开的数据中，每一个等价类里的敏感属性必须具有多样性，即 L-多样性保证每一个等价类里，敏感属性至少有 L 个不同的取值，通过这样 L-多样性使攻击者最多只能以 1/L 的概率确认某个体的敏感信息，从而保证用户的隐私信息不能通过背景知识、同质知识等方法推断出来。

(4) T 接近：为了保证等价类中敏感信息的分布情况与整个数据的敏感信息分布情况接近(Close)，不超过阈值 T。T 接近能够抵御偏斜型攻击和相似性攻击，通过 T 值的大小来平衡数据可用性与用户隐私保护程度。

匿名化算法能够在数据发布环境中防止用户敏感数据被泄露，同时保证发布数据的真实性，在实际应用中虽然受到广泛关注，但还需要解决诸多问题：隐私性和可用性间的平衡问题，即在保证信息安全性的前提下减少信息损失；执行效率问题，即在大数据背景下提高计算效率；度量和评价标准问题，即通过一致的度量和评价标准进行科学的评价；动态重发布数据的匿名化问题，即目前研究关注点主要在静态数据匿名化，需要更加关注动态更新数据的匿名化技术；多维约束匿名问题，即多敏感属性数据表的匿名化问题等。匿名化相关算法是目前数据安全领域的研究热点之一，已经取得了一定的研究成果，虽然算法还有很多挑战性问题亟待解决，成熟度和使用普及程度还不是很高，但已经有了一定的实际应用，后续匿名化算法会在隐私保护方面得到越来越多的应用。

2) 匿名化技术

匿名化技术一般在数据发布中使用，数据持有方在公开发布数据时，包含的个人信息属于敏感信息，服务方在数据发布之前也需要对用户数据进行处理以免用户隐私遭泄露。匿名化技术的使用，可以保护数据的安全性，攻击者无法从数据中识别出数据自身，从而无法窃取用户的隐私信息。

(1) 数据发布匿名保护技术。在数据发布过程中很容易发生隐私泄露问题，因此数据发布隐私保护问题就显得尤为重要。数据发布中隐私保护对象主要是用户敏感数据与个体身份之间的对应关系，该类信息如果仅通过删除标志符的方法进行数据发布，攻击者可以通过对发布的数据和其他渠道获取的数据进行链接操作，采用链接攻击获取个体的隐私数据，从而引起隐私泄露，而匿名化技术可有效地解决链接攻击带来的隐私泄露问题。数据发布匿名保护技术为了实现对数据属性组里的敏感数据匿名处理保护的目的，主要通过不同的匿名模型对数据元组进行泛化、抑制。由于数据发布常存在数据连续、多次发布的场景，大数据环境中攻击者不仅可以获取多次发布的数据，还可以从多种渠道获得数据，因此匿名保护需要注意防止发布的数据被攻击者联合分析，破坏数据原有的匿名特性。数据发布匿名保护技术是实现大数据中的结构化数据隐私保护的核心关键技术与基本手段。但由于大数据场景中数据发布匿名保护问题极为复杂，因此目前仍需要不断发展与完善。

(2) 社交网络匿名保护技术。因为用户的个性化信息与用户隐私密切相关，互联网服务商一般会对用户数据进行匿名化处理之后再提供共享或对外发布。对社交网络进行信息挖掘研究的同时，保护隐私信息是社交网络研究领域中一个重要的研究课题。社交网络中通常会包含一些敏感信息如个体属性、图形结构等，都属于大数据的来源，如何保证该类敏感信息的安全性是隐私保护的研究内容，目前已经有多种社交网络匿名化技术。社交网络中的典型匿名保护需求包括：用户标识匿名与属性匿名，即在数据发布时对用户的标识与属性信息新型隐藏；用户间关系匿名，即在数据发布时隐藏用户间的关系。对于用户关系的匿名方案大多是基于关系的增删，随机增删的方法可以有效地实现匿名需求；另一个重要思路是基于用户标识或属性对社交网络的图结构进行分割和集聚操作，但该方法有损数据的可用性。社交网络匿名方案还面临以下问题：攻击者可能通过其他公开的信息推测出匿名用户，或者推测出存在连接关系的用户；随着社交网络局部连接密度增长，集聚系数增大，连接预测算法的准确性进一步增强，匿名保护技术需进一步发展抵抗此类推测的攻击。

3. 身份认证技术

身份认证技术主要是为了确认用户的真实身份与其所称的身份是否符合。根据被认证方能够证明身份的认证信息，身份认证技术可以分为三种：基于秘密信息的身份认证技术、基于信物的身份认证技术和基于生物特征的认证技术。基于秘密信息的身份认证技术主要是基于用户所拥有的秘密知识如用户 ID、口令、密钥等进行认证，其中用户名/口令是最常用的方式，但也是一种非常不安全的方式，口令设置通常过于简单，容易受到攻击，且口令传输的安全风险也很大，一般通过加密方式来保证其传输的安全性。基于秘密信息的身份认证技术包括基于账号和口令的身份认证、基于对称密钥的身份认证、基于密钥分配中心(KDC)的身份认证、基于公钥的身份认证、基于数字证书的身份认证等。基于信物的身份认证技术主要有基于信用卡、智能卡、令牌的身份认证等。智能卡也叫令牌卡，实质上是 IC 卡的一种。智能卡的组成部分包括微处理器、存储器、输入/输出部分和软件资源，为了更好地提高性能，通常会有一个分离的加密处理器。基于生物特征的身份认证技术主要包括两种：基于生理特征(如指纹、声音、虹膜)的身份认证和基于行为特征(如步态、签名)的身份认证等。

在大数据的应用场景中，同样需要采用身份认证技术来保证数据的安全性，防止隐私泄露。传统的身份认证方式一般采用用户/口令或者生物认证如指纹等来进行用户身份的确认，可以通过多重认证来加强安全性。传统的身份认证方式有其局限性，即用户/口令方式需要用户记忆复杂的密码并确保不遗忘，生物特征认证方式需要用户的设备支持该种认证，对设备要求较高。为了提高身份认证的便利性及统一性，可以采用基于大数据的认证技术来进行用户身份的鉴别。通过大数据认证技术收集用户和设备行为数据并进行分析，可以获得用户行为和设备的相应特征，从而通过特征对比来进行设备和用户的鉴别，确认其身份。通过该认证技术在减小用户负担的同时，可以更容易实现系统认证机制的统一性。

4. 访问控制技术

在大数据场景中，为防止隐私泄露，同样需要采用访问控制和新的技术来防护。访问控制技术在一定程度上可以解决个人隐私的泄露问题。目前，各社交网站对隐私功能进行划分，让用户可以在不同的朋友圈里分享信息，由用户自己决定哪些信息可以被哪些人看到，这是大数据时代保护个人隐私发展的一种趋势。除了传统的安全访问控制技术外，在面对无法准确地为用户指定其可以访问的数据时，还需要采用风险自适应的访问控制技术。目前，风险自适应的访问控制技术有基于多级别安全模型的风险自适应访问控制解决方案、基于模糊推理的解决方案等。但由于大数据的应用环境中，风险的定义和量化较之以往更加困难，因此风险自适应访问控制技术还需要不断研究发展。

每种隐私保护技术都存在自己的优缺点，基于数据变换的技术，效率比较高，但却存在一定程度的信息丢失；基于加密的技术则刚好相反，它能保证最终数据的准确性和安全性，但计算开销比较大；而限制发布技术的优点是能保证所发布的数据真实，但发布的数据会有一定的信息丢失。在大数据隐私保护方面，需要根据具体的应用场景和业务需求，选择适当的隐私保护技术。

隐私保护方面，技术的发展明显无法满足当前迫切的隐私保护需求，大数据应用场景下的个人信息保护问题需要构建法律、技术、经济等多重手段相结合的保障体系。目前应用广泛的数据脱敏技术受到多源数据汇聚的严重挑战而可能面临失效，匿名化算法等前沿技术现在鲜有实际应用案例，普遍存在运算效率过低、开销过大等问题，还需要在算法的优化方面进行持续改进，以满足大数据环境下的隐私保护需求。如前所述，大数据应用与个人信息保护之间的突出矛盾不单是技术问题，尤其是在缺乏技术保障的当下，更需要通过加快立法、加强执法规范大数据应用场景下的个人信息收集、使用行为，尽快构建政府管理、企业履责、社会监督、网民自律等多主体共同参与的个人信息保护制度体系。

习　　题

一、选择题

1. Hadoop 平台技术起源于 Google 在 2004 年前后发表的三篇论文，以下(　　　)不在其列。

　A. 分布式文件系统 GFS
　B. 大数据分布式计算框架 MapReduce
　C. NoSQL 数据库系统 BigTable
　D. Spark 流技术框架 Spark Streaming

2. (　　)技术不属于 Spark 系统架构。

　A. Spark Core
　B. Spark SQL
　C. GraphX
　D. MapReduce

3. (　　)不是 APT 攻击的特点。

　A. 攻击行为特征难以提取
　B. 攻击渠道单一
　C. 单点隐蔽能力强
　D. 攻击持续时间长

4. (　　)通过添加噪声的方法确保删除或者添加一个数据集中的记录，并不会影响分析的结果。

　A. 差分隐私
　B. K 匿名化
　C. L 多样性
　D. T 接近(T-closeness)

5. (　　)是将特定的数字信号嵌入数字产品中以保护数字产品版权或完整性的技术。

　A. 数据溯源
　B. 数字水印
　C. 数据血缘
　D. 密文计算

二、填空题

1. HDFS 主要由(　　　)、(　　　)、(　　　)和(　　　)四个部分组成。

2. 大数据应用一般采用(　　　)、(　　　)和(　　　)为其提供海量数据分布式存储和高效计算服务。

3. Hadoop 支持两种身份认证机制：简单机制和(　　　)。

4. (　　　)是指泄露后可能会给社会或个人带来严重危害的数据，包括个人隐私数据，也包括企业或社会机构不适合公布的数据。

5. (　　　)是指数据产生的链路关系。

三、问答题

1. 简述大数据技术的技术框架。
2. 简述数据脱敏的三种技术。
3. 简述大数据安全发展趋势。

参 考 文 献

[1]   中国信息通信研究院安全研究所. 大数据安全白皮书(2018). https://www.Sohu.com/
      a/242996987468622.

[2]   全国信息安全标准化技术委员会. 大数据安全标准化白皮书(2017). http://www.cac.
      gov.cn/2017-04/13/c_1120805470.htm.

[3]   陈性元，高元照，唐慧林，等. 大数据安全技术研究进展. 中国科学 F 辑，2020，
      050(001)：40-43.

[4]   林子雨. 大数据技术原理与应用. 北京：人民邮电出版社，2015.

[5]   王建民，金涛，叶润国.《大数据安全标准化白皮书(2017)》解读. 信息技术与标准化，
      2017(08)：40-43.

[6]   刘鸿霞，李建清，张锐卿. 立体动态的大数据安全防护体系架构研究. 信息网络安全，
      2016(9)：18-25.

[7]   沙金. 大数据安全的技术架构和管理策略研究. 现代计算机，2019(30)：45-48.

[8]   李艳华. 大数据安全技术研究. 网络空间安全，2020(2)：19-23+27.

[9]   魏凯. 大数据的技术挑战及发展趋势. 信息通信技术，2013(6)：22-27.

[10] Mackey G，Sehrish S，Wang J. Improving metadata management for small files in HDFS.
      IEEE International Conference on Cluster Computing & Workshops, IEEE, 2009：1-4.

[11] 栗蔚，魏凯. 大数据的技术、应用和价值变革. 电信网技术，2013(7): 6-10.

第5章　工业互联网安全技术

　　中国提出了新基建的概念，新基建的"新"体现在数字化产业的基础设施建设上，5G、大数据中心、人工智能与工业互联网构成了未来中国经济增长的新动能。新基建背景下，工业互联网作为新一代信息技术与制造业深度融合的产物，对工业未来发展会产生革命性的影响。工业互联网是实现智能制造的核心，是互联网和新一代信息技术与全球工业系统全方位深度融合集成所形成的产业和应用生态，是工业智能化发展的关键综合信息基础设施。工业互联网也将引领第四次工业革命，互联网所有的商业模式最终都会在工业互联网中得到应用。随着工业互联网从信息时代到智能时代的转变，"信息网络支撑的互联智能"开始向"知识驱动的自主智能"发展，这个过程中的关键环节之一就是工业互联网安全。当下网络安全风险不断向工业领域转移，工业互联网正逐渐成为网络安全的主战场。本章从工业互联网技术概述出发，对工业互联网的内涵与架构、由来与历史、技术体系和应用领域进行介绍，继而重点阐述工业互联网安全所面临的问题，最后针对工业互联网安全详述相关的安全对策与手段。

5.1　工业互联网技术概述

5.1.1　内涵与架构

　　工业互联网是开放的、全球化的网络，将人、数据和机器连接了起来，属于泛互联网的范畴。它是全球工业系统与高级计算、分析、传感技术及互联网的高度融合。

　　工业互联网的本质和核心是通过工业互联网平台把设备、生产线、工厂、供应商、产品和客户紧密地连接融合起来。它可以帮助制造业拉长产业链，形成跨设备、跨系统、跨厂区、跨地区的互联互通，从而提高效率，推动整个制造服务体系智能化；同时还有利于推动制造业融通发展，实现制造业和服务业之间的跨越发展，使工业经济各种要素资源能够高效共享。其内涵可以概括成三部分：

　　(1) 工业互联网是网络：实现机器、物品、控制系统、信息系统、人之间的泛在连接；

　　(2) 工业互联网是平台：通过工业云和工业大数据实现海量工业数据的集成、处理与分析；

　　(3) 工业互联网是新模式新业态：实现智能化生产、网络化协同、个性化定制和服务化延伸。

　　从其内涵中可以提炼出工业互联网是三种元素逐渐融合。这三种元素分别如下：

　　(1) 智能机器：以崭新的方法将现实世界中的机器、设备、团队和网络通过先进的传感器、控制器和软件应用程序连接起来；

（2）高级分析：使用基于物理的分析法、预测算法、自动化和材料科学、电器工程及其他关键学科的深厚专业知识来理解机器与大型系统的运作方式；

（3）工作人员：建立员工之间的实时连接，即连接各种工作场所的人员，以支持更为智能的设计、操作、维护以及高质量的服务与安全保障。

将这些元素融合起来，为企业与经济体提供新的机遇，并形成工业互联网的体系架构。例如，传统的统计方法采用历史数据收集技术，这种方式通常将数据、分析和决策区分开来。伴随着先进的系统监控和信息技术成本的下降，工作能力大为提高，实时数据处理的规模得以大大提升，高频率的实时数据为系统操作提供全新视野。机器分析则为分析流程开辟新维度，各种物理方式的结合、行业特定领域的专业知识、信息流的自动化与预测能力相互结合可与现有的整套"大数据"工具联手合作。最终，工业互联网将涵盖传统方式与新的混合方式，即通过先进的特定行业分析，充分利用历史与实时数据。

工业互联网是全球工业系统与高级计算、分析、感应技术以及互联网连接融合的结果。通过智能机器间的连接最终将人机连接，并结合软件和大数据分析，重构全球工业、激发生产力，让世界向更美好、更快速、更安全、更清洁且更经济的趋势发展。

整个工业互联网的内涵、元素与体系架构如图 5-1 所示。

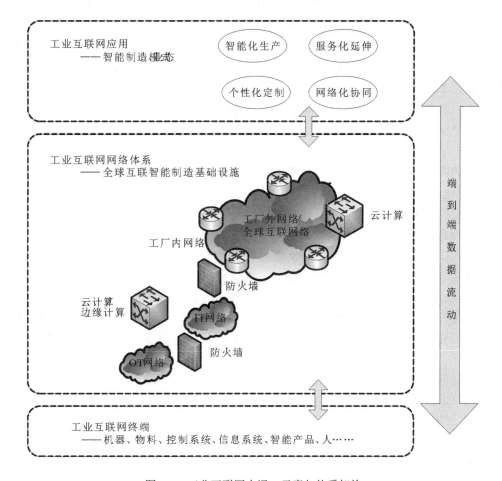

图 5-1　工业互联网内涵、元素与体系架构

5.1.2　历史与由来

　　"工业互联网"的概念最早由通用电气于 2012 年提出，随后美国五家行业龙头企业联手组建了工业互联网联盟(IIC)，将这一概念大力推广开来。除了通用电气这样的制造业巨头，加入该联盟的还有 IBM、思科、英特尔和 AT&T 等 IT 企业。但是，工业互联网的广义历史发展是随着工业革命的历史发展而推进的，直至今日不同的国家以自己的需求和理解定义了工业互联网，并取了不同的名字，例如德国的"工业 4.0"和中国的"智能制造 2025"都是基于国家层面提出的工业互联网的发展规划，尤其是中国将工业互联网确定为中国制造智能化、信息化的重要手段，将加速"中国制造"向"中国智造"转型，并推动实体经济高质量发展。虽然名字不尽相同，但是却表达了一个共同的发展趋势，那就是代表了第四次工业革命的到来和发展。

　　世界现代化与工业革命、科技革命和工业互联网的由来是息息相关的，有着密不可分的关系。从 18 世纪到 21 世纪，世界现代化过程经历了两个阶段，第一次现代化是从农业经济和农业社会向工业经济和工业社会的转变，第二次现代化是从工业经济和工业社会向知识经济和知识社会的转变，并在这两个阶段中经历了六次重大的革命浪潮，分别是机械化、电气化、自动化、信息化、仿生化和体验化。

　　世界现代化的过程也是工业革命的过程，第一次工业革命是 18 世纪 60 年代至 19 世纪中期，制造业的"机械化"催生了"工厂制"，彻底荡涤了家庭作坊式的生产组织方式。第二次工业革命是 19 世纪 70 年代至 20 世纪初，就是制造业的"电气化"时代，使用蒸汽和水力的机器满足不了人类社会高速发展的需求，内燃机的发明和电的应用，电器得到了广泛的使用。第三次工业革命是 20 世纪 50 年代至今，进入了自动化时代，制造业的"自动化"创造了"福特制"，流水生产线使得"大规模生产"成为制造业的主导生产组织方式，产品的同质化程度和产量实现"双高"，不再局限于简单机械与电器的应用，而是原子能、航天技术、电子计算机、人工材料和遗传工程等高度科技含量的产品和技术得到日益精进的发展。第四次工业革命则是伴随着工业互联网概念的提出和内涵的深化推进的，虽然时间概念比较模糊，大致是从 2010 年开始，主要的内涵和理念就是制造业进入智能化的时代，在"数字化"的基础上逐步进入"智能化"。工业互联网为第四次工业革命提供了具体实现方式和推进抓手，即通过人、机、物的全面互连，全要素、全产业链、全价值链的全面连接，对各类数据进行采集、传输、分析并形成智能反馈，推动形成全新的生产制造和服务体系，优化资源要素配置效率，充分发挥制造装备、工艺和材料的潜能，以提高企业生产效率，创造差异化的产品并提供增值服务，从而加速推进第四次工业革命。

　　面向第四次工业革命与新一轮数字化浪潮，全球领先国家无不将制造业数字化智能化作为强化本国未来产业竞争力的战略方向。如德国提出"工业 4.0"、美国提出"工业互联网"、日本提出"工业价值链"和中国提出"智能制造 2025"，核心目的是凝聚产业共识和各方力量，指导技术创新和产品解决方案研发，引导制造业企业开展应用探索与实践，最终实现智能工厂、智能生产、智能家电、人机交互、3D 技术、网络通信技术、万物互联的物联网、资源整合、移动互联网、数字化制造、大数据革命、机器自组织、云计算和工厂高度数字化等目标愿景。如图 5-2 所示，工业革命发展与工业互联网的由来图清晰地反映了上述内容的关系。

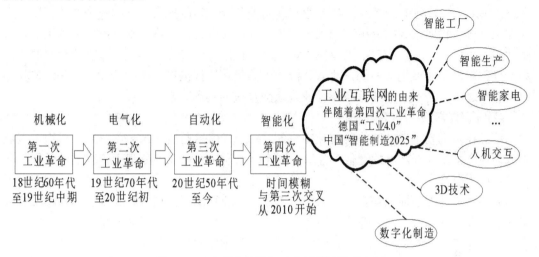

图 5-2　工业革命发展与工业互联网的由来图

从工业革命的逐步发展看到了工业互联网由来，同时我们也深切体会到工业互联网需要融合很多前沿技术并开展创新实践才能达到最终的目标愿景。下面阐述工业互联网的技术体系。

5.1.3　技术体系

工业互联网是借助新一代信息通信技术实现工业数字化转型的复杂系统工程，融合了工业、通信、计算机软件、数据科学等诸多领域的最新技术与产业实践，已经超出了单一学科和工程的范围，需要将独立技术联系起来构建成相互关联、各有侧重的新技术体系，并在此基础上考虑功能实现或系统建设所需的重点技术集合。同时，以人工智能、5G 为代表的新技术加速融入工业互联网，不断拓展工业互联网的能力内涵和作用边界。

工业互联网的核心是通过更大范围、更深层次的连接实现对工业系统的全面感知，并通过对获取的海量工业数据建模分析，形成智能化决策。其技术体系由制造技术、信息技术以及两大技术交织形成的融合性技术组成。制造技术和信息技术的突破是工业互联网发展的基础，例如现代金属、增材制造、复合材料等新材料和加工技术不断拓展制造能力边界，云计算、大数据、物联网、人工智能等信息技术快速提升人类获取、处理、分析数据的能力。制造技术和信息技术的融合强化了工业互联网的赋能作用，催生了工业软件、工业大数据、工业人工智能等融合性技术，使机器、工艺和系统的实时建模与仿真，产品和工艺技术隐性知识的挖掘与提炼等创新应用成为可能。技术体系的三个方面分别说明如下。

(1) 制造技术。

制造技术支撑并构建了工业互联网的物理系统，它基于机械、电机、化工等工程学中提炼出的材料、工艺等基础技术，叠加工业视觉、测量、传感等感知技术，以及执行驱动、工业控制、监控采集、安全防护等控制技术，面向运输、加工、检测、装配、物流等需求，构成了工业机器人、数控机床、增材制造、3D 打印机、反应容器等装备技术，进而组成产线、车间、工厂等制造系统。从工业互联网视角看，制造技术一是构建了专业领域技术和知识基础，指明了数据分析和知识积累的方向，成为设计网络、平台、安全等工业互联网功能的出发点；二是构建了工业数字化应用优化闭环的起点和终点，即工业数据源头绝大部分都产生于制造物理系统，数据分析结果的最终执行也作用于制造物理系统，使其贯穿设备、边缘、企业、产业等各层工业互联网系统的实施落地。

(2) 信息技术。

信息技术勾勒了工业互联网的数字空间，新一代信息通信技术一部分直接作用于工业领域，构成了工业互联网的通信、计算、安全基础设施；另一部分基于工业需求进行二次开发，成为融合性技术发展的基石。通信技术中，5G、Wi-Fi 技术提供更可靠、快捷、灵活的数据传输能力，标识解析技术为对应工业设备或算法工艺提供标识地址，保障工业数据的互联互通和精准可靠。边缘计算、云计算等计算技术为不同工业场景提供分布式、低成本数据计算能力。数据安全和权限管理等安全技术保障数据的安全、可靠、可信。信息技术一方面构建了数据闭环优化的基础支撑体系，使绝大部分工业互联网系统可以基于统一的方法论和技术组合构建；另一方面打通了互联网领域与制造领域技术创新的边界，使互联网中的通用技术创新可以快速渗透到工业互联网中。

(3) 融合技术。

融合技术驱动了工业互联网物理系统和数字空间全面互联与深度协同。制造技术和信息技术都需要根据工业互联网中的新场景、新需求进行不同程度的调整，才能构建出完整可用的技术体系。工业数据处理分析技术在满足海量工业数据存储、管理、治理需求的同时，基于工业人工智能技术形成更深度的数据洞察，与工业知识整合共同构建数字孪生体系，支撑分析预测和决策反馈。工业软件技术基于流程优化、仿真验证等核心技术将工业知识进一步显性化，支撑工厂和生产线的虚拟建模与仿真、多品种变批量任务动态排产等先进应用。工业交互和应用技术，基于 VR/AR 改变制造系统交互使用方式，通过云端协同和低代码开发技术改变工业软件的开发和集成模式。融合性技术一方面构建出符合工业特点的数据采集、处理、分析体系，推动信息技术不断向工业核心环节渗透；另一方面重新定义工业知识积累、使用的方式，以提升制造技术优化发展的效率和效能。图 5-3 展示了工业互联网技术体系，将工业互联网所涉猎的制造技术、信息技术和融合技术的内容与相互的关系描述得很清楚。

从图 5-3 的技术体系图中可以发现工业互联网技术中涉及 5G 技术、工业人工智能技术、边缘计算技术、区块链技术和数字孪生技术等非常前沿与重要的技术。下面针对体系中的这些技术和它们赋能工业互联网的内容进行概述。

1. 5G 技术

5G 的 G 是英文 Generation 的缩写，也就是"世代"的意思。简单来说，5G 就是第五代通信技术，主要特点是波长为毫米级、超宽带、超高速度、超低延时。5G 技术是网络连接技术的典型代表，推动无线连接向多元化、宽带化、综合化、智能化的方向发展，其低延时、高通量、高可靠技术、网络切片技术等弥补了通用网络技术难以完全满足工业性

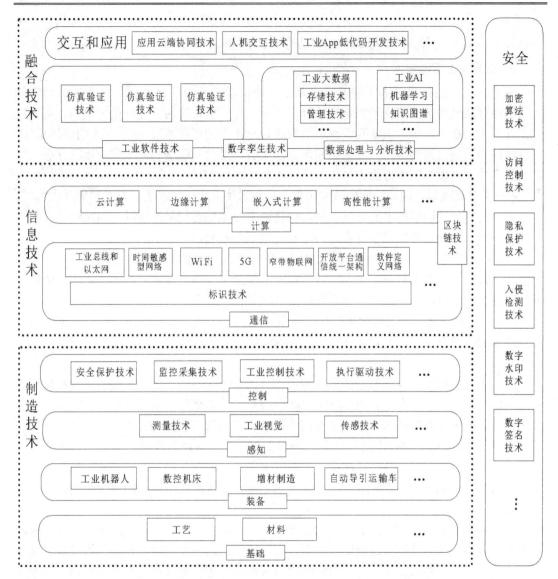

图 5-3　工业互联网技术体系图

能和可靠性要求的技术短板，并通过灵活部署方式，改变现有网络落地困难的问题。工业互联网是工业体系和互联网体系融合的产物。我国各地企业的工业水平参差不齐，工业变革必须从单点的信息技术应用向全面数字化、网络化和智能化转变。5G 因为其高速率、低延时、海量连接等优势特性，能够为工业互联网提供网络基础，进而被视为实现工业互联网的"助燃剂"。据悉，要想节省工厂效率，实现工业互联网，就需要完成工业自动化的工业控制，而这需要端到端毫秒级的超低延时和接近 100％的高可靠性通信作保障。5G 为工业互联网业务提供了重要技术支撑，体现在 URLLC + (MBB + URLLC) + MMTC 技术能够支持工厂内工业控制、信息采集、先进人机交互的应用需求。5G 网络切片技术能够支持多业务场景、多服务质量、多用户及多行业的隔离和保护，可实现独立定义网络架构、功能模块、网络能力(用户数、吞吐量等)和业务类型，减轻了工业互联网平台及工业 App

面向不同场景需求时的开发、部署、调试的复杂度，降低了平台应用落地的技术门槛；还有高频＋多天线技术能够支持制造工厂内的精准定位和高带宽等。

2. 工业人工智能技术

工业人工智能技术是人工智能技术基于工业需求进行二次开发适配形成的融合性技术，能够对高度复杂的工业数据进行计算、分析，提炼出相应的工业规律和知识，有效提升工业问题的决策水平。工业互联网可以看成是一个大的"容器"，在这个大的容器里面，可以承载一系列技术的应用。从大的应用层面来看，工业互联网和人工智能相互交融，两者的关系体现在以下三个方面：

(1) 人工智能是工业互联网的技术出口。从技术体系的角度来看，人工智能是大数据、云计算、物联网等诸多技术的最终诉求，也是诸多技术发展的必然结果，当然这个过程可能会比较漫长，而且智能化本身也是一个动态发展的过程。

(2) 人工智能是工业互联网的价值体现。工业互联网的价值有很多种呈现方式，人工智能就是其中一个重要的方式。人工智能技术不仅能够促进产业领域的生产效率，同时也能够促进产业领域的岗位升级，提升传统工作岗位的附加值。

(3) 工业互联网为人工智能提供落地场景。当前，人工智能技术面临的一个重要问题就是落地应用难问题，而工业互联网的发展则能够为人工智能技术的落地应用奠定一个扎实的基础。

工业人工智能是工业互联网的重要组成部分，在全面感知、泛在连接、深度集成和高效处理的基础上，工业人工智能可以实现精准决策和动态优化，完成工业互联网的数据优化闭环。工业人工智能技术对工业互联网的赋能作用体现在两大路径上：

① 以专家系统、知识图谱为代表的知识工程路径。该路径梳理工业知识和规则为用户提供原理性指导，如某数控机床故障诊断专家系统，利用人机交互建立故障树，将其知识表示成以产生式规则为表现形式的专家知识，融合多传感器信息精确地诊断出故障原因和类型。

② 以神经网络、机器学习为代表的统计计算路径。该路径基于数据分析，绕过机理和原理，直接求解事件概率进而影响决策，典型应用包括机器视觉、预测性维护等。例如设备企业基于机器学习技术，对主油泵等核心关键部件进行健康评估与寿命预测，实现关键件的预测性维护，从而降低计划外停机概率和安全风险，提高设备可用性和经济效益。

3. 边缘计算技术

工业互联网环境，从网络技术的角度来说，有两个特殊需求，一个是极高的可靠性，另一个是极低的延时(或确定性延时)。工业自动化技术的演进，使得现在工业设备的运转速度和工作精度远超以往。如果网络不能实现低延时，将不能满足很多工业场景的需求。为了降低延时，工业互联网引入了边缘计算。

所谓边缘计算，就是将部分远在云端的云计算下沉到工厂或车间(离终端更近的地方)。这种方式可以缩短端点和算力之间的距离，从而降低延时。采用边缘计算之后，还能有效解决工厂和云端之间的数据带宽问题。大量的数据在本地得以处理，无需全部上云。边缘计算技术是计算技术发展的焦点，通过在靠近工业现场的网络边缘侧进行处理、分析等操作，就近提供边缘计算服务，能够更好地满足制造业敏捷连接、实时优化、安全可靠等方面的关键需求，从而改变传统制造控制系统和数据分析系统的部署运行方式。

边缘计算技术对工业互联网的赋能作用主要体现在两个方面：

(1) 降低工业现场的复杂性。目前在工业现场存在超过 40 种工业总线技术，工业设备之间的连接需要边缘计算提供"现场级"的计算能力，实现各种制式的网络通信协议相互转换、互联互通，同时又能够应对异构网络部署与配置、网络管理与维护等方面的艰巨挑战。

(2) 提高工业数据计算的实时性和可靠性。在工业控制的部分场景，计算处理的延时要求在 10 ms 以内。如果数据分析和控制逻辑全部在云端实现，那么难以满足业务的实时性要求。同时，在工业生产中要求计算能力具备不受网络传输带宽和负载影响的"本地存活"能力，避免断网、延时过大等意外因素对实时性生产造成影响。边缘计算在服务实时性和可靠性方面能够满足工业互联网的发展要求。

此外，边缘计算还提供了一种新生态，就像互联网公司基于云计算开发 App 一样，未来基于边缘计算也会有平台。平台开放公共接口给开发者，开发者针对工厂用户需求开发 App，给工厂使用，这就是新生态。

4. 区块链技术

区块链是一个分布式的共享账本和数据库，具有去中心化、不可篡改、全程留痕、可以追溯、集体维护、公开透明等特点。这些特点保证了区块链的"诚实"与"透明"，为区块链创造信任奠定基础。区块链技术是一种由多方共同维护，使用密码学保证传输和访问安全，能够实现数据一致存储、难以篡改、防止抵赖的记账技术，也称为分布式账本技术。

由于区块链技术具有可信协作、隐私保护等技术优势，因此可与工业互联网实现深度融合，尤其是在工业互联网数据的确权、确责和交易等领域有着广阔的应用前景，能够形成一种在无中心状态下的多重安全机制，以保障工业互联网的安全可靠，为构建工业互联网数据资源管理和服务体系提供了坚实技术基础。

区块链技术对工业互联网的赋能作用主要体现在两个方面：

(1) 能够解决高价值制造数据的追溯问题。例如，欧洲推出基于区块链的原材料认证，以保证在整个原材料价值链中环境、社会和经济影响评估标准的一致性。

(2) 能够辅助制造业不同主体间高效协同。例如，波音基于区块链技术实现了多级供应商的全流程管理，供应链各环节能够无缝衔接，整体运转更高效、可靠，流程更可预期。

5. 数字孪生技术

数字孪生技术是充分利用物理模型、传感器更新、运行历史等数据，集成多学科、多物理量、多尺度、多概率的仿真过程，可在虚拟空间中完成物理映射，形成物理维度上的实体世界和信息维度上的数字世界同生共存、虚拟交融的格局。数字孪生技术桥接了物理世界和数字世界，是以数字方式为物理对象创建高写实虚拟模型，并模拟、分析、预测其行为，为实现信息技术与制造业融合铺平了道路。

借助数字孪生，可以集成复杂的制造工艺，实现产品设计、制造和智能服务等闭环优化。数字孪生将成为未来数字化企业发展的关键技术。在工业互联网概念出现之前，数字孪生的概念还只是停留在软件环境中，比如几何建模的 CAD 系统、产品生命周期管理的 PLM 等。但随着工业互联网的出现，网络的连通效用使得各个数字孪生在设备资产管理、产品生命周期管理和制造流程管理中开始发生关联、互相补充。

数字孪生技术对工业互联网的赋能体现在高价值设备或产品的健康管理方面，例如美国航空航天局与欧洲空客公司合作，基于多数字孪生对 F-15 飞机机体进行健康状态的预测，并给出维修意见。又如，空客公司基于数字样机实现飞机产品的并行研发，以提升一致性及研发效率。长期来看，随着技术发展，贯穿全生命周期、全价值链的数字孪生体建立后，能够全面变革设计、生产、运营、服务全流程的数据集成和分析方式，极大地扩展数据洞察的深度和广度，驱动生产方式和制造模式进行深远变革。

5.1.4　应用领域

工业互联网是一种工业技术大融合的产物，它在工业与制造业领域有很多应用。主要的应用领域可以归类为以下四种。

1. 面向工业现场的生产过程优化

工业互联网能够有效地采集和汇聚设备运行数据、工业参数、质量检测数据、物料配送数据、进度管理数据等现场生产数据，通过数据分析和反馈在制造工艺、生产流程、质量管理、设备维护、能耗管理等具体场景中实现优化应用。

(1) 在制造工艺场景中，通过工业互联网可对工艺参数、设备运行等数据进行综合分析，找出生产过程中最优参数，以提升制造品质。

(2) 在生产流程场景中，通过工业互联网平台对生产进度、物料管理、企业管理等数据进行分析，提升排产、进度、物料、人员等方面管理的准确性。

(3) 在质量管理场景中，工业互联网基于产品检验数据和"人、机、料、法、环"等过程数据进行关联性分析，实现在线质量检测和异常分析，降低产品的不良率。

(4) 在设备维护场景中，工业互联网结合设备历史数据与实时运行数据，构建数字孪生，及时监控设备运行状态，并实现设备预测性维护。

(5) 在能耗管理场景中，基于现场能耗数据与分析，对设备、产线、场景能效使用进行合理规划，提高能源使用效率，实现节能减排。

目前有开展柔性灵活、安全可靠的智慧生产车间试点应用的案例，即利用 5G 网络大连接、低延时的技术特性，实现了绗缝机、弹簧机、粘胶机等新旧设备与数据采集及监控系统之间高效率的互联互通，并使端到端延时控制在 25 ms 以内，解决了机床由于生产计划更改及革新原因，时常进行产线调整而导致的有线联网部署迁移不便、线路老化的生产安全隐患，从而有效地优化了工业现场的生产过程。

2. 面向企业运营的管理决策优化

借助工业互联网可以打通生产现场数据、企业管理数据和供应链数据，提升决策效率，实现更加精准与透明的企业管理。

(1) 在供应链管理场景中，工业互联网平台可以实时跟踪现场物料消耗，并结合库存情况安排供应商进行精准配货，实现零库存管理，有效降低库存成本。

(2) 在生产管控一体化场景中，基于工业互联网进行业务管理系统和生产执行系统集成，实现企业管理和现场生产的协同优化。

(3) 在企业决策管理场景中，工业互联网通过对企业内部数据的全面感知和综合分析，有效支撑了企业的智能化检测。

目前，很多制造型企业充分利用工业互联网终端数据采集和工业互联网平台的大数据分析结果进行整个企业的经营管理领域的决策和企业内部智能化的生产协同，并取得了很高的优化效果。

3. 面向社会化生产的资源优化配置与协同

工业互联网可以实现制造企业与外部用户需求、创新资源、生产能力的全面对接，推动设计、制造、供应和服务环节的并行组织和协同优化。

(1) 在协同制造场景中，工业互联网通过有效集成不同设计企业、生产企业及供应链企业的业务系统，实现设计、生产的并行实施，大幅缩短了产品研发设计与生产周期，降低了成本。

(2) 在制造能力交易场景中，工业企业通过工业互联网平台对外开放空闲制造能力，实现制造能力的在线租用和利益分配。

(3) 在个性化定制场景中，工业互联网实现企业与用户的无缝对接，形成满足用户需求的个性化定制方案，以提升产品价值，增强用户黏性。

目前，很多知名的家电制造企业都采购了相关工业互联网资源优化配置与协同的产品，对其生产与客户需求进行对接，实现了需求、研发和生产的一条龙，降低了成本，还开展一些个性化定制服务，使得工业互联网成功推进到产业互联网。

4. 面向产品全生命周期的管理与服务优化

工业互联网可以将产品设计、生产、运行和服务数据进行全面集成，以全生命周期可追溯为基础，在设计环节实现可制造预测，在使用环节实现健康管理，并通过生产与使用数据的反馈改进产品设计。

(1) 在产品溯源场景中，工业互联网平台借助标识技术记录产品生产、物流、服务等各类信息，综合形成产品档案，为全生命周期管理应用提供支撑。

(2) 在产品与装备远程预测性维护场景中，将产品与装备的实时运行数据与其设计数据、制造数据、历史维护数据进行融合，提供运行决策和维护建议，实现设备故障的提前预警、远程维护等设备健康管理应用。

(3) 在产品设计反馈优化场景中，工业互联网可以将产品运行和用户使用行为数据反馈到设计和制造阶段，从而改进设计方案，加速创新迭代。

目前，一些航天制造企业元件生产中存在重复劳动、工作效率低下、产品设计周期长等问题，企业引入了工业互联网平台，实现了基于用户需求的云端设计；并且与总部设计部、总装场所开展协同研发和设计，实现了产品设计到生产的产品全生命周期管理与服务优化。

从上述工业互联网应用领域和案例可以看出，工业互联网已经成为工业界发展的必然趋势，势必最终推动第四次工业革命。随着工业互联网各类融合技术和信息技术的发展，也势必会伴随着各类层面的安全问题。如何有效规避工业互联网中网络安全问题并分析提出有效的对策，是我们需要解决的问题。

5.2　工业互联网中网络安全问题

5.2.1　工业互联网安全内涵

工业互联网作为国家科技强国的战略之一，也是当下提到的"新基建"理念的重要组成部分，在 5.1 节中已经对其应用领域和体现出来的优势进行了剖析，随着工业互联网应用领域的拓展和应用业务的深入，工业互联网的安全问题将会逐步显示出来。因为工业互联网不仅涵盖了工业网络以及工业控制系统，还涉及上层企业系统、大数据存储分析以及客户系统等，并随着互联网技术历久弥新的发展，同时带来了众多纷繁复杂的网络安全问题，这些问题也同样对工业互联网产生了影响，制约了工业互联网安全、高效地发展，从而在很大程度上减缓了生产工作的推进和企业生产管理智能一体化的落地。

工业互联网安全是传统计算机网络安全的延伸，也是工业控制系统安全点的拓展，是工业信息安全重要组成部分。根据工业互联网架构包括的"端—管—云"三部分和贯穿这三部分的内容数据，决定了工业互联网在安全领域需要对多个层面进行防护。其安全内涵和分类包括设备安全、控制安全、网络架构安全、平台应用安全和数据安全这五个方面。图 5-4 展示了工业互联网"端—管—云"以及贯穿始终的"数据"最终形成的上述五个工业互联网的安全分类。

(1) 工业互联网设备安全，指工业互联网工厂内单点智能器件、成套智能终端等智能设备的安全，以及智能产品的安全，具体涉及系统/应用软件安全与硬件安全两方面。

(2) 工业互联网控制安全，指工业互联网控制协议安全、控制软件安全以及控制功能安全。

图 5-4　工业互联网安全分类图

(3) 工业互联网网络架构安全，指工业互联网承载工业智能生产和应用的工厂内部网络、外部网络及标识解析系统等网络架构的安全。

(4) 工业互联网平台应用安全，指工业互联网平台安全与工业应用程序安全。

(5) 工业互联网数据安全，指工业互联网涉及采集、传输、存储、处理等各个环节的数据以及用户信息的安全。

5.2.2　设备安全问题

工业互联网开放和互联的环境下，设备更容易被访问，更容易遭受被攻击导致设备无法正常运行；存在大量安全漏洞，易被攻击者拿到权限，作为攻击工业互联网的载体，如智能终端、边缘网关、智能机器人等。作为工业互联网的神经末梢，海量智能设备是连接现实世界和数字世界的关键节点，承担着感知数据精准采集、协议转换、边缘计算、控制命令有效执行等重要任务，其自身的安全性将对整个工业互联网形成巨大的影响。例如，目前我国的很多工业互联网设备是国外进口或者来自于第三方，由于无法自主可控，隐藏着很大的安全问题，比如后门攻击等；并且由于这些设备存在后门，从而容易导致设备、系统出现漏洞，黑客或者恶意人员可以利用这些漏洞随意进出操作，或者针对一些设备发起近端设计攻击，比如针对 DCS、控制环路以及它的控制参数进行攻击等。在一个环路的参数中，稍微调整一下并不会立即产生一些风险，但是长期来看，它会产生振荡，而在振荡情况下，被控制的设备容易产生疲劳，并最终受到损坏。因此，本节对工业互联网的设备安全问题进行分析，并详述其中两大问题的细节分类。

1) 工业互联网智能设备自身安全防护手段薄弱

(1) 设备直接暴露于互联网上，导致设备非法受控。

由于工业互联网智能设备软件更新缓慢、厂商对漏洞不重视、用户对漏洞不了解导致当前市面上存在大量含有漏洞、直接暴露于互联网上的设备。用户及厂商通常无法及时发现或修复漏洞，轻则导致正常功能被阻塞从而影响设备功能安全，重则被攻击者利用来精心构建完整攻击链路以获取更高系统权限。

(2) 固件安全风险增加，沦为不法攻击突破口。

通常在智能设备固件风险中，已知风险占绝大部分，这与厂商在生命开发周期中忽略公开漏洞的排查和修复密切有关；并且已知风险信息的碎片化为漏洞排查增加了困难，但其公开属性却为攻击带来了便利。攻击者仅通过分析固件中存在的第三方库的版本信息并查询相应版本漏洞库信息，就能轻易获得潜在的固件安全风险。

(3) 开发人员安全意识薄弱，加剧设备安全隐患。

厂商在产品开发时通常直接调用第三方库，并且很少针对第三方库的代码开展漏洞审查，这也将引发安全问题。此外，在开发阶段，人员的安全意识不足，以及使用弱口令、硬编码密钥，开启 SSH 服务和 FTP 服务等问题，都极易引发严重的安全问题。据估计，有大约 33.3%的厂商在产品出厂时完全不考虑上述安全因素。

2) 工业互联网智能设备被用作跳板，向平台、网络发起攻击

(1) 智能设备数量的暴增为分布式拒绝服务攻击(DDoS)的成长提供温床。

随着工业互联网的发展，越来越多的智能设备暴露在互联网上，为承载分布式拒绝服

务攻击的恶意样本进行扫描和传播提供了便利；同时由于各厂家良莠不齐的技术基础，导致各智能设备自身存在的系统与应用暴露出各种漏洞并被攻击者恶意利用。

(2) 多系统、跨平台为恶意代码感染提供便利。

承载分布式拒绝服务攻击的恶意代码家族往往使用一套标准代码，以各种设备的弱口令、系统/应用漏洞的侵入为基础，在 MIPS、ARM、X86 等各种不同的平台环境编译器下进行编译，最终达到一个恶意代码家族跨多个平台、互相感染传播的目的，使传播更迅速。

(3) 海量设备为大流量攻击提供基础。

智能设备数据庞大、安全性差、多数暴露在外网，从僵尸网络搭建到数量达到一定规模，仅需数天时间便可完成。一旦目标被捕获，便成为一个新的扫描源，如此反复便产生成倍递增的扫描能力。目前，大流量攻击手段已经十分成熟，十万量级的僵尸网络便可以打出 TB 级的攻击流量。

(4) 智能设备安全接入措施不完善威胁平台安全。

通常出于远程控制、数据分析、在线监测等业务需求，智能设备需要接入平台，与平台之间频繁进行数据交互。攻击者利用智能设备的安全缺陷获取智能设备的控制权限，将智能设备作为渗透平台的入口，进而窃取、伪造数据，危害平台安全。

2019 年上半年，国家互联网应急中心(CNCERT)通过累计监测手段发现，我国境内暴露的工业互联网联网设备数量共计 6814 个，这些设备包括可编程逻辑控制器、数据采集监控服务器、串口服务器等，涉及国内外知名厂商的 50 种设备类型。其中，存在高危漏洞隐患的设备约 34%，这些设备的厂商、型号、版本、参数等信息长期遭受恶意嗅探，仅2019 上半年该类嗅探事件就高达 5151 万起。这也给工业互联网安全领域敲响了警钟，迫切需要相关安全对策去解决。

5.2.3　控制安全问题

对于传统制造业来说，为保证整条流水线的协同生产，每个工厂都有着严格的流程控制，这也是为什么控制安全在整个工业互联网中同样占有重要作用的原因。传统工业控制过程、控制软件主要注重功能安全，并且基于 IT 技术(信息技术)和 OT 技术(操作技术)相对隔离、可信的基础上进行设计。同时，为了满足工业控制系统实时性和高可靠性需求，对于身份认证、传输加密、授权访问等方面安全功能进行极大的弱化甚至丢弃。

工业控制、工业机器人等场景对延时的要求极高，需要控制信令端到端的精确传送。只有保障网络环境下延时与延时抖动需求，才能实现工业互联网场景中多个控制系统的协作，如机械手臂联动、工业设备的同步加工等。工业控制协议、控制平台、控制软件在设计之初可能未考虑完整性、身份验证等安全需求，因此造成了授权与访问控制的不严格、身份验证的不充分、配置维护的不足、凭证管理的不严。控制软件也持续面临病毒、木马、漏洞等传统安全调整。工业互联网的网络使原来不联网或者相对封闭的控制专网连接到了互联网上，这无形中增大了工业互联网的工业控制通信协议与工业互联网的控制软件系统漏洞被利用的风险。

现在工业互联网使得生产控制由分层、封闭、局部逐步向扁平、开放、全局方向发展。其中在控制环境方面表现为 IT 技术和 OT 技术融合，控制网络由封闭走向开放；在控制布局方面表现为控制范围从局部扩展至全局，并伴随着控制监测上移与实时控制下移。上述变化改变了传统生产控制过程封闭、可信的特点，造成安全事件危害范围扩大、危害程度加深、信息安全与功能安全问题交织等多方面的工业互联网控制安全问题。控制安全包括工业互联网的工业控制通信协议安全和工业控制软件安全两方面。

1. 工业控制通信协议安全问题

工业控制系统是工业互联网的基础组成部分之一，由各种自动化控制组件以及对实时数据进行采集和监测的过程控制组件共同构成。这些组件之间的信息传递使用的是几十种专用的工业控制通信协议(例如 Modbus、DNP3、OPC 等)，而这些通信协议与 TCP/IP 协议不同，面对的安全威胁区别很大。

(1) 工业控制通信协议存在技术漏洞安全问题。

以 Modbus 协议为例，Modbus 协议是全球第一个应用于工业现场的总线协议，随着技术的发展，Modbus 协议也出现了多种变种，如基于串行链路的 Modbus RTU、Modbus PLUS 和基于以太网的 Modbus TCP。通过这些协议，控制器相互之间或控制器经由以太网和其他设备进行通信。由于 Modbus 是基础设施环境下真正的开放协议，因此得到了工业界的广泛支持，国内的使用量多达上百万个点。但 Modbus 协议在设计之初仅考虑了可靠的功能实现，没有任何认证方面的约束，攻击者仅需要通过拦截报文获得一个合法地址，就可以与系统中的终端建立合法通信，进而扰乱了控制过程。不同的授权操作需要由不同的授权认证用户完成，这样可以降低误操作的概率。目前，大多数工业协议没有基于角色的访问控制机制，没有对用户的权限进行划分，这会导致任意用户可以执行任意功能。此外，加密可以保证通信过程中双方的信息不被第三方非法获取。大多数工业协议通信过程中采用明文传输或简单加密，攻击者可以很容易捕获数据。

(2) 工业控制通信协议存在攻击安全问题。

以 DNP3.0 协议为例，因为 DNP3.0 是开放式标准，其报文结构和数据格式均是公开的，所以在通信过程中，很容易对数据包进行拦截、监听和修改。攻击威胁主要体现在以下两个方面：第一，中间人攻击。当主站和外站进行通信时，攻击者可以在主、外站毫不知情的情况下拦截总线上正在传输的数据，获得当前总线上的设备地址，而后充当系统的主站和外站，向系统内某个合法的设备发送错误报文，使系统工作异常。第二，拒绝服务攻击。相对于 Modbus 的请求响应模式，DNP3.0 增加了主动上报模式，但同时，这种模式也增加了出现漏洞的可能，即外站在没有主站允许的情况下就可以向其发送数据，这样就会增加发生拒绝服务攻击的概率。在拒绝服务攻击中，入侵者进入网络，通过拦截并监听正常报文获取主站的地址，然后充当外站发送大量非请求报文，使主站忙于应对毫无意义的报文，进而使系统瘫痪。

(3) 工业控制通信协议存在战略安全问题。

目前，工业通信场景中通用的数十个工业协议均由国外大型自动化厂商或科研机构完成设计。掌握工业协议的底层逻辑，能够有条件地获取在通信过程中协议所携带的所有信息。随着工业互联网产业规模的增长，不计其数的工业控制器都可能成为境外机构秘密监听的对象。在不发动大规模网络攻击的情况下，大量工业生产数据依然面临外泄的风险，境外敌对势力可以根据窃取的工业数据，对我国工业发展规模、技术水平、产业方向和薄弱环节情况进行推测画像，进而为国际政治决策提供参考依据。

2. 工业控制软件安全问题

工业互联网中的控制软件可分为数据采集软件、组态软件、过程监督与控制软件、单元监控软件、过程仿真软件、过程优化软件、专家系统、人工智能软件等类型。这些工业控制软件存在以下各种安全问题：

(1) 软件漏洞严重，难以及时处理，系统安全风险巨大。

当前，主流的工业控制软件普遍存在安全漏洞，且多为能够造成远程攻击、越权执行的严重威胁类漏洞；而且近两年漏洞的数量呈快速增长的趋势。系统软件难以及时升级、设备使用周期长以及软件补丁兼容性差、发布周期长等现实问题，又造成工业控制软件的补丁管理困难，很难及时处理威胁严重的漏洞。

(2) 软件缺乏对违规操作、越权访问行为的审计能力。

操作管理人员的技术水平和安全意识差别较大，容易发生控制软件越权访问、违规操作，给生产系统埋下极大的安全隐患。来自系统内部人员在控制软件层面的误操作、违规操作或故意的破坏性操作成为工业控制软件所面临的主要安全问题的同时，也缺乏对这类违规操作、越权访问行为的审计能力。

5.2.4　网络架构安全问题

工业互联网的网络架构从建设和管理边界上可以划分成企业内网和企业外网。其中，企业内网包含生产网、控制网、企业管理网及集团专用网；企业外网主要指基于国家骨干网、接入网和城域网建立的互联网宽带网络。

工业互联网的发展使工厂内部网络呈现出 IP 化、无线化、组网方式灵活化与全局化的特点。内部网络的安全问题主要包括：

(1) 传统静态防护策略和安全域划分方法不能满足工业企业网络复杂多变、灵活组网的需求。

(2) 工业互联网涉及不同网络在通信协议、数据格式、传输速率等方面的差异性，异构网络的融合面临极大的挑战。

(3) 工业领域传统协议和网络体系结构设计之初基本没有考虑安全性，因而安全认证机制和访问控制手段缺失。

工厂外网呈现出信息网络与控制网络逐渐融合、企业专网与互联网逐渐融合以及产品服务日益互联网化的特点。外部网络的安全问题主要包括：

(1) 工业互联协议由专有协议向以太网/IP 协议转变，导致攻击门槛极大降低。

(2) 现有一些 10M/100M 工业以太网交换机(通常是非管理型交换机)缺乏抵御日益严重的分布式拒绝服务攻击(DDoS)的能力。

(3) 工厂网络互联、生产、运营逐渐由静态转变为动态，安全策略面临严峻挑战。

(4) 随着工厂业务的拓展和新技术的不断应用，还会面临 5G 网络架构新技术引入、工厂内外网互联互通进一步深化等带来的安全风险。

这里特别提到了 5G 网络架构新技术的引入将带来很多新的安全问题。随着 5G 技术的应用，工业互联网采用 5G 网络切片，为不同工业互联网业务提供差异化的服务，网络化协同、个性化的安全定制等不仅要求网络提供安全服务的保障，也对网络的安全隔离能力提出更高的要求。5G 网络架构下的工业互联网遇到的新问题如下：

① 工业互联网的 5G 网络架构下面对的安全挑战包括：非法访问、资源争夺、非法攻击等切片间安全威胁，不同安全域间的非法访问、用户数据被窃听、针对公共 NF 的拒绝服务攻击等切片内安全威胁，外部网络的非法访问、病毒木马攻击等切片与 DN 网络间的安全威胁，非法租户的非法访问、管理员权限滥用、切片敏感信息的篡改等切片管理的安全威胁。

② 工业互联网将来采用 5G 网络。由于 5G 网络采用了 SDN、NFV 等大量新 IT 技术，网络传输链路上的软、硬件安全威胁也随之带入工业互联网。

③ 工业互联网要求 MEC 尽可能靠近业务场景以满足其对低延时业务的需求。随之而来的 5G 核心网 UPF 下沉造成网络边界模糊，传统物理边界防护难以应用。由于受到性能、成本、部署灵活性要求等多种因素制约，因此 MEC 节点的安全能力不够完善，可抵御的攻击种类和抵御单个攻击的强度不够，容易被攻击。

5.2.5　平台应用安全问题

工业互联网平台应用安全主要包括两部分，分别是工业互联网平台安全和工业应用程序安全。其范围覆盖智能化生产、网络化协同、个性化定制、服务化延伸等方面。目前，工业互联网平台面临的安全问题很多，例如数据泄露、篡改、丢失、权限控制异常，系统漏洞利用，账号劫持，设备接入安全，等等。对工业应用程序而言，最大的问题还是与软件开发和调用第三方依赖库有关，主要是开发过程中编码不符合安全规范导致的软件本身的漏洞和使用不安全的第三方依赖库而出现的漏洞等。

目前，这些工业互联网平台应用安全问题凸显，国家互联网应急中心(CNCERT)在 2019 年发布的《我国互联网网络安全态势综述》中就提到，我国根云、航天云网、OneNET、COSMOPlat、奥普云、机智云等大型工业互联网平台，持续遭受来自境外的网络攻击，平均攻击次数达 90 次/日，较上一年(2018 年)提升了 43%，攻击类型涉及远程代码执行、拒绝服务、Web 漏洞利用等。2018 年，工信部对 20 家典型工业互联网龙头企业的 213 个重要工业互联网平台开展安全检查评估发现，平台企业用户普遍认为业务上云的同时网络安全责任"一迁了之"，漠视安全漏洞，对已知已报漏洞尤其是弱口令、跨站攻击、恶意程序注入等常见漏洞未及时跟踪处置；对外包云服务的安全管控意识不强，对云平台、办公网及生产控制网互联互通后的整体安全态势感知能力不足。

2019 年，工信部组织的对某典型工业互联网平台攻防演练活动中，攻击方探测到平台各类信息化系统 100 多个，发现高危漏洞 20 多个，通过利用漏洞可获得平台内网系统控制权以窃取敏感信息，并以此为跳板，进而对内网其他设备、系统和网络发起渗透，最终可导致企业工业互联网平台及相关设备网络瘫痪。

广义上的工业互联网平台应用涉及工业互联网平台与工业互联网终端设备交互的边缘计算层、提供各类云基础与云平台服务的工业云基础设施层和工业云平台服务层、提供各类工业控制软件的工业应用层和工业互联网信息共享的平台数据层。由于大数据安全非常重要，数据安全贯穿整个工业互联网应用的各个层面，因此把工业互联网平台数据安全归类到整个工业互联网数据安全问题中并另外讲解。这里，我们重点在工业互联网平台应用安全上仅讲解边缘计算层安全、工业云基础设施层安全、工业云平台服务层安全和工业应用层安全这四个子类，每个子类都存在相关的安全问题，分别描述如下。

1. 边缘计算层

(1) 边缘计算层设备普遍缺乏安全设计。

边缘计算层设备地理位置分散、暴露，多通过物理隔离进行保障，普遍缺乏身份认证与数据加密传输能力，自身安全防护水平不足。攻击者容易对设备进行物理控制和伪造，并以此为跳板向其他设备与系统发动攻击。

(2) 边缘计算层设备可部署的安全防护措施有限。

边缘计算层设备和软件存在低功耗、低延时等性能需求，资源受限，开发时往往只重视功能需求，导致可部署的安全防护措施有限。由于边缘设备海量，当遭到 APT 恶意攻击时，感染面更大、传播性更强，很容易蔓延到大量现场设备和其他边缘节点。

(3) 边缘计算层设备缺乏安全更新。

出于稳定性和可靠性考虑，边缘计算层设备和软件部署后一般不升级。由于大量固件和软件开发较早，存在长期不更新、产品服务商不提供维护服务甚至已停止服务的情况，因此不可避免地出现安全漏洞，加剧了网络攻击风险。

(4) 接入技术多样化增加安全防护难度。

连接工业互联网平台进行维护、管理的边缘计算层设备呈指数级增长，在众多接入场景和需求的驱动下，接入技术不断更新，给平台边缘计算层接入安全防护带来新的挑战。

(5) 通信技术多样化成为安全防护新难点。

边缘节点与海量、异构、资源受限的工业现场设备之间大多采用短距离无线通信技术，边缘节点与云平台之间大多采用消息中间件或网络虚拟化技术，因此多样化的通信技术对边缘计算层消息 JM 性、完整性、真实性和不可否认性等的保障带来很大的挑战。

2. 工业云基础设施层

(1) 工业互联网平台存在与传统云平台相同的脆弱性。

现有工业互联网平台重度依赖底层传统云基础设施的硬件、系统和应用程序，一旦底层设备或系统受损，必然对平台上层的应用和业务造成重大影响，可能导致系统停顿、服务大范围中断等后果，使工业生产和企业经济效益遭受严重损失。

(2) 虚拟化技术提供的安全隔离能力有限。

工业云基础设施层通过虚拟化技术为多租户架构、多客户应用程序提供物理资源共享能力，但虚拟化技术提供的隔离机制可能存在缺陷，导致多租户、多用户间隔离措施失效，造成资源未授权访问问题。

(3) 虚拟化软件或虚拟机操作系统存在漏洞。

工业云基础设施层虚拟化软件或虚拟机操作系统一旦存在漏洞，将可能被攻击者利用，破坏隔离边界，实现虚拟机逃逸、提权、恶意代码注入、敏感数据窃取等攻击，从而对工业互联网平台上层系统与应用程序造成危害。

(4) 第三方云基础设施安全责任边界不清晰。

由于多数平台企业采购第三方云基础设施服务商提供的服务来建立工业互联网平台，

因此在平台安全防护时，应考虑存在工业互联网平台安全责任边界界定不清晰的问题。

3. 工业云平台服务层

(1) 传统安全手段无法满足多样化平台服务的安全要求。

工业云平台服务层包括工业应用开发测试环境、微服务组件、大数据分析平台、工业操作系统等多种软件栈，支持工业应用的远程开发、配置、部署、运行和监控，需要针对多样化的平台服务方式创新、定制安全机制。当前，工业互联网平台一般采用传统信息安全手段进行防护，无法满足多样化平台服务的安全要求。

(2) 微服务组件缺乏安全设计或未启用安全措施。

工业云平台服务层微服务组件与外部组件之间的应用接口缺乏安全认证、访问控制等安全设计，或者已部署接口调用认证措施但不启用，容易造成数据非法窃取、资源应用未授权访问等安全问题。

(3) 容器镜像缺乏安全管理以及安全性检测。

容器镜像是工业互联网平台服务层中实现应用程序标准化交付、提高部署效率的关键因素。但是，一方面，若容器镜像内部存在高危漏洞或恶意代码，未经安全性检测即被分发和迭代，将造成容器脆弱性扩散、恶意代码植入等问题；另一方面，容器镜像管理技术不完善，一旦被窃取，容易造成应用数据泄露、山寨应用问题。

(4) 缺乏有效的拒绝服务攻击防御机制。

工业云平台服务层承载着工业数据分析与建模、业务流程决策与指导等工业互联网平台的核心工作，对服务的可靠性和可持续性有较高要求。当前，工业云平台服务层仍缺乏有效的拒绝服务攻击防御机制，攻击者可轻易实现拒绝服务攻击，造成资源耗尽、网络瘫痪等后果。

4. 工业应用层

(1) 工业应用层传统安全防护技术应用力度不足。

当前，工业应用层的软件重视功能、性能设计，对鉴别及访问控制等安全机制设计简单且粒度较粗，攻击者可通过 IP 欺骗、端口扫描、数据包嗅探等通用手段发现平台应用存在的安全缺陷，进而发起深度攻击。

(2) 第三方远程运维带来安全隐患。

工业应用层中涉及的大量控制系统和软件来自国外品牌，服务商通过远程运维的方式接入工业互联网平台，一旦第三方远程运维业务流程存在安全缺陷，将对工业互联网平台带来安全隐患。

(3) 工业应用安全开发与加固尚不成熟。

当前工业应用安全开发、安全测试、安全加固等技术研究仍处于探索起步阶段，业内尚未形成成熟的安全模式和统一的安全防护体系。

(4) 工业应用组件存在安全风险。

一般而言，工业应用基于 C/C++、C#、Java、Python 等语言进行开发，其组件多采用 Weblogic 等编程框架，可能由于内存结构、数据处理、环境配置及系统函数等设计原因，导致内存溢出、敏感信息泄露、缺陷隐藏、反序列化漏洞等问题，进而造成上层应用调用组件时出现强制性输入验证、信息泄露、缓冲区溢出、跨站请求伪造等威胁，甚至会造成软件运行异常和数据丢失。

　　工业互联网平台应用层各子层存在的安全问题如图 5-5 所示。

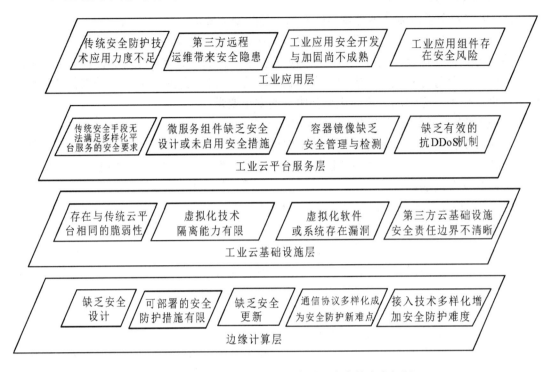

图 5-5　工业互联网平台应用层各子层存在的安全问题

5.2.6　网络数据层安全问题

　　工业互联网数据是指在工业互联网这一新模式、新业态下，当工业互联网企业开展研发设计、生产制造、经营管理、应用服务等业务时，围绕客户需求、订单、计划、研发、设计、工艺、制造、采购、供应、库存、销售、交付、售后、运维、报废或回收等工业生产经营环节和过程，所产生、采集、传输、存储、使用、共享或归档的数据。

　　由图 5-4 可以看出，工业互联网从最末端的设备层到上层的平台应用都需要协同应用到工业互联网的大数据，数据层安全贯穿了"端—管—云"的工业互联网全链条生命周期，工业数据的安全直接关系到工业生产线的稳定，数据的丢失、篡改等都会影响生产线，因此工业互联网的数据层安全对整个工业互联网的安全与产业发展显得尤为重要。本小节将重点阐述工业互联网数据层安全问题，分别从技术层面和业务应用层面分类罗列并分析具体的安全问题。

1. 针对数据层面的攻击方式新型多样

　　以暴力破解凭证、勒索攻击、撞库攻击、漏洞攻击等方式威胁数据安全的网络攻击日益增多，尤其是勒索攻击呈现出目标多元化、手段复杂化、解密难度大、索要赎金高、危害估量难等特征，成为工业互联网数据安全的重大威胁。专门从事勒索软件响应服务的 Coveware 公司称，2020 年第一季度企业平均勒索赎金支付增加至 111 605 美元，比 2019

年第四季度增长了 33%，目前勒索软件主要的攻击传播方式仍以远程桌面服务和钓鱼邮件为主。据 Verizon《2020 年数据泄露调查报告》统计，因黑客攻击引发数据泄露事件占所有数据泄露事件的 45%。2020 年，发生了多起工业互联网数据安全事件，如 4 月，SpaceX、特斯拉、波音等公司的军事装备等机密文件被勒索加密；同月，葡萄牙跨国能源公司 EDP 遭勒索攻击，其 10 TB 敏感数据文件流出。

2. 数据窃取、网络黑市数据交易等现象层出不穷

据美国安全情报供应商 Risk Based Security 公布的数据显示，2020 年第一季度发生的 1196 起数据泄露事件共暴露 84 亿条数据，泄露的数据量同比增长了 273%。当前，暗网数据交易、精准诈骗、撒网式诈骗等网络犯罪活动十分猖獗，已经成为大规模有组织的犯罪集团、甚至是有国家背景黑客团体的重要"发财"方式。2020 年 6 月网络情报机构 Cyble 报道，约 2000 万中国台湾人民的敏感个人数据已出现在暗网市场上，包含个人姓名、邮政地址、电话号码、身份 ID 等。

3. 制造业等领域的工业互联网数据已成为重点攻击对象

据 Verizon 发布的《2020 年数据泄露调查报告》统计，全球数据泄露事件多达 3950 起，同比增长 96%，受影响行业排名前三依次为医疗保障、金融保险和制造业，面向制造业的数据安全攻击动机也由间谍活动向追求财富转移，与经济利益相关的制造业数据泄露事件数量占比高达 73%。随着工业企业上云、工业 App 培育等工作持续推进，部分工况状态、产能信息等海量工业数据向云平台汇聚，存储状态由离散变为集中，逐渐形成高价值的数据资源池，这些工业数据将日益成为不法分子牟取利益的攻击窃密目标。

4. 工业领域互联开放趋势下数据安全风险加大

随着越来越多的工业控制系统与互联网连接，传统相对封闭的工业生产环境被打破，病毒等威胁从网络端渗透蔓延至内网系统，存在内网大范围感染恶意软件、高危木马等潜在安全隐患，黑客可从网络端攻击工业控制系统，甚至通过攻击外网服务器和办公网实现数据窃取。此外，工业主机、数据库、App 等存在的端口开放、漏洞未修复、接口未认证等问题，都成为了黑客便捷入侵的攻击点，可造成重要工业数据泄露、财产损失等严重后果。

5. 数据全生命周期各环节的安全防护面临挑战

从数据采集看，由于不同工业行业、企业间的数据接口规范、通信协议不全统一，数据采集过程难以实施有效的整体防护，采集的数据可被黑客注入脏数据，破坏数据质量。

从数据传输看，工业数据实时性强，传统加密传输等安全技术难适用。工业互联网数据多路径、跨组织的复杂流动模式，导致数据传输过程难以追踪溯源。

从数据存储看，缺乏完善的数据安全分类分级隔离措施和授权访问机制，存储数据存在被非法访问窃取、篡改等风险。

从数据使用看，工业互联网数据的源数据多维异构、碎片化，传统数据清洗与解析、数据包深度分析等措施的实施效果不佳。

6. 新一代信息技术应用带来新的数据安全风险

云环境下越来越多的工业控制系统、设备直接或间接与云平台连接，网络攻击面显著

扩大，单点数据一旦被感染，就可能从局部性风险演变成系统性风险。信息技术与制造业融合发展，推动了工业数据急剧增长，海量工业数据的安全管理和防护也面临挑战。人工智能、5G、数字孪生、虚拟现实等新技术应用都会引入新的数据安全风险隐患。

7. 数据跨境存在风险隐患

国家工业信息安全发展研究中心建设的国家工业互联网数据安全监测与防护平台监测发现了多起数据跨境、数据泄露等事件，涉及钢铁、石油天然气、装备制造等行业，其中不乏研发设计、生产制造等工业互联网数据。在当前经济全球化、数字化等趋势加快的背景下，数据出境愈发频繁，特别是重要数据的跨境安全急需加强。此外，工业互联网数据跨系统、跨平台、跨行业、跨地域交互流动，数据流动路径变得尤为复杂，跨境数据的风险溯源追踪难度加大。

8. 平台企业、工业企业等数据安全风险加剧

一方面，我国电子商务平台、网络社交平台、工业互联网平台等建设和应用走向深入，原本分散存储的个人信息数据、金融数据、生产经营数据等逐渐向平台集中汇聚，形成数据的"蜜罐效应"，自然成为黑客青睐的攻击目标。另一方面，我国工业 App、工业控制系统及设备等漏洞层出不穷，仅 2020 年上半年，国家工业信息安全发展研究中心收集研判的工业信息安全相关漏洞超 800 个，高危漏洞近 500 个，占比高达 61.7%。这些漏洞极易被黑客利用，严重威胁装备制造、能源、水务、化学化工等领域的工业控制系统及设备安全，进而可引发数据泄露等风险。

9. 数据安全核心技术严重不足

国内数据安全层面的技术手段尚未成熟，大多从系统防护角度进行数据保护，传统数据安全防护技术适用性不足，缺乏关键技术产品。针对工业互联网数据安全的可信防护、轻量级加密、数据脱敏、数据溯源、数据可信安全交换共享等关键技术都还不成熟，相关技术攻关面临重大挑战。

10. 数据安全技术保障能力较弱

工业互联网数据安全风险发现、实时告警、防护处置等能力建设还需进一步提升，覆盖全国主要省(市、区)的工业互联网数据安全监测与防护体系尚未建立，企业侧工业互联网数据安全监测节点部署数量较少，企业级、地区级、国家级上下联动的数据安全保障机制不完善。

5.3 工业互联网中网络安全问题对策

5.3.1 工业互联网安全对策概述

工业互联网是中国实施"中国智造 2025"的基础与保障，是中国实施"新基建"的重要保障。在工业互联网发展过程中，安全问题同样不容忽视并且非常重要。只有有效实施工业互联网的安全策略、安全技术和相应管理机制，才能有效识别和抵御各类工业互联网的安全威胁，化解安全风险，进而确保工业互联网健康有序发展。因此，工业互联网的安

全框架与对策对工业互联网的发展显得尤为重要。

工业互联网的安全对策，对于企业开展工业互联网安全防护体系建设，全面提升安全防护能力具有重要的借鉴意义。工业互联网安全对策与防护作为工业互联网发展的一个重点关注方面，要求在工业互联网快速发展中不断更新与完善。工业互联网安全对策与防护工作有以下几个方面值得关注：

(1) 安全防护智能化将不断发展。

对于工业互联网安全对策与防护的思维模式将从传统的事件响应式向持续智能响应式转变，旨在构建全面的预测、基础防护、响应和恢复能力，抵御不断演变的高级威胁。此外，将有更多企业建成安全数据仓库，利用机器学习、深度学习等人工智能技术分析处理安全大数据，不断改善安全防御体系。工业互联网安全对策与防护的重心也将从被动防护向持续普遍性的监测响应及自动化、智能化的安全防护转移。

(2) 工业互联网平台安全在工业互联网安全对策防护中的地位将日益凸显。

工业互联网平台作为工业互联网发展的核心，汇聚了各类工业资源，因而在工业互联网安全对策与防护的发展过程中，针对平台的安全对策与防护将备受重视。届时，工业互联网平台使用者与提供商之间的安全认证、设备和行为的识别、敏感数据共享等安全技术将成为刚需。基于云访问安全代理、软件定义安全、远程浏览器等技术的安全解决方案和模型将有效提升工业互联网平台的安全可视性、合规性、数据安全和威胁保护能力。

(3) 工业互联网大数据分类分级保护、审计和流动追溯将成为安全对策与防护热点。

工厂数据由少量、单一、单向向大量、多维、双向转变，具体表现为工业互联网数据体量大、种类多、结构复杂，并在 IT 和 OT 层、工厂内外双向流动共享。工业大数据的不断发展，对数据分类分级保护、审计和流动追溯、大数据分析价值保护、用户隐私保护等提出了更高的要求。未来对于数据的分类分级保护以及审计和流动追溯将成为安全对策与防护热点。

(4) 工业互联网现场设备的安全监测与威胁处置要求将越发迫切。

工业互联网现场设备的智能化发展将使安全问题在工业互联网生产场景中被逐步放大，仅靠拦截将无法应对新形势下的安全挑战。未来要力争在对于工业互联网现场设备的安全监测、内存保护、漏洞利用阻断等终端防护技术方面取得创新突破，有针对性地保护工业互联网现场设备，并对攻击行为进行快速响应。

(5) 信息共享和联动处置机制呼声日高。

面对不断变化的网络安全威胁，企业仅仅依靠自身力量远远不够，需要与政府和其他企业统一认识、密切配合已成为安全界的共识。未来通过建立健全运转灵活、反应灵敏的信息共享与联动处置机制，打造多方联动的防御体系，能够进一步提升工业互联网企业安全风险发现与安全事件处置水平。

(6) 态势感知将成为保障工业互联网安全的重要技术手段。

鉴于工业互联网对国民生产及社会稳定有着重要意义，对于工业互联网的安全防护，必须做到在安全威胁对其正常运行造成实质性影响之前及时发现并妥善处置。这就要求今后的工业互联网需具有完备的安全态势感知机制，分析工业互联网当前运行状态并预判未来安全走势，实现对工业互联网安全的全局掌控，并在出现安全威胁时通过网络中各类设备的协同联动机制及时进行抑制，阻止安全威胁的继续蔓延。

综上所述，工业互联网中网络安全问题对策将伴随着上述的六个发展趋势而进行，并且根据 5.2 节中剖析的工业互联网中网路安全问题，分别从工业互联网的设备安全、控制安全、网络架构安全、平台应用安全和数据安全这五个方面进行了分类。那么针对这些分类的安全威胁与问题，需要有针对性地架构起工业互联网的安全防护对策集，因为工业互联网安全防护对策集是构建工业互联网安全保障体系的重要指南。

安全对策的提出，旨在为工业互联网相关企业应对日益增长的安全威胁、部署安全防护措施提供指导，以提升工业互联网整体安全防护能力。工业互联网安全对策需要从防护对象、防护措施及防护管理三个视角提出并部署，这三个视角其实已经被 5.2 节所提出的五大类工业互联网中网络安全问题所覆盖。针对不同的防护对象部署相应的安全防护措施，即根据实时监测结果发现网络中存在的或即将发生的安全问题并及时作出响应提出对策；同时加强防护管理，明确基于安全目标的可持续改进的管理方针，从而保障工业互联网的安全。接下来的几个小节分别从智能设备安全防护、工业控制协议与软件安全防御、网络与标识解析系统安全防护、网络平台应用安全对策和"端—管—云"三方数据安全对策这五种分类的问题进行具体阐述。

5.3.2　智能设备安全防护

工业互联网的发展促使现场设备由机械化向高度智能化发生转变，并产生了嵌入式操作系统＋微处理器＋应用软件的新模式，这就使得未来海量智能设备可能会直接暴露在网络攻击之下，面临攻击范围扩大、扩散速度增加、漏洞影响扩大等威胁。针对工业互联网设备安全主要是针对工厂内单点智能器件以及成套智能终端等智能设备的安全，以及从软、硬件安全两方面角度出发提出相关的安全问题对策。主要的安全对策包括固件安全增强、漏洞修复加固、补丁升级管理、硬件安全增强、运维管控、鉴权和控制等。

1. 固件安全增强

工业互联网设备供应商需要采取措施对设备固件进行安全增强，阻止恶意代码传播与运行。工业互联网设备供应商可从操作系统内核、协议栈等方面进行安全增强，并力争实现对于设备固件的自主可控。例如，可以通过基于固件传输特征分析的固件基线和基于 MD5 算法的固件完整性校验方法对工业互联网的 PLC 固件进行增强，以提高其完整性和安全性。

2. 漏洞修复加固

工业互联网设备操作系统与应用软件中出现的漏洞对于设备来说是最直接也是最致命的威胁。设备供应商应对工业现场中常见的设备与装置进行漏洞扫描与挖掘，发现操作系统与应用软件中存在的安全漏洞，并及时对其进行修复。利用带有安全漏洞知识库的扫描工具，对设备软件进行安全扫描，检测设备软件所存在的安全隐患和漏洞。漏洞扫描可以识别设备开放的服务端口、用户账号、系统漏洞等信息。尤其在对大范围 IP 进行漏洞检查的时候，扫描评估能对被评估目标进行覆盖面广泛的安全漏洞查找，能较真实地反映设备所存在的安全问题和威胁。一般漏洞扫描应遵循几点原则：

(1) 选取适当的扫描策略。

进行漏洞扫描时，会依据不同类型的扫描对象、不同的应用情况，选择不同的扫描策略。除了利用扫描工具自身所集成的扫描策略外，对承载较复杂应用的评估对象，需要按照不同的安全需求，编辑或生成适合于被评估对象的专用策略，应用量身定制的策略进行扫描，以提高系统扫描效率，并达到更好的扫描效果。

(2) 选取适当的扫描时间。

为减轻漏洞扫描对设备的影响，漏洞扫描时间尽量安排在业务量不大的时段或晚上，或者对设备进行离线漏洞测试，避免影响设备正常工作。

(3) 单点试扫，主备分开。

对于重要的设备，先小范围进行扫描，确认系统不受较大影响后再进行大规模扫描。对双机热备的设备在一次扫描会话中只选取其中一台进行扫描。

3. 补丁升级管理

工业互联网企业应密切关注重大工业互联网现场设备的安全漏洞及补丁发布，及时采取补丁升级措施，并在补丁安装前对补丁进行严格的安全评估和测试验证。

4. 硬件安全增强

对于接入工业互联网的现场设备，应支持基于硬件特征的唯一标识符，为包括工业互联网平台在内的上层应用提供基于硬件标识的身份鉴别与访问控制能力，确保只有合法的设备能够接入工业互联网并根据既定的访问控制规则向其他设备或上层应用发送或读取数据。此外，应支持将硬件级部件(安全芯片或安全固件)作为系统信任根，为现场设备的安全启动以及数据传输机密性和完整性保护提供支持。

5. 运维管控

工业互联网企业应在工业现场网络重要控制系统(如机组主控 DCS 系统)的工程师站、操作员站和历史站上部署运维管控系统，实现对外部存储器(如 U 盘)、键盘和鼠标等使用 USB 接口的硬件设备的识别，对外部存储器的使用进行严格控制。同时，注意部署的运维管控系统不能影响生产控制区各系统的正常运行。

6. 鉴权和控制

采用鉴别机制对接入工业互联网中的设备身份进行鉴别，确保数据来源于真实的设备；制定安全策略，如访问控制列表，实现对接入工业互联网中设备的访问控制；对管理设备的用户授予其所需的最小权限，并实现对管理设备的用户的权限分离；对登录设备的用户进行身份标识和鉴别，身份鉴别信息应满足相应的复杂度要求并定期更换；对智能设备配置登录失败处理功能，并启用结束会话、限制非法登录次数和当登录连接超时自动退出等相关措施；做好设备的用户管理工作，如账户和权限的管理、默认账户的管理、过期账户的管理等；对设备采取基本的入侵防范措施，如只安装执行任务所必需的组件和应用程序，关闭设备中不需要的系统服务、默认共享和高危端口；设定终端接入方式或网络地址范围对通过网络进行管理的终端实行限制；对设备进行安全审计，审计覆盖到对设备进行运维的每个用户，并对重要的用户行为和重要安全事件进行审计，同时做好审计记录的管理。

5.3.3　工业控制协议与软件安全防御

工业互联网控制技术主要包括工业控制通信协议和工业控制软件两大领域，这两方面的安全防御对于工业互联网安全显得尤为重要。因此需要从控制协议安全、控制软件安全与控制功能安全这三个方面考虑具体的安全防御对策，可采用的安全对策大致包括协议安全加固、软件安全加固、恶意软件防护、补丁升级、漏洞修复、安全监测审计等。

1. 控制协议安全问题对策与防护方法

(1) 身份认证：为了确保控制系统执行的控制命令来自合法用户，必须对使用系统的用户进行身份认证，未经认证的用户所发出的控制命令不被执行。在控制协议通信过程中，一定要加入认证方面的约束，避免攻击者通过截获报文获取合法地址建立会话，从而影响控制过程安全。

(2) 访问控制：不同的操作类型需要不同权限的认证用户来操作，如果没有基于角色的访问机制，没有对用户权限进行划分，会导致任意用户可以执行任意功能。

(3) 传输加密：在控制协议设计时，应根据具体情况采用适当的加密措施，保证通信双方的信息不被第三方非法获取。

(4) 健壮性测试：控制协议在应用到工业现场之前应通过健壮性测试工具的测试。测试内容可包括风暴测试、饱和测试、语法测试、模糊测试等。

2. 控制软件安全问题对策与防护方法

(1) 软件防篡改：工业互联网中的控制软件可分为数据采集软件、组态软件、过程监督与控制软件、单元监控软件、过程仿真软件、过程优化软件、专家系统、人工智能软件等类型。软件防篡改是保障控制软件安全的重要环节，具体措施如表 5-1 所示。

表 5-1　工业互联网控制软件防篡改措施

序号	说　明
1	控制软件在投入使用前应进行代码测试，以检查软件中的公共缺陷
2	采用完整性校验措施对控制软件进行校验，及时发现软件中存在的篡改情况
3	对控制软件中的部分代码进行加密
4	做好控制软件和组态程序的备份工作

(2) 认证授权：控制软件的应用要根据使用对象的不同设置不同的权限，以最小的权限完成各自的任务，具体措施如表 5-2 所示。

表 5-2　工业互联网控制软件认证授权措施

序号	说　明
1	对操作登录控制软件的用户进行身份标识和鉴别，身份鉴别信息应满足相应的复杂度要求并定期更换
2	对操作登录控制软件的过程配置登录失败处理功能，并启用结束会话、限制非法登录次数、当登录连接超时自动退出等相关措施
3	做好控制软件的用户管理工作，如账户和权限的管理、默认账户的管理、过期账户的管理等

(3) 恶意软件防护：对于控制软件应采取恶意代码检测、预防和恢复的控制措施。控制软件恶意代码防护同样也是保障控制软件安全的重要举措，具体措施如表 5-3 所示。

表 5-3　工业互联网控制软件恶意代码防护措施

序号	说　　明
1	在控制软件上安装恶意代码防护软件或独立部署恶意代码防护设备，并及时更新恶意代码软件及修复软件版本和恶意代码库，更新前应进行安全性和兼容性测试。防护软件包括病毒防护、入侵检测、入侵防御等具有病毒查杀和阻止入侵行为的软件；防护设备包括防火墙、网闸、入侵检测系统、入侵防御系统等具有防护功能的设备。应注意防止在实施维护和紧急规程期间引入恶意代码
2	建议控制软件的主要生产厂商采用特定的防病毒工具。在某些情况下，控制软件的供应商需要对其产品线的防病毒工具版本进行回归测试，并提供相关的安装和配置文档
3	采用具有白名单机制的产品，构建可信环境，抵御零日漏洞和有针对性地攻击
4	安装防恶意代码软件或配置具有相应功能的软件，定期进行升级和更新防恶意代码库

(4) 补丁升级更新：控制软件的变更和升级需要在测试系统中经过仔细的测试，并制订详细的回退计划。对重要的补丁需尽快测试和部署。对于服务包和一般补丁，仅对必要的补丁进行测试和部署。

(5) 漏洞修复加固：控制软件的供应商应及时对控制软件中出现的漏洞进行修复或提供其他替代解决方案，如关闭可能被利用的端口等。

(6) 协议过滤：采用工业防火墙对协议进行深度过滤，对控制软件与设备间的通信内容进行实时跟踪，同时确保协议过滤不得影响通信性能。

(7) 安全监测审计：通过对工业互联网中的控制软件进行安全监测审计，可及时发现网络安全事件避免发生安全事故，也可以为安全事故的调查提供翔实的数据支持。目前，许多安全产品厂商已推出了各自的监测审计平台，可实现协议深度解析、攻击异常检测、无流量异常检测、重要操作行为审计、告警日志审计等功能。

3. 控制功能安全问题对策与防护方法

要考虑功能安全和信息安全的协调能力，使得信息安全不影响功能安全，功能安全能在信息安全的防护下更好地执行安全功能。现阶段功能安全具体措施主要包括：

(1) 确定可能的危险源、危险状况和伤害事件，获取已确定危险的信息(如持续时间、强度、毒性、暴露限度、机械力、爆炸条件、反应性、易燃性、脆弱性、信息丢失等)。

(2) 确定控制软件与其他设备或软件(已安装的或将被安装的)以及与其他智能化系统(已安装的或将被安装的)之间相互作用所产生的危险状况和伤害事件，并确定引发事故的事件类型(如元器件失效、程序故障、人为错误，以及能导致危险事件发生的相关失效机制)。

(3) 结合典型生产工艺、加工制造过程、质量管控等方面的特征，分析安全影响。

(4) 考虑自动化、一体化、信息化可能导致的安全失控状态，确定需要采用的监测与预警或报警机制、故障诊断与恢复机制、数据收集与记录机制等。

(5) 明确操作人员在对智能化系统执行操作过程中可能产生的合理可预见的误用以及

智能化系统对于人员恶意攻击操作的防护能力。

(6) 明确智能化装备和智能化系统对于外界实物、电、磁场、辐射、火灾、地震等情况的抵抗或切断能力，以及在发生异常扰动或中断时的检测和处理能力。

5.3.4　网络与标识解析系统安全防护

工业互联网安全对策中重要的一个方面是面向工厂内部网络、外部网络及标识解析系统的安全防护，具体包括网络结构优化、网络边界安全防护、网络接入认证、通信和传输保护、网络设备安全防护、安全监测审计等多种防护措施，构筑全面高效的网络架构安全防护体系。

1. 内部网络安全

根据业务特点划分为不同的安全域，安全域之间应采用技术隔离手段，以及采用适应工厂内部网络特点的完整性校验机制，实现对网络数据传输完整性保护。

2. 外部网络安全

保障数据传输过程中的保密性和完整性，可采取信道加密技术或部署加密机等方式。

3. 网络结构优化

在网络规划阶段需要设计合理的网络结构。一方面通过在关键网络节点和标识解析节点采用双机热备、负载均衡等技术，应对业务高峰时期突发的大数据流量和意外故障引发的业务连续性问题，确保网络长期稳定可靠运行；另一方面通过合理的网络结构和设置提高网络的灵活性与可扩展性，为后续网络扩容做好准备。

4. 网络边界安全防护

根据工业互联网中网络设备和业务系统的重要程度将整个网络划分成不同的安全域，形成纵深防御体系。安全域是一个逻辑区域，同一安全域中的设备资产具有相同或相近的安全属性，如安全级别、安全威胁、安全脆弱性等，并且同一安全域内的系统相互信任。在安全域之间采用网络边界控制设备，以逻辑串接的方式进行部署，对安全域边界进行监视，识别边界上的入侵行为并进行有效阻断。厘清内、外网之间的边界范围，针对边界采取安全相适应的措施，如在边界处设置工控防火墙、网闸、网关等安全隔离设备，并在关键网络节点处部署入侵防范设备。

5. 网络接入认证

接入网络的设备应该与标识解析节点具有唯一性标识，网络应对接入的设备与标识解析节点进行身份认证，保证合法接入和合法连接，并对非法设备与标识解析节点的接入行为进行阻断与告警，形成网络可信接入机制。网络接入认证可采用基于数字证书的身份认证等机制来实现。

6. 通信和传输保护

通信和传输保护是指采用相关技术手段来保证通信过程中的机密性、完整性和有效性，防止数据在网络传输过程中被窃取或篡改，并保证合法用户对信息和资源的有效使用。同时，在标识解析体系的建设过程中需要对解析节点中存储以及在解析过程中传输的数据进行安全保护，具体措施如表 5-4 所示。

表 5-4　解析节点存储于传输数据保护措施

序号	说　明
1	通过加密等方式保证非法窃取的网络传输数据无法被非法用户识别和提取有效信息，确保数据加密不会对任何其他工业互联网系统的性能产生负面影响。在标识解析体系的各类解析节点与标识查询节点之间建立解析数据安全传输通道，采用国密局批准使用的加密算法及加密设备，为标识解析请求及解析结果的传输提供机密性与完整性保障
2	应确保接收方能够收到网络数据，并且能够被合法用户正常使用
3	对网络通信数据、访问异常、业务操作异常、网络和设备流量、工作周期、抖动值、运行模式、各站点状态、冗余机制等进行监测，若发生异常则进行报警

7. 网络设备安全防护

为了提高网络设备与标识解析节点自身的安全性，保障其正常运行，网络设备与标识解析节点需要采取一系列安全防护措施，具体措施如表 5-5 所示。

表 5-5　网络设备与标识解析节点的安全保护措施

序号	说　明
1	对登录网络设备与标识解析节点进行运维的用户进行身份鉴别，并确保身份鉴别信息不易被破解与冒用
2	对远程登录网络设备与标识解析节点的源地址进行限制
3	对网络设备与标识解析节点的登录过程采取完备的登录失败处理措施
4	启用安全的登录方式(如 SSH 或 HTTPS 等)
5	实现网络集中管控，包括对网络链路、安全设备、网络设备、服务器等的运行状况进行集中监测
6	对通过无线网络攻击的潜在威胁和可能产生的后果进行风险分析，并对可能遭受无线攻击的设备的信息发出(信息外泄)和进入(非法操控)进行屏蔽

8. 安全监测审计

网络安全监测是指通过漏洞扫描工具等方式探测网络设备与标识解析节点的漏洞情况，并及时提供预警信息。网络安全审计是指通过镜像或代理等方式分析网络与标识解析系统中的流量，并记录网络与标识解析系统中的系统活动和用户活动等各类操作行为以及设备运行信息，发现系统中现有的和潜在的安全威胁，实时分析网络与标识解析系统中发生的安全事件并告警；同时记录内部人员的错误操作和越权操作，并进行及时告警，减少内部非恶意操作导致的安全隐患。对网络进行安全审计，并覆盖到每个用户，尤其对重要的用户行为和重要安全事件进行审计。

5.3.5　网络平台应用安全对策

工业互联网平台应用包括边缘计算层、工业云基础设施层、工业云平台服务层和工业应用层这四个方面，因此产生的安全问题众多，需要有针对性地落地可实施的对策方案。对策方案包括技术层面和管理规范层面。其中，技术层面包括应用安全、系统安全、通信安全和接入安全；管理规范层面需要通过制度和规范协同资源，保障安全技术的贯彻落实。首先来详述技术层面的对策。

1. 技术层面的对策

1) 应用安全对策

代码审计：对工业互联网平台系统及应用进行代码审计，提前发现代码中存在的安全缺陷，预防安全问题的发生。

安全性测试：工业应用在投入正式使用前，应进行安全性测试，尽早找到安全问题并予以修复。

微服务组件接口安全：提供 API 全生命周期管理，包括创建、维护、发布、运行、下线等，对平台微服务组件接口进行安全测试和安全加固，避免由于接口缺陷或漏洞为平台引入安全风险。

应用开发环境安全：确保工业云平台服务层应用开发框架、工具和第三方组件的安全，避免工业应用开发环境被恶意代码污染而造成安全隐患。

工业应用行为监控：对工业软件、服务的行为进行安全监控，通过行为规则匹配或者机器学习的方法，识别异常，并进行告警或阻止高危行为，从而降低影响。

2) 系统安全对策

安全隔离：对工业互联网平台不同虚拟域、服务和应用都采用严格的隔离措施，防止单个虚拟域、服务或应用发生安全问题时影响其他应用甚至整个平台的安全性。

可信计算：基于安全芯片，应用可信计算技术，对工业互联网平台设备及软件进行可信加固，使之具备可信启动、可信认证、可信验证等能力。

漏洞检测及修复：工业互联网平台操作系统、数据库、应用程序在运行过程中要定期检测漏洞，一旦发现漏洞及补丁未及时更新的情况，就立即采取补救措施，并对开放式 Web 应用程序安全项目(OWASP)发布的常见风险与漏洞能进行有效防护或缓解。

分布式拒绝服务(DDoS)攻击防御：在工业云平台部署分布式拒绝服务(DDoS)攻击防御系统，保证平台服务的可用性和可靠性。

固件和操作系统安全增强：对工业互联网平台设备固件及操作系统施加防护，提高其抗攻击能力。

虚拟化软件安全加固：对工业互联网平台虚拟化软件进行安全性增强，确保其上虚拟域应用、服务、数据的安全性，从而为多租户提供满足需求的安全隔离能力。

通用 PaaS 资源调度安全：对工业互联网平台通用 PaaS 资源调度的相关服务进行安全加固，避免通用 PaaS 组件安全缺陷为平台引入安全威胁。

3) 通信安全对策

密码技术：采用密码技术保证通信过程中敏感数据的完整性和保密性，可支持国家商用密码算法。

边界防护：在工业互联网平台内部不同网络区域之间以及平台与外部网络之间部署

防火墙、软件定义边界(SDP)等边界防护产品，解析、识别、控制平台内部网络及平台与外部网络之间的数据流量，并结合身份鉴别、访问控制等技术，抵御来自平台外部的攻击。

4) 接入安全对策

身份鉴别：对登录工业互联网平台的用户进行身份鉴别，实现用户身份的真实性、合法性和唯一性校验。身份鉴别可支持通过多种标准协议对接客户自有第三方认证体系登录，包含但不限于 OpenID Connect、OAuth 2.0、LDAP、SAML 等。

接入认证：对接入工业互联网平台的设备进行认证，形成可信接入机制，保证接入设备的合法性和可信性，对非法设备的接入行为进行阻断与告警。

除了技术层面，我们还需要对管理规范层面提出有效的对策。

2. 管理规范层面的对策

(1) 合法依规：在进行工业互联网平台安全管理时，依照国家的战略方针、各项政策、法律法规、标准规范采取措施。

(2) 组织架构：结合工业互联网平台安全防护对象的实际需要和相关规定，制定安全管理组织架构。

(3) 规章制度：根据工业互联网平台安全目标，制定安全管理策略，并制定合理且可执行的规章制度，确保人员规范操作，保证安全技术正确实施。

(4) 外设管理：对工业互联网平台所涉及硬件设备接口进行严格管控，防止外部设备的非法接入。

(5) 风险评估：对工业互联网平台各层次的安全性进行评价，对潜在的脆弱性和安全威胁进行研判，确定平台安全风险等级，并制订针对性风险处理计划。

(6) 安全管理：通过计划、组织、领导、控制等环节来协调人力、物力、财力等资源，促进工业互联网平台安全保障。

(7) 安全运维：对平台操作系统和应用进行定期漏洞排查，及时修复已公开的漏洞和后门；对平台系统及应用进行安全性监测和审核，阻止可疑行为并及时维护；平台状态发生变更时及时进行安全性分析和测试。

(8) 监测预警：构建工业互联网平台安全情报共享机制，结合其他组织机构已公开的安全信息，实现平台风险研判、安全预警、加固建议等功能。

(9) 应急灾备：制定工业互联网平台安全应急预案，对平台应急相关人员提供应急响应培训，开展应急演练；制定灾备恢复指南，掌握平台安全事件发生的原因和结果，完成有效的技术处置和恢复，以降低平台不可用造成的影响。

(10) 人员管理：对工业互联网平台开发、建设、运行、维护、管理、使用的相关人员进行培训，使其熟悉安全标准和规范，减少由人员引入的漏洞和缺陷。

(11) 安全审计：对工业互联网平台上与安全有关的信息进行有效识别、充分记录、存储和分析，对平台安全状态进行持续、动态、实时的审计，向用户提供安全审计的标准和结果。

针对上述工业互联网平台应用安全问题的对策如图 5-6 所示。

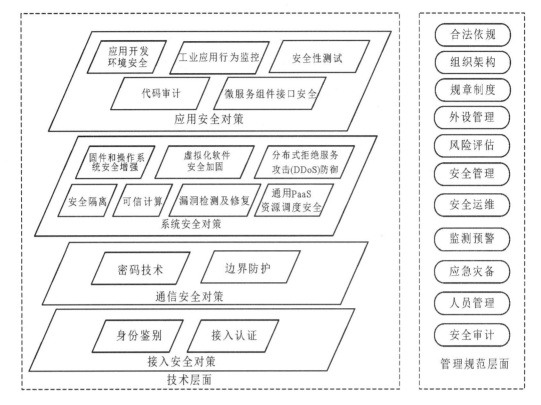

图 5-6　工业互联网平台应用安全问题对策

5.3.6　"端—管—云"三方数据安全对策

工业互联网数据的安全关系到工业互联网从端到管到云多方的安全与效率，因此必须采取有效的安全对策去解决才能保证工业互联网的数据安全，从而保障国家提出的"新基建"和"中国智能制造 2025"的建设内容与愿景目标。对于工业互联网的数据安全保护和传统的数据安全保护存在一些共性和特性的地方，传统数据安全措施多以系统为中心，以加强系统安全来保护数据的思路为主，从网络系统的视角来实现各种数据安全技术措施，如通过边界防护、身份认证、访问控制、入侵检测等系统防护技术保护数据完整性、保密性、可用性。工业互联网数据保护和安全问题对策也同样可以遵循传统数据安全措施并加以一些特殊性的处理，同时还可以引入很多前沿技术与内容，使其更具安全性。具体的工业互联网数据安全问题对策分类详述如下：

(1) 以分区分域、网络隔离等边界防护措施保护数据安全。

工业控制系统及设备越来越多地采用通用协议和通用软硬件，并以各种方式与企业网或互联网连接，使得其他网络的安全风险很容易渗透到工业生产网。与此同时，工业生产网内部各业务单元之间如未采取边界防护措施，一旦某个业务单元遭受病毒感染或恶意攻击，将可能蔓延整个工业生产网，造成严重后果。因此，在不同网络边界之间应部署边界防护设备，实现安全访问控制，阻断非法网络访问。生产网内部根据各功能区的数据访问需求以及安全防护要求进行分区分域，在不同的安全域边界部署工业防护墙，防止越权访问和各功能区之间的病毒感染。对于有数据双向交换并对数据实时性要求高的生产网与其他网络边界(如工业控制网与企业网边界),一般部署专业的工业防火墙,限制允许通过边界的流量类型、协议类型、端口类型等;对于只允许数据单向传输并需要完全逻辑隔离的生产网与其他网络边界,一般部署工业网闸,从物理层面阻断反向通信。对于具备特定行业特点、软件定制化程度高的企业,可结合其工业生产对业务连续性的特别需求,采取逻辑隔离手段,在生产网和管理网之间部署定制化的边界安全防护单向网关。

(2) 按需灵活采用身份认证措施保护数据安全。

身份认证的目的是确认操作者身份的合法性,确定该用户是否具有对某些数据的访问或使用权限,使系统的访问策略、操作行为合规合法。如果身份认证机制失效,易出现身份冒认、非法访问等行为,进而对工业生产的正常运行造成威胁。常见的身份认证方式包括以下五种:一是静态密码,用户名与对应的密码相匹配后进行登录;二是智能卡,运用专门的 IC 卡对用户进行认证后登录;三是 USB Key,集智能卡与读卡器于一体的 USB 设备,用户只能通过厂商编程接口访问数据;四是动态验证,包括动态密码、验证码、动态口令等;五是生物特征识别,包括指纹识别、虹膜识别、声音识别、人脸识别等。由于工业互联网相比于传统互联网实时响应要求高,一般来讲工业互联网数据的可用性 > 完整性 > 保密性,因此身份认证技术对于数据保护的重要性不言而喻。由于工业互联网中存在较多的工业控制系统,因此可结合各认证方式的优缺点和适用性,以业务风险管理为导向,采用分级分类的思想,灵活使用身份认证机制。例如:涉及承载低安全性数据的系统在做好密码规范的前提下可采用用户名和密码的认证方式;对于承载安全性较高的数据的系统可采用 USB Key 方式进行认证;对于承载安全性极高的数据的系统可采用双因素认证,即用户名密码认证机制和 USB Key 认证机制结合等方式。

(3) 基于业务实际自主选择访问控制策略保护数据安全。

访问控制是指主体依据某些控制策略或权限对客体或其资源进行的不同授权访问,限制对关键资源的访问,防止非法用户进入系统及合法用户对资源的非法使用。访问控制是保护数据安全的核心策略,为有效控制用户访问数据存储系统且保证数据的使用安全,可授予每个系统访问者不同的访问级别,并设置相应的策略保证合法用户获得数据的访问权。常见的访问控制模式包括自主访问控制、强访问控制、基于角色的访问控制、基于属性的访问控制。工业互联网企业根据数据类型及安全级别,可选择不同的访问控制模型。对于工业控制系统,监控层、控制层可采用用户和(或)用户组对操作员站与工程师站的文件及数据库表、共享文件、组态数据的自主访问控制,以实现用户与数据的隔离;设备层可采用用户和(或)用户组对控制系统的组态数据、配置文件等的自主访问控制,或采用基于角色的访问控制模型表明主、客体的级别分类和非级别分类的组合,按照基于角色的访问控制规则实现对主体及其客体的访问控制,使用户具备自主安全保护的能力。同时,越来越多的工业企业将其内部数据存放在工业互联网平台中,以降低公司的运行成本。如何保障工业互联网平台中的数据不被其他租户非法访问,确保数据的安全性成为企业用户关心的问题。访问控制是实现数据受控访问、保护数据安全的有效手段之一。通过建立统一的访问机制,限制用户的访问权限和所能使用的计算资源和网络资源,实现对工业互联网平台重要资源的访问控制和管理,防止非法访问。对于 IaaS 层,可根据管理用户的角色分配权限,实现管理用户的权限分离,仅授予管理用户所需的最小权限;可在(子)网络或网段边界部署访问控制设备，或通过安全组设置访问控制策略；可根据会话状态信息为数据流提供明确的允许/拒绝访问的能力；可在虚拟机之间、虚拟机与虚拟机管理平台之间、虚拟机与外部网络之间部署一定的访问控制安全策略。对于平台 PaaS 层，可由授权主体配置访问控制策略，并严格限制默认用户的访问权限；可按安全策略要求控制用户对业务、数据、网络资源等的访问。对于平台 SaaS 层，可严格限制用户的访问权限，按安全策略要求控制用户对业务应用的访问；限制应用与应用之间相互调用的权限，按照安全策略要求控制应用对其他应用中用户数据或特权指令等资源的调用；设置登录策略，建立防范账户暴力破解攻击的能力。

(4) 应用集行为分析、权限监控等为一体的安全审计措施保护数据安全。

数据安全审计是指对数据的访问等行为进行审计，判断这些行为过程是否符合所制定的安全策略。在数据安全治理中，数据安全审计是一项关键能力，能对数据操作进行监控、审计、分析，及时发现数据异常流向、数据异常操作行为，并进行告警。数据安全防护需要通过审计来掌握数据面临的威胁与风险变化，明确防护方向。在工业互联网场景下，数据安全可借鉴数据安全治理过程中的关键能力——数据安全审计与稽核，从行为审计与分析、权限变化监控、异常行为分析三方面来掌握数据安全威胁与风险。行为审计与分析是指利用数据库协议分析技术将所有访问和使用数据的行为全部记录下来，包括账号、时间、IP、会话、操作、对象、耗时、结果等内容，并在出现数据安全事件之时具备告警能力，在数据安全事件发生之后，可通过审计机制追踪溯源；权限变化监控是指监控所有账号权限的变化情况，包括账号的增加和减少、权限的提高和降低，可有效抵御外部提权攻击、内部人员私自调整账号权限进行违规操作等行为；异常行为分析是指在安全稽核过程中，除了明显的数据攻击行为和违规的数据访问行为外，很多数据入侵和非法访问被掩盖在合理的授权下，需要通过数据分析技术对异常行为进行检测和定义，即可以通过人工的分析完成异常行为的定义、对日常行为进行动态的学习和建模等方式实现。工业互联网平台的安全审计主要是指对平台中与安全有关的活动的相关信息进行识别、记录、存储和分析。工业互联网平台汇集了企业内外部多方重要敏感数据，为保证数据安全需要实现数据审计等功能，即对输出的数据内容进行安全审计；审计范围包括数据的真实性、一致性、完整性、归属权、使用范围等，并贯穿数据输出、存储和使用等全过程，可实现对平台的数据安全状况进行持续、动态、实时的安全审计，并可面向用户提供安全审计结果。

(5) 应用轻量级、密文操作、透明加密等加密技术对工业互联网数据进行加密。

当前，工业互联网数据内部传输和存储、外部共享、上云上平台等过程都有数据加密需求。数据加密技术需考虑工业互联网场景下数据实时性、稳定性、可靠性等特殊要求，尽可能以轻量级的加密技术减少密码对计算、网络、存储等资源的消耗。同时，面对大规模复杂的加密工业互联网数据，频繁的加解密存在占用带宽、耗时耗力等问题，对密文的检索、使用等需求也不断增加，可应用透明加密技术。该技术是一种以密码技术为基础的数据加密方案，其核心在于能够解决数据加密防护和密钥管理引起的数据处理效率、系统部署和应用及工具改造的代价等问题，以及对数据自动化运维的影响。透明加密技术完全由系统自行实现，所有保存在硬盘环境中的文件均为加密状态，只有在用户读写的过程中才会进行解密，以明文形式呈现给用户。利用透明加密技术一方面可以满足工业互联网数据加密的安全需求，另一方面又可满足工业互联网需要其他额外安全工作不能占用太多带宽以保证工业互联网本身数据的实时性和稳定性的要求，从而使得工业互联网数据实时又安全。

(6) 应用动静结合脱敏、敏感字段定向脱敏、数据智能脱敏实现工业互联网数据安全。

去隐私化或数据变形是指在给定的规则、策略下对敏感数据进行变换、修改的技术机制。数据脱敏在进行敏感信息交换的同时还需要保留原始的特征条件或脱敏后数据处理所需的必要信息，只有授权的管理者或用户在特定的情况下才可通过应用程序与工具访问数据的真实值。数据脱敏通常包括脱敏目标确认、脱敏策略制定和数据脱敏实现三个阶段，按照作用位置、实现原理不同，数据脱敏实现可以分为静态数据脱敏(SDM)和动态数据脱敏(DDM)。其中，SDM 用于开发或测试中的数据集而不是生产中的数据集；而 DDM 通常用于生产环境，在敏感数据被低权限个体访问时才对其进行脱敏，并能够根据策略执行相应的脱敏方法。工业互联网数据涵盖设计、研发、工艺、制造、物流等产品全生命周期的各类数据，存在大量敏感数据。在数据开放共享的大背景下，工业互联网数据流动共享是推动工业互联网发展的主要动力，是工业互联网数据核心价值体现的关键环节，工业互联网数据跨部门、跨企业、跨地域流动共享使用逐渐成为常态，其中涉及的重要敏感数据则需要在流动共享前采用数据脱敏技术等进行处理，确保数据安全共享和使用。而工业互联网数据的脱敏技术需要满足大流量、高速流动、实时交互等需求，市场中已有一些能够自动识别敏感数据并匹配推荐脱敏算法的数据脱敏工具，后续随着机器学习技术的应用，集敏感数据自动化感知、脱敏规则自动匹配、脱敏处理自动完成等能力于一体的数据智能脱敏技术将逐步应用到工业互联网的数据安全对策上。

(7) 应用信息隐藏、定位精准、跨组织追踪等数据溯源技术保障工业互联网数据安全。

溯源技术是一种溯本追源的技术，根据追踪路径重现数据的历史状态和演变过程，实现数据历史档案的追溯。目前的数据溯源技术主要包括标注法和反向查询法。标注法是指通过记录处理相关信息来溯源数据的历史状态，并让标注和数据一起传输，通过查看目标数据的标注来获得数据的溯源。但是，标注法不适用于细粒度数据，特别是大数据集中的数据溯源。反向查询法是指通过逆向查询或者构造逆向函数对查询求逆，不需要对源数据和目标数据进行额外标注，只在需要数据溯源时才进行计算。这两种溯源思想适用于关系数据库、科学工作流、大数据平台、云计算和区块链等应用场景，同样也适用于工业互联网的数据溯源应用场景。因为工业互联网数据采集阶段重点关注如何自动地生成正确的元数据以及其可追溯性，所以数据溯源显得尤其重要。针对工业互联网的数据溯源，应用较多的数据安全对策技术是数据库溯源技术，常见的数据库指纹技术大多基于数据库水印算法进行设计和改进。工业互联网平台汇集了企业内外部多方敏感数据，以及工业互联网数据多路径、跨组织的复杂传输流动模式，跨越了数据控制者和安全域，为保证工业互联网数据安全，其数据溯源应贯穿数据存储、使用、共享等全过程，因此将应用跨系统、跨组织的数据追踪溯源技术以保证工业互联网数据的溯源安全。

(8) 应用数据可信交换、隐私保护等技术保证工业互联网数据的安全多方计算。

安全多方计算(Secure Multi-Party Computation，SMPC)是解决一组互不信任的参与方之间保护隐私的协同计算问题，具有输入的独立性、计算的正确性、去中心化等特征，能为数据需求方提供不泄露原始数据前提下的多方协同计算能力，为需求方提供经各方数据计算后的整体数据画像，因此能够在数据不离开数据持有节点的前提下，完成数据的分析、处理和结果发布，并提供数据访问权限控制和数据交换的一致性保障。安全多方计算主要通过同态加密、混淆电路、不经意传输和秘密共享等技术，保障各参与方数据输入的隐私性和计算结果的准确性。安全多方计算的主要适用场景包括联合数据分析、数据安全查询、数据可信交换等。安全多方计算的特点，对于大数据环境下的数据机密性保护有独特的优势，在工业互联网数据共享和隐私保护中具有重要意义，多用于跨企业、跨行业的数据流通。使用安全多方计算技术，可实现多方之间的数据可信互联互通，保证数据查询方仅得到查询结果，而对数据库其他记录信息不可知，同时改进已有的数据分析算法，通过多方数据源协同分析计算，保障工业互联网敏感数据不泄露。

(9) 应用差分隐私保护技术有效保障数据量大、数据类型多、数据价值高的工业互联网场景数据的安全。

工业企业通过工业互联网进行数据统计分析挖掘数据价值的同时，对隐私保护带来了安全挑战。差分隐私(Differential Privacy，DP)技术由于无需假设攻击者能力或背景知识，安全性可通过数学模型证明，保证数据可用性的同时保护了个人隐私，可应用于数据发布、数据挖掘、推荐系统等。其过程是通过对真实数据添加随机扰动，并保证数据在被干扰后仍具有一定的可用性来实现，既要使保护对象数据失真，且同时保持数据集中的特定数据或数据属性(如统计特性等)不变。差分隐私可以通过拉普拉斯机制、指数机制和几何机制等实现，较常见的是通过拉普拉斯机制对数据汇聚结果添加根据全局敏感度校准后的拉普拉斯噪声来实现。差分隐私技术可分为中心化差分隐私技术和本地化差分隐私技术。中心化差分隐私技术将原始数据集中到一个数据中心，然后发布满足差分隐私的相关统计信息。该技术适用于数据流通环节中的数据输出场景，目前中心化的差分技术的研究主要围绕基于差分隐私的数据发布、面向数据挖掘的差分隐私保护及基于差分隐私的查询处理等方向展开。本地化差分隐私技术将数据的隐私化处理过程转移到每个用户上，在用户端处理和保护个人敏感信息。该技术适用于数据流通环节中的数据采集场景，目前已在工业界已得到运用。在工业领域中，数据量较大且数据维数较低时，可优先使用差分隐私技术保护用户数据；数据的使用者众多时，可使用差分隐私技术对用户的数据进行保护，以应对具有任意知识背景的攻击者；对于重要敏感数据，可通过差分隐私技术对数据进行处理后，提供给数据需求方使用。同时，差分隐私保护独立于底层数据结构并兼容多种数据类型，能够兼容所有类型的数据集，适用于工业互联网中存在结构化、非结构化以及半结构化等多种数据形式的现实情况。

(10) 应用流量识别技术保障工业互联网数据全流程安全监测与防护。

流量识别的主要工作是通过对采集到的网络数据进行分析或解析，确定各个数据流的业务及数据类型等内容。目前，流量识别的方法主要有基于网络端口映射的流量识别方法、基于有效载荷分析的流量识别方法、基于流量行为特征的流量识别方法、基于机器学习的流量识别方法四类。基于网络端口映射的流量识别方法可通过检查网络数据包的源端口号和目的端口号，并根据相应网络协议或应用在通信时使用的端口号规则与之映射，进而识别不同的网络应用。在工业现场，网络环境相对封闭，网络中可连接的设备、服务、拓扑结构等都是已知的，基本不会出现大量未知的新应用，已知服务的端口号变更情况也是可获取的，基于端口的识别技术可保证报文的覆盖率和识别率。基于有效载荷分析的流量识别方法可通过分析网络数据包的有效载荷是否与特征识别库相匹配来确定网络流量类别，该方法需预先建立网络流量的应用层特征识别规则库，并通过分析有效载荷中的关键控制信息来验证其是否匹配规则库中的某一特征识别规则，进而确定该网络流量类型。在工业网络中，常见的工业协议的指纹特征长度较短，即用来识别的负载特征较短。例如，OPC、Modbus、IEC104 等协议可以用作指纹特征的字段长度不多于两个字节，如果使用基于报文负载特征的识别技术，将带来较高的误报率。但是当使用基于端口的识别技术无法识别协议时，可使用报文负载特征的识别技术来区分它们。基于有效载荷的流量识别方法主要采用深度包检测(DPI)技术和深度流检测(DFI)技术。DPI 技术是目前较为准确的一类流量识别方法，在工业界应用广泛，也是高速网络环境部署的最佳选择。工业云平台、工业App 等工业应用场景的增多，以及工业互联网数据安全监测与防护需求的增强，催生了以流量识别技术为基础的网络流量分析(Network Traffic Analysis，NTA)技术，其统筹深度包检测、协议识别与还原、大数据采集和分析、安全检测引擎、漏洞挖掘和分析、渗透及攻防等技术，面向智能化生产、网络化协同、个性化定制和服务化延伸等网络交互场景，进行基于流监测的数据安全防护，支撑工业流量采集、工业协议识别和解析、工业敏感数据违规传输监测、工业数据泄露监测、数据安全事件检测、数据安全威胁溯源分析等具体应用场景。为了应对工业互联网的新兴技术和纷繁复杂的应用，面向工业互联网私有协议、加密协议的未知协议识别技术、加密流量识别技术也将逐步运用到工业互联网的数据安全保护领域。

(11) 建立数据灾备机制保障工业互联网数据安全与业务连续性。

容灾备份是指通过在本地或异地建立和维护备份存储系统，利用地理上的分离来保证系统和数据对灾难性事件的抵御能力。根据容灾系统对灾难的抵抗程度，可分为数据容灾和应用容灾。数据容灾是指建立异地的数据系统，该系统是对本地系统关键应用数据实时复制；应用容灾比数据容灾层次更高，即在异地建立一套完整的、与本地数据系统相当的备份应用系统。在工业互联网数据安全方面，应建立工业互联网数据灾备机制，一般应根据备份/恢复数据量大小、应用数据中心和备援数据中心之间的距离和数据传输方式、灾难发生时所要求的恢复速度、备援中心的管理及投入资金等因素，设计适合的容灾备份系统。

习　　题

一、选择题

1. 以下(　　)是充分利用物理模型、传感器更新、运行历史等数据，集成多学科、多物理量、多尺度、多概率的仿真过程，可在虚拟空间中完成物理映射，形成物理维度上的实体世界和信息维度上的数字世界同生共存、虚拟交融的格局。

　　A. 区块链技术　　　　　　　　　　　B. 数字孪生技术
　　C. 人工智能技术　　　　　　　　　　D. 大数据技术

2. 工业互联网设备供应商不能从(　　)方面进行安全增强，并力争实现对于设备固件的自主可控。

　　A. 操作系统　　　　　　　　　　　　B. 内核
　　C. 协议栈　　　　　　　　　　　　　D. 应用程序

3. 采用(　　)机制对接入工业互联网中的设备身份进行确认,确保数据来源于真实的设备。

    A. 鉴别　　　　　　　　　　　　　B. 调研

    C. 扫描　　　　　　　　　　　　　D. 对比

4. 以下(　　)的安全问题不属于工业互联网平台应用的安全问题。

    A. 边缘计算层　　　　　　　　　　B. 工业云基础设施层

    C. 工业云平台服务层　　　　　　　D. 传感器层

5. 以下(　　)不存在端口开放、漏洞未修复、接口未认证等问题,成为了黑客便捷入侵的攻击点,可造成重要工业数据泄露、财产损失等严重后果。

    A. 工业主机　　　　　　　　　　　B. 数据库

    C. 硬盘　　　　　　　　　　　　　D. APP

二、填空题

1. "工业互联网"的概念最早由(　　)于 2012 年提出,随后美国五家行业龙头企业联手组建了(　　),将这一概念大力推广开来。

2. 工业互联网的安全内涵和分类包括(　　)、控制安全、网络架构安全、(　　)和数据安全这五个方面。

3. 工业控制系统是工业互联网的基础组成部分之一,由各种(　　)以及对实时数据进行采集和监测的过程控制组件共同构成,这些组件之间的信息传递使用的是几十种专用的(　　)协议。

4. 工业互联网企业应密切关注重大工业互联网现场设备的(　　)及补丁发布,及时采取(　　)措施,并在补丁安装前对补丁进行严格的安全评估和测试验证。

5. 工业互联网安全对策中重要的一个方面是面向(　　)内部网络、外部网络及(　　)的安全防护。

三、问答题

1. 请简述区块链技术对工业互联网赋能的两个方面的作用。

2. 工业互联网的发展使工厂内部网络呈现出哪些特点?

3. 工业互联网中的控制软件可分为哪些类型?

参 考 文 献

[1]　中国移动,ZTE 中兴. 5G+ 工业互联网安全白皮书(2020). https://www.sohu.com/a/431511476_653604.

[2]　工业互联网产业联盟. 工业互联网安全框架(讨论稿). https://www.docin.com/p-2178304111.html.

[3]　工业互联网产业联盟. 工业互联网平台白皮书(讨论稿). http://www.caict.ac.cn/kxyj/qwfb/bps/201903/P020190306301779521461.pdf.

[4]　国家工业信息安全发展研究中心,工业信息安全产业发展联盟. 工业互联网数据安全

白皮书(2020). https://www.sohu.com/a/438221212_100017648.

[5]　张飞，郭子梦，孙晓辉，等. 工业互联网安全及评测综述. 科技视界，2019，23(25)：126-127.

[6]　工业互联网产业联盟. 工业互联网体系架构(2.0 版). https://www.miit.gov.cn/cms_files/filemanager/oldfile/miit/n973401/n5993937/n5993968/c7886657/part/7886662.pdf.

[7]　闫怀志. 工业互联网安全体系理论与方法. 北京：科学出版社，2019.

[8]　杨超. 工业互联网的安全挑战及应对策略. 产业与科技论坛，2018，3(17)：204-205.

[9]　工业控制系统安全国家地方联合工程实验室. 工业互联网安全百问百答. 北京：电子工业出版社，2020.

[10]　汤浩，谢添. 浅谈工业互联网. 才智，2013(003)：307-307.

[11]　姚羽，祝烈煌，武传坤. 工业控制网络安全技术与实践. 北京：机械工业出版社，2017.

[12]　刘远举. 工业互联网需要在安全方面加强顶层设计. 企业管理实践与思考，2019，(009)：12-13.